U0382068

本书受西藏自治区教育厅和西藏民族大学学术著作出版基金资助

鼓楼史学丛书·区域与社会研究系列

渭北水利
及其近代转型
（1465—1940）

Water Conservancy in Weibei of
Shaanxi Province and
its Modern Transition（1465-1940）

康欣平 著

中国社会科学出版社

图书在版编目（CIP）数据

渭北水利及其近代转型：1465—1940／康欣平著.
—北京：中国社会科学出版社，2018.9
ISBN 978－7－5203－2619－3

Ⅰ.①渭…　Ⅱ.①康…　Ⅲ.①水利史—陕西—1465－
1940　Ⅳ.①TV－092

中国版本图书馆 CIP 数据核字（2018）第 117874 号

出 版 人	赵剑英	
责任编辑	宋燕鹏	
责任校对	王　龙	
责任印制	李寡寡	

出　　版	中国社会科学出版社	
社　　址	北京鼓楼西大街甲 158 号	
邮　　编	100720	
网　　址	http://www.csspw.cn	
发 行 部	010－84083685	
门 市 部	010－84029450	
经　　销	新华书店及其他书店	

印刷装订	环球东方（北京）印务有限公司	
版　　次	2018 年 9 月第 1 版	
印　　次	2018 年 9 月第 1 次印刷	

开　　本	710×1000　1/16	
印　　张	15	
插　　页	2	
字　　数	240 千字	
定　　价	68.00 元	

凡购买中国社会科学出版社图书，如有质量问题请与本社营销中心联系调换
电话：010－84083683

目　　录

图 目 录

导　言

第一节　渭北水利的近代转型及其问题

　　1932 年 6 月泾惠渠一期工程完工，1934 年 1 月泾惠渠管理局在泾阳县城正式设立，泾惠渠管理局直属陕西省水利局领导，时任陕西省水利局局长为著名水利专家李仪祉。对泾惠渠的管理开启了近代陕西水利的新篇章，在泾惠渠之前，渭北泾渠系统是按照一套模式在运行，而在泾惠渠完成之后，渭北泾渠系统开始走上另一套模式，这就是笔者所关注的渭北泾渠水利的近代转型问题。要理解渭北泾渠水利的近代转型，不能仅仅停留在管理规章及方法的转变上，还要寻求近代转型为何发生？因为有近代化水利工程——泾惠渠的成功修建而近代转型发生了，随之而来的问题是，为什么泾惠渠的修建能在历史的"那一时刻"成功？泾惠渠之前渭北引泾水利的情况如何？因此，若要深刻理解渭北泾渠水利近代转型的历史意义，有必要将其放在一个长时段的泾渠水利历史中来考察。本书选择的时间段为 1465—1940 年，选择 1465 年即明成化元年，因为这一年右副都御史陕西巡抚项忠开始了规模浩大的引泾水利工程——广惠渠的兴修，该渠之兴修成为此后明清泾渠引水争议时常常谈及的话题，为明代引泾水利的大事件；选择 1940 年，不是一个确定的年份而是指 20 世纪 40 年代，此时渭北泾渠水利可以说已经完成了它的近代转型。

　　"渭北"顾名思义即渭河以北，而渭河以北实为一个宽泛区域，根据历史上人们运用"渭北"一词的习惯，陕西"渭北"地区大致指渭河以北、泾河以东属于关中的地域。从行政规划而言，今咸阳市所属泾阳县、三原县、旬邑县、淳化县，西安市所属高陵县、临潼区、阎良区，渭南市所属富平县、蒲城县、白水县、大荔县、澄城县、合阳县、韩城市，铜川市所属耀州区，均可视为渭北地区①。本书所关注的渭北，主要涉及渭北的泾阳、三原、高陵三县。

对于渭北泾渠水利的近代转型是如何进行的？现有论著论述不多。1991 年出版的叶遇春主编的《泾惠渠志》在组织管理、水费等章节已经涉及这个问题②，但总体上对近代管理转型的过程缺乏历史性分析。法国学者魏丕信（Pierre-Etienne Will）等认为，陕西水利自 20 世纪 30 年代开启"以工程师与技术人员为主导的水利资源治理渐渐地取代了以地方士绅为中心的旧水利秩序"③，这一看法实际上是说陕西水利在近代发生了转型，但对泾惠渠具体转型并没有涉及。

渭北泾渠水利的近代转型为何发生？首先需上溯至泾惠渠为何能成功修建。在笔者看来，泾惠渠成功修筑的过程本身就代表着渭北水利的近代转型。现存的资料对泾惠渠成功修建有两种截然不同的解释，魏丕信已经注意到了这一点：1949 年（还有 1948 年一些相关资料）以后大量介绍泾惠渠建设的中文资料里，将泾惠渠成功修筑归于李仪祉、杨虎城等；另一种为当时西文资料声称的泾惠渠完全是由西方工程师设计、由西方基金资助的项目④。魏丕信显然倾向于后者的观点，如他认为，20 世纪二三十年代，在中国工地上的外国工程师，不仅是技术人员，而且还得是天生的领导者、谈判者、调节者、总会计、出纳员，有时还必须负责保卫工作⑤。似乎不用怀疑，在魏丕信看来泾惠渠工地上的外国工程师安立森就是这样的人物。当然，他也注意到了华洋义赈会在修泾惠渠中

---

① 本书以"渭北"取名而未用"关中"，因为"关中"相比"渭北"是一个更大的区域，"关中"涵盖"渭北"。"渭北"一词《史记》中已出现，如西汉"（孝文皇帝）十四年冬匈奴谋入边为寇……上乃遣……中尉周舍为卫将军，郎中令张武为车骑将军，军渭北，车千乘，骑卒十万"（《史记》卷一〇《孝文本纪第十》，中华书局 1959 年标点本，第 428 页）。在以后历代文献中均有大量出现，明清时期，泾阳、三原、高陵的地方文献中自称"渭北"与"关中"交互使用，到了民国时期，"渭北"在当地似乎用得更多。

② 叶遇春主编：《泾惠渠志》，三秦出版社 1991 年版。

③ 白尔恒、［法］蓝克利、［法］魏丕信编著：《沟洫佚闻杂录·序言》，中华书局 2003 年版，第 39—40 页。

④ ［法］魏丕信：《军阀和国民党时期陕西省的灌溉工程与政治》，《法国汉学》第 9 辑，中华书局 2004 年版，第 272—282 页。

⑤ 同上书，第 268—328 页。

的作用①。关于华洋义赈会与泾惠渠的关系，魏丕信没有深论。本书将充分利用当时报纸、期刊以及当事人回忆等资料，试图重建泾惠渠修筑的历史过程，只有如此方能得出相对客观的结论。

　　在泾惠渠成功修建之前，引泾水利就在酝酿和筹划。在民国初期军阀政治下，李仪祉任局长的陕西省水利局，组织勘测队，对泾谷及附近的地形进行测量，在此基础上提出引泾工程的甲种计划与乙种计划，然而宏伟的引泾计划却无法实行。对于引泾工程为何无法实施，魏丕信注意到1924年李仪祉在渭北水利工程局的董事会上的一篇讲话，他认为，引泾工程之所以无法进行，是出现了政治和财政的障碍，甚至有个人恩怨在起作用②。1924年李仪祉的这篇讲话是分析军阀政治下引泾工程为何无法进行的一个很好的文本，之所以无法进行表面上看来是财政、管辖权甚至个人恩怨等因素，实际上对其分析要放在辛亥革命后渭北及陕西乃至华北区域政治军事演变的脉络与格局下来理解。

　　要理解渭北泾渠水利的近代转型意义，需追溯渭北泾渠水利长时期的演变历史，尤其是泾渠水利开发史，因为开发与水利运行管理的演变关系最为紧密：1465年即明成化元年，项忠倡开广惠渠，是明代最大的引泾水利工程；1737年即清乾隆二年，清廷明确裁定"断泾疏泉"（或称"拒泾引泉"），即不再引泾水而专意收集渠首所在地山中的泉水。为什么在15—18世纪渭北泾渠水利会发生如此巨大的变迁抑或转型呢？对此，魏丕信认为，渭北泾渠水利即郑白（龙洞）渠灌溉系统面临着自然环境恶化、社会环境变化及官员认知等问题，而该灌溉系统在此期间的转变（不再引泾水）具有合理性③。魏氏的研究视野开阔，虽然该文收入环境史论文集中，但他的视角却投向自然环境解释之外。李令福将古代关中各项水利开发与环境变迁问题结合起来研究，他指出，宋元明引泾

　　① 白尔恒、［法］蓝克利、［法］魏丕信编著：《沟洫佚闻杂录·序言》，中华书局2003年版，第33页。

　　② ［法］魏丕信：《军阀和国民党时期陕西省的灌溉工程与政治》，《法国汉学》第9辑，中华书局2004年版，第294—296页。

　　③ ［法］魏丕信：《清流对浊流：帝制后期陕西省的郑白渠灌溉系统》，刘翠溶、伊懋可《积渐所至：中国环境史论文集》，台北"中研院"经济研究所1995年版，第435—506页。

效益的递减及清中叶后"拒泾引泉"，与泾河河床下切关系最为密切①。李氏在清代泾渠水利这一重要的变迁是从环境史解释的，对泾渠水利变迁背后的王朝制度、区域社会等因素没有涉及，这与其研究的旨趣相关。

笔者认为，要真正理解从1465年的"引泾"到1737年的"断泾疏泉"这一泾渠重要变迁，还必须回到区域社会②的视角来研究。随着明代中后期引泾水利效益的不断递减，泾渠灌区上下游县际之间就"引泾"还是"拒泾"发生争议，这一争议一层重要面相就是：上游泾阳县与下游三原、高陵两县由于利益不同而进行博弈。谢湜曾以豫北济源和河内两县的水利开发为研究对象，讨论水利开发与运行中的县际关系，指出，新的制度订立和调整过程，尽管伴随着县际的利益纠纷，却带来了地域联系的加深，乃至流域空间的市场整合。在此意义上，"利及邻封"或许意味着更大的"共同体"的存在③。而在泾渠上下游之间的县际关系方面，纠纷、冲突似乎占据主流，这一状况直到泾惠渠成功修建之前一直存在。1737年的"断泾疏泉"之后，泾渠上下游灌区县际之间的冲突更趋激烈；而泾阳县成村铁眼斗的分水问题就是一个典型个案。陕西回民起义后，陕西巡抚刘蓉试图变革泾渠（龙洞渠）灌区的泾阳县与三原县之间的分水时间，而在泾阳知县及乡绅的反对下最终没有实施。

泾渠水利之外，渭北清峪河水利亦是本书关注的一个灌溉系统。1933年春，《陕西省水利协会组织大纲》由陕西省水利局拟就经陕西省政府批准颁发，其中第二条规定在小流域灌溉系统处要设立水利协会及分

---

① 李令福：《关中水利开发与环境》，人民出版社2004年版，第339—340页。

② 以明清民国渭北区域社会为对象的研究论著几乎没有，而涉及该时段范围内渭北区域研究的论著不少，代表性的有：秦晖《封建社会的"关中模式"——土改前关中农村经济研析之一》（《中国经济史研究》1993年第1期）、《"关中模式"的社会历史渊源：清初至民国——关中农村经济与社会史研析之二》（《中国经济史研究》1995年第1期），李刚《陕西商帮史》（西北大学出版社1997年版），田培栋《明清时代陕西社会经济史》（首都师范大学出版社2000年版）、《陕西社会经济史》（三秦出版社2007年版），钞晓鸿《明清时期的陕西商人资本》（《中国经济史研究》1996年第1期）、《陕商主体关中说》（《中国社会经济史研究》1996年第2期）、《传统商人与区域社会的整合——以明清"陕西商人"与关中社会为例》（《厦门大学学报》2001年第1期），张萍《明清陕西商业地理研究》（博士学位论文，陕西师范大学，2004年）、《城市经济发展与景观变迁——以明清陕西三原为例》（《中国社会历史评论》第7卷，天津古籍出版社2006年版），等等。

③ 谢湜：《"利及邻封"——明清豫北的灌溉水利开发和县际关系》，《清史研究》2007年第2期。

会，以加强水利的宏观管理。1935 年春，清峪河灌区成立水利协会，并设有分会。魏丕信认为，省水利局的辖权效力通过水利协会直达小型灌溉系统，"此举具有划时代的意义"①。事实上，李仪祉为局长的陕西省水利局曾核准过清峪河水利协会会长王虚白上呈的管理章程，以此而言，水利协会时期的清峪河水利相比之前有了某种转型，似乎不无道理。但是，相比泾渠的近代转型，清峪河水利若要称"转型"显得十分勉强，水利协会时期清峪河水利本质上在维护光绪五年所确立的水利秩序。在水利协会成立之前的 1929 年，清峪河水利曾在用水上试图进行某种"改革"，此次"改革"颇有转型色彩，然而"改革"在旧利益群体激烈反对及其他不可抗拒因素作用下归于失败。

　　笔者以为，若要理解清峪河水利近代转型之所以难以发生，还需回到清峪河流域灌区社会的视角，从梳理分析明中期以来在清峪河水利开发、纠纷等问题的基础上或可达到。从明中期清峪河木涨渠的开发中，可以看到乡宦对水利的干涉；明万历年间"古受清浊河水利碑"碑文，表明了八复渠利夫对清峪河诸渠间的水利纠纷的认识；明崇祯间泾阳人王徵的《河渠叹》，站在泾阳本位上指控水利纠纷的原因；由清乾隆嘉庆间源澄渠渠绅岳瀚屏对此时期源澄渠的开发及运行的记述，可以分析当时清峪河水利所面临的诸多问题；陕西回民起义后清峪河水利进行了重建，由于同治八年、光绪五年官方的两次裁定不同，引发了清峪河的源澄渠、木涨渠与八复渠之间的纠纷。

　　对渭北清峪河水利的研究，不少人用到刘屏山编纂的清峪河水利文献。1998—2002 年，法国学者蓝克利（Christian Lamouroux）、吕敏（Marianne Bujard）、魏丕信与中国学者董晓萍等合作，对陕西、山西一些地区开展了水利文献资料的搜集与田野考察，他们与当地学者联手，2003 年整理出版了《陕山地区水资源与民间社会资料调查集》②。其中白

---

　　①　白尔恒、[法]蓝克利、[法]魏丕信编著：《沟洫佚闻杂录·序言》，中华书局 2003 年版，第 37 页。

　　②　白尔恒、[法]蓝克利、[法]魏丕信编著：《沟洫佚闻杂录》，中华书局 2003 年版；秦建明、[法]吕敏：《尧山圣母庙与神社》，中华书局 2003 年版；董晓萍、[法]蓝克利：《不灌而治：山西四社五村水利文献与民俗》，中华书局 2003 年版；黄竹三、冯俊杰等编著：《洪洞介休水利碑刻辑录》，中华书局 2003 年版。

尔恒、蓝克利、魏丕信编著的《沟洫佚闻杂录》，收集了渭北一些水利文献，为研究清代民国时期渭北水利提供了第一手资料，其中就有晚清至民国时期泾阳人刘屏山的《清峪河各渠记事簿》。2005 年，卢勇在其硕士论文中亦对刘屏山《清峪河各渠记事簿》进行校注，并进行一些分类研究①。钞晓鸿研究刘屏山《清峪河各渠记事簿》后指出，清峪河民间文献中，存在着对若干渠道的刻意命名并赋予其特定含义，及伺机向地方志等文献中渗透的现象。他认为，这些文献的制造及窜改者刘屏山，其最大用意在于树立本渠道的灌溉地位，以制造舆论或寻求"证据"②。钞晓鸿在田野调查、文献比对的基础上对渭北水利文献的制造者及窜改者进行研究，这一研究很有新意，对笔者启发很大，亦让笔者知道在使用刘屏山资料时要谨慎。

总之，本书是从长时段 1465—1940 年来研究渭北水利及其近代转型。为达到上文所宣称的研究目的并解决问题，研究方法将十分重要。前文笔者已屡次提到回到区域社会的研究趋向，此为本书研究的基本方法。在此方面，笔者受益于中山大学陈春声、刘志伟以及厦门大学郑振满等所倡导的区域社会、历史人类学研究取向③。陈春声敏锐地指出："深化传统中国社会经济区域研究的关键之一，在于新一代的研究者要有把握

---

① 卢勇：《〈清峪河各渠记事簿〉稿本的整理与研究》，硕士学位论文，西北农林科技大学，2005 年。

② 钞晓鸿：《争夺水权、寻求证据：清至民国时期关中水利文献的传承与编造》，《历史人类学学刊》第 5 卷第 1 期，2007 年 4 月，第 33—73 页。

③ 20 世纪 90 年代以来以中山大学陈春声、刘志伟及厦门大学郑振满为代表的一些国内学者，他们与海外萧凤霞、科大卫、丁荷生（Kenneth Dean）等人类学家合作，以华南地区为研究的试验场，利用历史文献与人类学田野调查相结合的研究取向，并取得不凡成绩：参见陈春声的《社神崇拜与社区地域关系——樟林三山国王的研究》（《中山大学史学集刊》第 2 辑，广东人民出版社 1994 年版）、《信仰空间与社区历史的演变——以樟林的神庙系统为例》（《清史研究》1999 年第 2 期）、《正统性、地方化与文化的创制——潮州民间神信仰的象征与历史意义》（《史学月刊》2001 年第 1 期）、《乡村故事与社区历史的建构——以东凤村陈氏为例兼论传统乡村社会的"历史记忆"》（与陈树良合作，《历史研究》2003 年第 5 期），等等。刘志伟的《宗族与沙田开发——番禺沙湾何族的个案研究》（《中国农史》1992 年第 4 期）、《神明的正统性与地方化：关于珠江三角洲北帝崇拜的一个解释》（《中山大学史学集刊》第 2 辑，广东人民出版社1994 年版）、《传说、附会与历史真实：珠江三角洲族谱中宗族历史的叙事结构及其意义》（《中国谱牒研究》，上海古籍出版社 1999 年版）、《宗族与地方社会的国家认同——明清华南地区宗族发展的意识形态基础》（与科大卫合作，《历史研究》2000 年第 3 期），等等。

区域社会发展内在脉络的自觉的学术追求。"① 他认为："眼下的区域研究论著，除了有一些作品仍旧套用常见的通史教科书写作模式外，还有许多作者热衷于对所谓区域社会历史的'特性'做一些简洁而便于记忆的归纳。这种做法似是而非，偶尔可见作者的聪明，但却谈不上思想创造之贡献，常常是把水越搅越混。对所谓'地方特性'的归纳，一般难免陷于学术上的'假问题'之中。……要理解特定区域的社会经济发展，有贡献的做法不是去归纳'特点'，而应该将更多的精力放在揭示社会、经济和人的活动的'机制'上面。我们多明白一些在历史上一定的时间和空间条件之下，人们从事经济和社会活动的最基本的行事方式，特别是要办成事时应该遵循的最基本的规矩，我们对这个社会的内在的运行机制，就会多一分'理解之同情'。"② 他强调："在追寻区域社会历史的内在脉络时，要特别强调'地点感'和'时间序列'的重要性。在做区域社会历史的叙述时，只要对所引用资料所描述的地点保持敏锐的感觉，在明晰的'地点感'的基础上，严格按照事件发生的先后序列重建历史的过程，距离历史本身的脉络也就不远了。"③ 受此教益，笔者在研究渭北水利及其近代转型时，将十分重视事件的"地点感"和"时间序列"，充分利用现存渭北水利资料，对明清民国时期水利演变及转型过程进行梳理分析，对这一时期渭北水利开发与运行中的主导者及参与者进行研究，在此基础上寻求渭北水利演变的脉络，力求把水利研究放在变动的区域社会之中。

笔者亦知道近些年来不少学者以区域社会视角及方法研究华北水利，并有相当多的成果问世。如行龙、张俊峰等对山西水利社会史的研究④，

---

① 陈春声：《历史的内在脉络与区域社会经济史研究》，《史学月刊》2004 年第 8 期。

② 同上。

③ 同上。

④ 参见行龙《明清以来山西水资源匮乏及水案初步研究》（《科学技术与辩证法》2000 年第 6 期）、《晋水流域 36 村水利祭祀系统个案研究》（《史林》2005 年第 4 期）、《明清以来晋水流域的环境与灾害——以"峪水为灾"为中心的田野考察与研究》（《史林》2006 年第 2 期）、《以水为中心的晋水流域》（山西人民出版社 2007 年版）等，张俊峰《明清以来晋水流域水案与乡村社会》（《中国社会经济史研究》2003 年第 2 期）、《前近代华北乡村社会水权的表达与实践——山西"滦池"的历史水权个案研究》（《清华大学学报》2008 年第 4 期）等。

已引起学界广泛关注。行龙提出水利史研究应该由"治水社会"转向"水利社会"①。他还对"水利社会史"探究进行一些探讨，认为在山西水利社会史研究中应注重综合考察生存环境、资源禀赋及其类型、水权、水神、社会组织、制度体系、文化安排等方面内容，并在此基础上要提出一个本土化的区域社会史理论分析框架②。张俊峰在其博士学位论文中就提出"泉域社会""流域社会""洪灌社会"等不同水利社会类型③。赵世瑜则通过分析太原晋祠、介休源神庙和洪洞广胜寺的个案，试图显示乡土社会内部错综复杂的权力关系，以及为协调这一关系而逐步确立和完善的制衡性制度④。这些关于华北水利的研究让笔者受益匪浅。

　　采用区域社会研究趋向是本书最重要的研究方法，而在具体实践中，就需要将历史学的文献资料与人类学的田野调查方法结合起来去做。陈春声在描述他的田野调查体验时说："置身于乡村基层独特的历史氛围之中，踏勘史迹，采访耆老，尽量摆脱文化优越感和异文化感，努力从乡民的情感和立场出发去理解所见所闻的种种事件和现象，常常会有一种只可意会的文化体验，而这种体验又往往能带来新的学术思想的灵感。"⑤笔者在2009—2010年多次到本书涉及的田野点收集资料，对乡民耆老进行访谈，这种走向"历史现场"的行动，使笔者再对研究区域的文献资料进行研读时，自然多了一份亲切，或可对前人达致隔膜较少的理解。在田野考察找寻到的资料中，三原县清惠局所藏水利记事簿及水册是十分重要的民间水利文献，笔者在清惠局有幸看到了这些水利文献，本书写作涉及许多重要资料即来源于此。虽然该资料已经收录在2003年中华书局出版《沟洫佚闻杂录》之中，但是该资料的编著中还留有一丝遗憾，正如钞晓鸿所指出的，由于编著者的疏忽，将原文献中一些用词讲究的

---

① 行龙：《从"治水社会"到"水利社会"》，《读书》2005年第8期。
② 行龙：《"水利社会史"探源——兼论以水为中心的山西社会》，《山西大学学报》2008年第1期，第33—38页。
③ 张俊峰：《明清以来洪洞水利与社会变迁——基于田野调查的分析与研究》，博士学位论文，山西大学，2006年。
④ 赵世瑜：《分水之争：公共资源与乡土社会的权力与象征——明清山西汾水流域若干案例为中心》，《中国社会科学》2005年第2期。
⑤ 陈春声：《中国社会史研究必须重视田野调查》，《历史研究》1993年第2期。

"渠名"进行了统一，可能导致对文献原编撰者的一些本意的误读①。本书将尽量利用原始资料，但即便是原始资料如刘屏山抄录前人资料时改动也不少，本书将尽可能利用刘屏山的初次抄录。

在具体研究中，研究方法将视研究对象灵活应用，水利只是一切口，与水利相关的问题事实上还会牵涉其他诸多方面，如王朝国家的赋役制度等。因此本书不是就水利而言水利的，在此笔者愿仿照法国学者布洛赫的一句话：水利史其实是不存在的，只有作为整体而存在的历史②。在某种程度上，本书虽然以明清近代的渭北水利史为研究对象，但同时试图以其窥视此时期渭北社会整体史的一个研究。

本书一个主要目的是试图揭示渭北水利及近代转型的机制，而要揭示此机制，必须展开对与水利相关的人、人群及组织的研究。在特定的时间和空间条件下，这些从事水利的人、人群及组织是如何行事的，他们是如何开发水利的或为什么没有开发成，研究这些历史过程时"机制"就在其中了。在此方面，泾惠渠的成功修筑颇具代表性，为何在一个陕西渭北空前大旱灾的环境下泾惠渠却成功了，研究泾惠渠成功后面的组织、人等在该渠修筑中的行为及其逻辑，在此基础上或可真正理解渭北泾渠水利是如何在近代转型的。

总之，在已有水利史研究的学术脉络上，笔者将从梳理渭北水利在1465—1940年这一阶段的兴衰沉浮入手，关注水资源紧张下的水利纠纷及解决途径，将水利兴衰放在区域社会中进行研究，放在王朝国家制度及政治演变等的大背景下考量，了解不同时空下参与水利开发的人或群体的行为及心态，探求水利开发及运行背后的机制，为解析明清至民国时期中国基层水利是如何变迁、如何转型提供一个实例，以期加深对水利背后的区域社会的理解。

---

①　钞晓鸿：《争夺水权、寻求证据：清至民国时期关中水利文献的传承与编造》，《历史人类学学刊》第 5 卷第 1 期，2007 年 4 月。

②　布洛赫原话为"经济和社会史其实是不存在的，只有作为整体而存在的历史"。参见［法］布洛赫《振兴史学》，载［法］勒高夫等编《新史学》，姚蒙编译，上海译文出版社 1989 年版，第 6 页。

第二节　渭北水利与区域环境

渭北水利可以说是陕西关中地区最发达的水利。渭北引泾水利在中国水利史上声名显赫①，其引水工程渠首在泾阳县。

秦代引泾工程为郑国渠。按照司马迁的说法，战国时期引泾水利工程——郑国渠使秦走上富强，统一了六国："韩闻秦之好兴事，欲罢之，毋令东伐，乃使水工郑国间说秦，令凿泾水自中山西邸瓠口为渠，并北山东注洛，三百余里，欲以溉田。中作而觉，秦欲杀郑国。郑国曰：'始臣为间，然渠成亦秦之利也。'秦以为然，卒使就渠。渠就，用注填阏之水，溉泽卤之地四万余顷，收皆亩一钟。于是关中为沃野，无凶年，秦以富强，卒并诸侯，因命曰郑国渠。"②对郑国渠的管理缺乏史料记载。

汉代引泾水利工程为白渠。《汉书·沟洫志》载："太始二年，赵中大夫白公复奏穿渠。引泾水，首起谷口，尾入栎阳，注渭中，袤二百里，溉田四千五百余顷，因名曰白渠。民得其饶，歌之曰：'田于何所？池阳谷口。郑国在前，白渠起后。举臿为云，决渠为雨。泾水一石，其泥数斗。且溉且粪，长我禾黍。衣食京师，亿万之口。'"③汉代对白渠管理设有机构，为三辅都水，白渠在三辅都水的管辖下④。

唐代对泾渠兴修工程没有直接的史料记载。不过现存唐代《水部式》涉及泾渠的管理及维护的内容不少：对斗门的管理，"泾渭白渠及诸大渠用水灌溉，皆安斗门，并须累石及安木傍壁，仰使坚固。不得当渠造堰。……其斗门皆须州、县官司检行安置，不得私造"；对分水的规定，"京兆府高陵县界，清、白二渠交口，着斗门，堰清水。恒准水分五等，

---

① 涉及引泾水利工程历史方面的可参见以下有代表性的论著：戴应新《关中水利史话》，陕西人民出版社 1977 年版；《中国水利史稿》编写组《中国水利史稿》（上、中、下），水利电力出版社 1979 年、1987 年、1989 年版；周魁一《农田水利史略》，水利电力出版社 1986 年版；姚汉源《中国水利史纲要》，水利电力出版社 1987 年版；叶遇春主编《泾惠渠志》，三秦出版社 1991 年版；周魁一《中国科学技术史·水利卷》，科学出版社 2002 年版；姚汉源《中国水利发展史》，上海人民出版社 2005 年版；等等。

② 《史记》卷二九《河渠书》，中华书局 1959 年标点本，第 1408 页。

③ 《汉书》卷二九《沟洫志》，中华书局 1962 年标点本，第 1685 页。

④ 参见叶遇春主编《泾惠渠志》，三秦出版社 1991 年版，第 53—54 页。

三分入中白渠，二分入清渠"；对分水的监督，"龙首、泾堰、五门、六门、升原等堰，令随近县官专知检校，仍堰别各于州、县差中男廿十人、匠二十人，分番看守"；对有损水利运行碾硙的处罚，"诸水碾硙若拥水，质泥塞渠，不自疏导，致令水溢渠坏，于公私有妨者，碾硙即令毁破"①。从史料记载来看，对权贵在泾渠上设置碾硙，唐代朝廷及官员在不断干涉，下令毁撤。② 唐代对泾渠管理属京兆尹，以京兆少尹一人负责，京兆少尹有时兼"渠御史"衔。③

宋代引泾水利工程为丰利渠。据宋资政殿学士侯蒙撰碑文记载，丰利渠经过两次施工完成，第一次由侯可负责，"自熙宁七年秋至次年春，渠之已凿者十之三"，第二次宋大观二年（1108）由赵佺督工，"俾佺董其事，经始以是年九月，越明年四月，土渠成……袤四千一百二十丈，南与故渠合……石渠成，袤三千一百四十有一尺，南与土渠接……凡溉泾阳、醴泉、高陵、栎阳、云阳、三原、富平七邑之田总三万五千九十有三顷。……上嘉之，赐名曰丰利渠"④。宋代对泾渠管理设有专职"提举"管理，"提举三白渠公事，掌潴泄三白渠，以给关中灌溉之利"⑤。

元代最著名的引泾水利工程为王御史渠。元大德八年（1304），"泾水暴涨，毁隘塞渠。陕西行省命屯田府总管夹谷伯颜帖木儿及陵阳尹王琚疏导之，起泾阳、高陵、三原、栎阳用水人户，及渭南、栎阳、泾阳三屯所人夫，共三千余人，兴作，水通流，如旧其制，编荆为囤，贮之以石，复填以草，以土为隘，岁时葺理，未尝废止"。元至大元年（1308），王琚任西台御史，建言朝廷"于丰利渠上更开石渠五十一丈，阔一丈，深五尺，积一十五万三千工，每方一尺为一工。自延祐元年（1314）兴工，至五年渠成。是年秋，改隘至新口"⑥。此次兴修成的泾渠就叫王御史渠，是元代泾渠水利的最大规模的一次兴修。元文宗天历二

---

① 《水部式》（敦煌残卷），参见黄河志总编辑室编《黄河·河政志》，河南人民出版社1994年版，第125—126页。

② 参见姚汉源《中国水利史纲要》，水利电力出版社1987年版，第214—216页。

③ 同上书，第430—431页。

④ （元）李好文：《长安志图》卷下，文渊阁《四库全书》，第587册，上海古籍出版社1987年版，第498页。

⑤ 《宋史》卷一六七《职官七》，中华书局1977年标点本，第3972页。

⑥ 《元史》卷六六《河渠》，中华书局1976年标点本，第1658—1659页。

年（1329）三月，屯田总管兼管河渠司事郭嘉议建议继续兴修泾渠水利，陕西"省准出钞八百锭，委耀州同知李承事，泊本府总管郭嘉议及各处正官，计工投，照时直糶米给散。李承事督夫修筑，至十一月十六日毕"①。

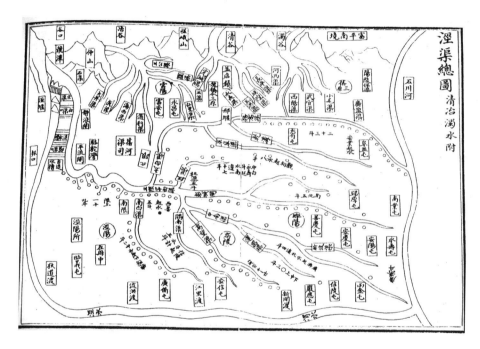

图 0—1　元代泾渠

资料来源：（元）李好文《长安志图》卷下，文渊阁《四库全书》，第 587 册，第 496 页。

元代继承前代管理基础上，对泾渠管理形成严密制度，体现在元人李好文所著《长安志图》中的《洪堰制度》及《用水则例》。《洪堰制度》对堰口的看管、分水、均水、修渠、植树护渠、用水量的量度等均有明确规定，如对三限、彭城两闸分水十分重视，"三限、彭城两处盖五县分水之要，北限入三原、栎阳、云阳，中限入高陵、三原、栎阳，南限入泾阳，至分水时，宜令各县正官一员亲诣限首，眼同分用，庶无偏

----

① 《元史》卷六五《河渠》，中华书局 1976 年标点本，第 1631 页。

私。若守闸之官不应或妄起闸一寸，即有数徼余水透入别县，甚宜关防"。又如对用水的量度规定，"凡水广尺深尺为一徼，以百二十徼为准，守者以度量水口，具尺寸申报，所司凭以布水，各有差等"①。《用水则例》对用水程序、如何用水、利户用水与出夫的关系、行水之序以及违反用水规定的处罚等有明确规定："凡用水先令斗吏入状，官给由帖方许开斗"；"行水之序，须自下而上，昼夜相继，不以公田越次，霖潦辍功"；"诸违官禁作奸弊者，断罚有差。……若有违犯水法多浇地亩，每亩罚小麦一石"；等等②。元代形成严密的泾渠管理制度对明清泾渠管理制度有重大影响。

本书所要研究的明以后渭北泾渠水利，其具体内容详见下文，其演变的大脉络为：明代著名引泾水利工程为广惠渠、通济渠；清代承续泾渠系统的为龙洞渠，乾隆二年（1737）之后不再引泾；20世纪30年代初，在渭北遭受空前旱灾的情形下，新式引泾水利工程——泾惠渠成功修筑并运行。

本书还将研究明代至民国时期渭北小流域清峪河水利。明以前的清峪河水利情况，有文献记载的很少。汉元鼎六年（前111），左内史兒宽奏修六辅渠"以益溉郑国高卬之田"③。元人李好文认为，清峪河、冶峪河所灌溉的地即六辅渠所溉"高卬之田"④。也就是说，清峪河水利可远追至汉代的六辅渠。在元代《长安志图》的《泾渠总图》中，清峪河水利下有完城渠、五洪渠，城隍渠、长平渠、河西渠⑤。

以上对渭北水利明以前工程的兴修及其制度进行了回顾，给人的印象就是泾渠是个需要屡次开发的工程，再接下来本书研究时间段也将屡次看到动工兴修，那么渭北水利的研究应该怎么办？笔者以为，首先回到渭北区域环境（包括自然环境与社会环境），尤其是从区域社会环境下来理解，这一视角将特别重要。

本书所关注的渭北水利发生空间位于陕西省中部，即今天咸阳市所

---

①　（元）李好文：《长安志图》卷下，文渊阁《四库全书》，第587册，第501—503页。

②　同上书，第504—506页。

③　《汉书》卷二九《沟洫志》，中华书局1962年标点本，第1685页。

④　（元）李好文：《长安志图》卷下，文渊阁《四库全书》，第587册，第497页。

⑤　同上书，第496页。

属之泾阳县、三原县、西安市所属高陵县，简称"渭北三县"。渭北三县境内大的河流为泾河和石川河①。泾河为渭河的一级支流、黄河的二级支流，古称泾水。泾河源于宁夏泾源县六盘山麓马尾巴梁东南的老龙潭，穿过甘肃东北部平凉、泾川，从长武进入陕西，经彬县、永寿、淳化、礼泉，至泾阳，从泾阳流至高陵县陈家滩汇入渭河，全长455公里。石川河，古称沮水，为渭河的一级支流、黄河的二级支流。上源二支，东支漆水，西支沮水为石川河正源。沮水源于耀县西北长蛇岭南侧，在耀县城南与漆水河交汇，东南流经马槽入富平，过庄里镇进入渭河平原，绕过富平城西，接纳赵氏河，入临潼县界，接纳从西面来汇的清河，在交口附近入渭。清河为石川河右岸支流，由清峪河与冶峪河汇流而成。清峪河又名清浊河，源于耀县照金镇西北的野虎沟，向南过白村为淳化、耀县界河，过岳村为三原、泾阳界河。冶峪河一名冶峪水，源出淳化县北安子哇乡老城湾，出谷口，过淳化城，再过黑松林、石桥，入泾阳口镇、云阳，在三原安全滩汇清峪河，过三原城北经大程入临潼界，转东南流注入石川河。

渭北三县地处黄土高原与渭河平原的交接地带。泾阳县境内有泾河、冶峪河、清峪河三条河流，北有嵯峨山、北仲山，中部平原面积503平方公里，占总面积的64.5%；南北二塬180平方公里，占23.1%；北部山区97平方公里，占12.4%。三原县境内河流有清峪河、浊峪河和赵氏河三条水系，南部平原290.37平方公里，占该县总面积的50.3%，北部台塬区占37.4%，西北山地为嵯峨山及山麓下的西原构成，占该县面积的12.3%。高陵县位于关中平原腹地，泾河与渭河在县境交汇，泾渭河北的平原地占该县总面积达76.7%，主要为淤土，灌溉积淤深，熟土层厚，适合农业种植。富平县北邻耀县、铜川，南接三原、临潼；境内河流有石川河、温泉河等；该县地貌较为复杂，县境北部为低山丘陵，属乔山山系之余脉，县境黄土台塬分布最广，此外还有沟壑峪道及川道河谷地貌。

① 关于泾河、石川河、清河资料，参考《陕西省志·水利志》（陕西人民出版社1999年版）第82页相关资料。

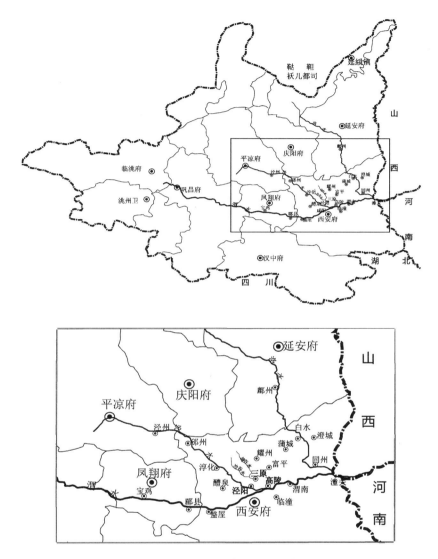

图 0—2　明代陕西渭北地名

资料来源：根据谭其骧主编《中国历史地图集》第 7 册（第 59—60 页）明万历十年
（1582）陕西地图部分绘制。

泾阳之名最早见于《诗经·小雅》："侵镐及方，至于泾阳。"战国时
期，秦灵公以泾阳为临时都城；秦并六国后属内史辖地。汉惠帝四年
（前 191）设置有池阳县。唐贞观元年（627），设有关内道雍州泾阳县。

金时设有京兆府，下辖有泾阳县、云阳县。元至元元年（1264），并云阳入泾阳县，二年（1265），并泾阳入高陵县，三年（1266）复置泾阳县。明洪武九年（1376）泾阳县隶属陕西布政使司西安府，清属陕西省西安府辖。民国三年（1914），泾阳县属陕西关中道；十七年（1928）直属陕西省；二十八年（1939）属陕西省第十行政督察区。

三原县秦汉时期与泾阳同为一域，先名泾阳，后曰池阳。前秦苻健皇始二年（352）设三原护军，北魏太武帝太平真君七年（446）置三原县，宋金元时期三原县属耀州所辖。明初三原县属耀州管辖，弘治三年（1490）改属西安府。清承明制，县名、隶属均无改变。民国初期，三原县属陕西关中道，后废道，在省县间设立行政督察区，属陕西省第十行政督察区。

高陵县为秦旧县，秦孝公所置。明洪武二年（1369）三月，改奉元路为西安府，高陵县属其所辖，历有清一代未变。民国二年（1913），高陵县属关中道，民国十三年（1924）撤道，直属陕西省，民国二十七年（1938）高陵县属新设的陕西省第十行政督察区，民国三十七年（1948）又改属陕西省第三行政督察区。

相对历史上周、秦、汉、唐的中心地位，宋、金、元统治时期的关中已沦为边缘地区，属于关中的渭北地区自然也不例外。虽然在王朝的棋盘上已边缘化，但关中向为兵家必争之地，政权鼎革时期兵祸与战争、金元时期少数民族政权的野蛮落后统治以及频仍的灾荒，这些都给关中及所属渭北的社会及民众带来巨大创伤。元明鼎革时关中的战事并不残酷，反倒是元末以后关中严重的自然灾荒、残元诸将暴敛与兵祸，给关中民众带来巨大的苦难①。

元末明初渭北有不少移民，来自山西洪洞县的移民占了多数。清乾隆《三原县志》卷三记载："按原邑户口多迁自洪洞县。《农政全书》云：洪武二十一年户部郎刘九皋言，古狭乡民迁于宽乡，欲地不失利，民有恒业也。陕西诸处自兵后，田荒民少，宜徙山东民往就耕。上曰：山东多旷土，不必远迁，迁山西民往业之。故田赋户口皆自洪武二十四

① 秦晖、韩敏、邵宏谟：《陕西通史·明清卷》，陕西师范大学出版社1997年版，第9—17页。

年始。"① 现存一些资料表明，元末明初的民众，也有来自关中其他县以及军户落籍于此的。明中期三原名人王恕就说："吾幼时尝闻诸先祖曰：五世祖以上，世居栎阳司马村，当大金时族属最盛，号为大家。元至正间，曾大父始徙三原龙桥北创立产业，有屋可居，有田可耕，而食有邸舍，牧租可给日用，遂占籍三原光远里。"② 又马理《明封山东道监察御史北原李先生墓志铭》载："北原先生者，讳明，字德彰，先平凉人，洪武初，戍西安后卫，屯田三原，故今为三原豆堡里人。"③ 而顾炎武在《肇域志》中则记载了世居三原县的家族，"第五村东村，有汉第五伦祠，其子孙依而居焉"④。

明代中后期，渭北三原、泾阳成为陕西商业贸易中心⑤。这由时人记述可以看出。张瀚在《松窗梦语》卷四《商贾纪》中道："河以西为古雍地，今为陕西。山河四塞，昔称天府，西安为会城。地多驴马牛羊旃裘筋骨，自昔多贾，西入陇、蜀，东走齐、鲁，往来交易，莫不得其所欲。至今西北贾多秦人。然皆聚于汧、雍以东，至河、华沃野千里间，而三原为最。若汉中、西川、巩、凤，犹为孔道，至凉、庆、甘、宁之墟，丰草平野，沙苇萧条，昔为边商之利途，今称边戍之绝塞矣。关中之地当九州三分之一，而人众不过什一，量其富厚什居其二，闾阎贫窭，甚于他省，而生理殷繁，则贾人所聚也。"⑥ 李维桢在《三原县龙桥记》中说："陕以西称壮县曰泾阳、三原，而三原为最，沃野百里，多盐荚高赀贾人，阛阓骈呰，果布之凑，鲜衣怒马者相望，大仓若蜀，给四镇饷，

① 乾隆《三原县志》卷三《田赋》，清乾隆三十年（1765）修、光绪三年（1877）刻本，第23页b—24页a。
② （明）王恕：《王端毅公文集》，沈云龙主编《明人文集丛刊》（5），文海出版社1970年版，第201页。
③ （明）马理：《明封山东道监察御史北原李先生墓志铭》，《谿田文集》，《四库全书存目丛书》，集部第69册，齐鲁书社1997年版，第504页。
④ （清）顾炎武：《肇域志》卷三六，清抄本。
⑤ 李刚认为，陕西在明清之际形成以泾阳、三原为中心，以龙驹寨、凤翔为横坐标，以延安、汉中为竖坐标，联系各州县市场、集镇贸易的市场网络结构（李刚《陕西商帮史》，西北大学出版社1997年版，第56—59页）。张萍尽管不认可清代泾阳、三原商业实力在西安之上，但对明代泾阳、三原的商业中心地位没有疑问（张萍《明清陕西商业地理研究》，博士学位论文，陕西师范大学，2004年，第99—102页）。
⑥ （明）张瀚：《松窗梦语》卷四，中华书局1985年版，第82页。

岁再三发軔，若四方任辇车牛，寔缩毂其口，盖三秦大都会也。"①

　　地处关中腹地的三原、泾阳在明中后期成为陕西的商业中心，一方面得益于明朝特殊的边防供给政策（如食盐开中等）及渭北商人的努力；另一方面与其西入陇蜀、东走齐鲁、南下江浙、北上边塞的优越地理位置分不开。之所以成为商业中心，还有一个最基本的原因，渭北水利在陕西最为发达，因此泾阳、三原的农业具有优势。明清时期，虽然泾渠灌溉面积大降，但较渭北其他水利，仍然有不错的开发与利用，三县依然是关中最发达农业区，明清直至民国时期，渭北三县在陕西可谓富庶之区，由泾阳、三原、高陵号称"关中白菜心"可窥一斑。

　　从文化学术而言，金元时期，渭北的儒学并未中断。明末关中大儒冯从吾作《关学编》，将理学在关中地区的发展脉络作了一个梳理，述及金元的关中理学家有九人，其中渭北占五人，高陵杨君美、杨元甫，蒲城侯伯仁，泾阳第五士安、程阅古②。虽金元渭北的理学家不乏其人，但从渭北社会来看，道教、佛教力量更为强大。明代渭北儒学开始复兴，表现为明中后期渭北出现了一批颇具影响的理学家，他们著书立说，重视地方教育，倡办书院，培养儒学人才，对渭北基层社会的教化普及与礼俗演变发挥重要影响。这批理学家的代表人物有王恕、王承裕、吕柟、马理、吕潜、郭郛等。

　　本书从结构上共分六部分。第一部分为导言，对学术史进行回顾，提出本书所关注和希望解决的问题，概括介绍明以前的渭北水利及渭北的区域环境。

　　第一章分析明代中后期的渭北水利。第一节从梳理明中后期引泾水利开发历史进程入手，考辨通济渠的完成时间约 13 年，认为从广惠渠、通济渠到万历二十八年（1600）泾渠兴修规模在不断缩小与明代赋役制度变迁有密切关系。而万历末天启初，沈子章对泾渠年修制度进行变革，是"一条鞭法"思想在泾渠常修中的运用。第二节从明代中后期三个时段来看清峪河水利开发及纠纷解决机制：在明中期清峪河最下

---

① （明）李维祯：《三原县龙桥记》，《大泌山房集》，明万历三十九年刻本（部分配钞本）影印，《四库全书存目丛书》，集部，第 151 册，齐鲁书社 1997 年版，第 668 页。
② （明）冯从吾：《关学编》，陈俊民、徐兴海点校，中华书局 1987 年版，第 16—25 页。

游渠系木涨渠的几次成功开发中，王恕等乡宦及其后的家族势力发挥重要作用；在万历年间涉及泾阳、三原两县灌区的清峪河水利纠纷中，三原县三里的特殊用水的灌溉诉求得到官方的照顾；从王徵的《河渠叹》入手，分析崇祯年间三原、泾阳两县清峪河水利纠纷后的地方权势格局。

第二章主要论述清代前中期渭北水利及其变迁。第一节通过分析清前期"引泾"与"拒泾"两方观点，认为在渭北泾渠引水问题上存在县际利益博弈，即泾阳县与三原、高陵两县的博弈。乾隆二年的"断泾疏泉"裁定是朝廷上下讨论、全面权衡下的结果，但泾阳县官员"拒泾"理由得到了渗透。本章第二节分析清前中期泾渠下游三原县灌区分水时间减少的原因，认为其与该时期泾渠上游灌区泾阳县逐渐主导兴修工程及累计工役相关，故而在分水时间上泾阳县在增加而三原县在减少。本章第三节以岳瀚屏记述为主要材料，分析清乾嘉时期清峪河源澄渠是如何开发、如何买地、如何运行，试图揭示清前期清峪河源澄渠开发及运行的机制。

第三章在梳理陕西回民起义给渭北泾阳三原社会带来重大冲击基础上，分析泾阳三原在龙洞渠分水时间上的争夺，把刘蓉对龙洞渠的分水时间变革放在区域社会大突变下的社会历史环境中理解，试图揭示分水时刻之争的背后为泾阳、三原地方精英实力消长及影响的某种变化。

第四章重点讨论渭北水利的近代转型。首先，分析了在民国军阀政治下引泾水利工程为何没有成功，认为20世纪20年代引泾水利工程存在经费、机制上的桎梏，背后反映的是不同军事政治势力对引泾水利主办权之争，在军阀割据的大时代背景下，引泾水利缺乏实施的政治环境。20世纪30年代初泾惠渠修筑成功，是特殊政治环境与特定地方社会作用下的产物。梳理分析泾惠渠如何修建成功的历史过程，本身就展示着渭北水利的近代转型是如何发生的。渭北泾渠水利的近代转型，是一种非常规转型。随着泾惠渠工程的完成，泾惠渠管理局成立，相比同是泾渠系统的龙洞渠，泾惠渠管理更为专业化、科学化，官方对泾惠渠系统控制大为提升。本章第四节分析了民国时期清峪河水利的演变脉络。

最后结语。总结了1465—1940年渭北水利及其近代转型的历史过程，将渭北水利置于具体的时空中加以考察，研究水利变迁与区域社会及王朝国家制度之间的关系，以及水利开发及运行过程中的人、人群及组织（华洋义赈会）等，探求 1465—1940 年渭北水利演变及其近代转型的逻辑与机制。

第 一 章

明代中后期的渭北水利

第一节　明代中后期的引泾水利

相比周秦汉唐时的关中，明代关中已经边缘化，作为关中一部分的渭北也不例外；但从明朝立国后的军事情势来看，处于西北边陲的陕西在王朝棋盘上地位十分重要，尤其是它的军事地位。为了对付北方的少数民族政权，明廷在北方设置了九个边防重镇，其中有四个地处陕西，即延绥、宁夏、甘肃、固原四镇。作为王朝的西北边疆，陕西在军事上地位凸显。陕西四边镇官军的物资消费，大部分要靠陕西最富庶的关中地区民众提供。为了增加边镇供给，明廷实行"食盐开中""运茶给引"等优惠政策，吸引商人输粮运茶于边镇，有地缘优势的陕西、山西商人最早利用朝廷这些政策而崛起，成为明代中后期最先形成的两大商帮。这是明代渭北所处的大历史环境，在此基础上，来认识明代渭北引泾水利。

一　广惠渠兴修

明成化元年，即 1465 年，广惠渠开始兴修，这是明代最大的引泾工程①。在广惠渠之前，明代对引泾水利就已经十分重视，明初短短六十年，在《明实录》中记载的修浚泾渠就达四次之多。第一次，洪武八年

---

① 吕卓民认为，广惠渠是明代历次治泾工程中用工最多、历时最长、工程规模最大、灌溉效益最好的一次（参见吕卓民《明代关中地区的水利建设》，《农业考古》1999 年第 1 期）。

（1375），"浚泾阳县洪渠堰，泾阳属西安府，其堰岁久，下流壅塞，不通灌溉。遂命长兴侯耿炳文督工浚之，由是泾阳、高陵等五县之田大获其利"①。第二次，洪武三十一年（1398），"修泾阳县洪渠堰，时泾阳县耆民诣阙，言堰东西堤岸圮坏，乞修治之。上命长兴侯耿炳文、工部主事丁富、陕西布政使司参政刘季箎督兵民修筑之，凡五月堰成，又浚堰渠一十万三千六百六十八丈，民皆利焉"②。第三次，永乐九年（1411）七月，"筑陕西泾河洪堰，堰故灌田二百余里，泾阳、王原（三原）、醴泉、高陵、临潼诸县皆受其利，比决于洪水，有司以闻，故命修筑"③。第四次，宣德二年（1427），"浙江归安县知县华嵩言：陕西泾阳县旧有洪堰，潴水灌溉泾阳、醴泉、三原、高陵、临潼五县之田，凡八千四百余顷。岁久堙塞，洪武八年长兴侯尝为修治，民赖其利，既而堰坏。永乐十四年老人徐龄言于朝，复遣官修筑，会营造兴，不果。今乞专遣大臣一员同都司布政司堂上官，于泾阳等五县及西安等卫所，量起军夫，协同用工，寔为民利。从之"④。

天顺五年（1461），朝廷又下令对泾渠进行修浚，《明宣宗实录》记载："陕西按察司佥事李观言：泾水出泾阳仲山谷，道高陵至栎阳入渭，袤二百里。昔汉穿渠溉田万顷，宋元俱设官主之，今虽有瓠口郑白二渠督其事者不职，堤堰摧决，沟洫壅潴，民弗蒙其利，官税因之拖欠。乞敕布按二司堂上官督同被利州县人夫，依时疏凿，则工不侈而水利可足。上命有司浚之。"⑤ 此次修浚的效果很差，天顺八年（1464）十一月，右副都御史陕西巡抚项忠上奏修"泾阳县瓠口郑白二渠"⑥，是为广惠渠兴

①《明太祖实录》卷一○一，洪武八年九月丙辰，"中研院"历史语言研究所 1966 年校印，第 1714—1715 页。

②《明太祖实录》卷二五六，洪武三十一年三月辛亥，"中研院"历史语言研究所 1966 年校印，第 3704 页。

③《明太宗实录》卷一一七，永乐九年七月癸未，"中研院"历史语言研究所 1966 年校印，第 1490 页。

④《明宣宗实录》卷二八，宣德二年五月丙申，"中研院"历史语言研究所 1966 年校印，第 728 页。

⑤《明英宗实录》卷三二五，天顺五年二月乙未，"中研院"历史语言研究所 1966 年校印，第 6719 页。

⑥《明宪宗实录》卷一一，天顺八年十一月癸丑，"中研院"历史语言研究所 1966 年校印，第 232 页。

修之缘。项忠（1421—1502）字荩臣，号乔松，嘉兴人，为广惠渠兴修的提倡者。他为明英宗正统七年（1442）进士，天顺、成化初在陕任官，政声颇著："天顺三年，（项忠）升陕西按察使，适陕饥，以拯民为己任，不待奏报，辄发仓赈之，全活以万计。壬午，闻继母丧，陕西军民赴阙留者千人，诏夺情还任。明年，以大理寺卿征，既行，陕人复诸阙偕留，天子欲慰陕人，乃改右副都御史，仍抚其地，军民喜其来，争焚香远迓，欢声如雷。……关中水泉斥卤，旧有龙首渠，岁久湮废，居民病之，忠奏开一渠，余三十里。"①

广惠渠兴修是项忠任陕西巡抚时的重要业绩，他为此撰文《广惠渠记》②，由该文来看，项忠对泾渠的历史十分熟悉。他说，泾渠"远自秦而下历代凿之者不一，故渠名亦因之而变名有六"，这六条渠分别是秦的郑国渠、汉的白公渠和六辅渠、宋的丰利渠、元的王御史渠（又称"新渠"，项忠将其算为两条渠），这六条渠中"惟郑白名渠，独加显焉"③。项忠称自己面临的泾渠局面为："元后至于今，河底低深，渠道高仰，水不通流，废弛湮塞，几百年矣！"④ 这一说法并不符合史实，因为泾渠在明代项忠修之前已修过四次。项忠颇具雄心，想在其任上恢复泾渠"前人之功"：

> 予昔忝臬司之长，今叨巡抚之寄，历官久此，窃思兹渠能仍旧迹而疏通之，则前人之功，庶保其复续，而今之为利，得不同于昔邪！遂询谋佥同，而具实以闻。⑤

在获得同僚支持情形下，项忠上奏皇帝兴修泾渠，并得到皇帝的许可，工程因此展开：

---

① （明）过庭训：《本朝分省人物考》卷四四，明天启刻本。
② （明）项忠：《广惠渠记》，康熙《泾阳县志》卷八《艺文志》，清康熙九年（1670）刻本，第 8 页 b—12 页 b。
③ 同上书，第 9 页 a—b。
④ 同上书，第 10 页 a。
⑤ 同上。

上可其奏，命下之日，予檄醴泉、泾阳、三原、高陵、临潼、富平六邑蒙水利人户，于彼就役，之前所谓栎阳、云阳者，今已革去。先以布政司右布政使杨公璿董其事，未克成，而升任去，复以右布政使娄公良、右参政张公用瀚、余公子俊、按察司副使郭公纪、左参议李公奎继之，务毕其功，有底于成。①

项忠将所修泾渠取名"广惠"，在项忠笔下广惠渠收益显著："考地之界不异于昔，计今溉田，有司则八千二十二顷八十余亩，西安左前后三卫屯田则二百八十九顷五十余亩，每亩收谷三四钟，比旧田亩盖减其数，谷视昔有加者。"②

对于修广惠渠的时间，收录于康熙《泾阳县志》卷八的项忠《广惠渠记》道：

再尝闻元之王御史建修此渠三十余年，而功尚未克成，备载泾志。今渠不二年而成者，盖百工之咸集，资给之不吝，又委任之得人故也。③

不过，项忠《广惠渠记》内容在真实性方面令人生疑之处颇多，兹举几例。其一，修渠所用时间之异④。康熙《泾阳县志》卷八项文说"渠不二年而成"；明嘉靖年间《雍大记》所录项忠该文为"渠不三年而成"⑤；而成化五年所立石碑，其上所刻《广惠渠记》中说"渠不五年而

---

① （明）项忠：《广惠渠记》，康熙《泾阳县志》卷八《艺文志》，清康熙九年（1670）刻本，第 10 页 a—b。

② 同上书，第 10 页 b—11 页 a。

③ 同上书，第 12 页 a。

④ 对于广惠渠修成"二年""五年"说法，钞晓鸿认为与事实不符（参见钞晓鸿《人物传记中水利史料的考辨与利用——以明清时期的项忠传记为例》，《厦门大学学报》2011 年第 1 期，第 99 页）。本书此处旨在对项忠的《广惠渠记》为何不同版本有不同修渠时间的说法有一些的解释，并在此基础上怀疑项氏《广惠渠记》内容的真实性。

⑤ （明）项忠：《广惠渠记》，何景明《雍大记》卷三四，明嘉靖刻本，第 12 页。

成"①。按理而言，这三处载文同源，表述应一致，为何出现这一差异？对此的解释："渠不二年而成"的记述，表明康熙《泾阳县志》所选《广惠渠记》文本有可能是项忠成化二年去延绥提督军务前为广惠渠所写②，此时距成化元年春暖兴工有一年多时间；"渠不三年而成"有可能《雍大记》作者收录该文时笔误；而"渠不五年而成"说法，是因为成化四年末五年初项忠在渭北进行了所谓广惠渠"修成"后的告祭、立碑活动。事实上，以上修渠二年、三年、五年三个说法皆误，广惠渠真正修成花费了十七年，稍后文中将详述。

图1—1 明成化"新开广惠渠记"碑

说明：碑存陕西省泾阳县泾惠渠渠首，笔者2009年9月17日摄。

其二，灌溉亩数"八千三百余顷"的真伪。项文说"计今溉田，有司则八千二十二顷八十余亩，西安左前后三卫屯田则二百八十九顷五十余亩"，总计达八千三百一十二顷三十亩。吕卓民在此基础上推断，明代

① （明）项忠：《明广惠渠记碑》，李慧、曹发展编注《咸阳碑刻》，三秦出版社2003年版，第503—505页。
② 《明史》卷一七八《项忠传》载："明年（成化二年），信议大举搜河套，敕忠提督军务。忠方赴延绥，而寇复陷开城，深入静宁、隆德六州县，大掠而去。"（《明史》卷一七八《项忠传》，中华书局1974年标点本，第4728页）

广惠渠实际的灌溉面积要超出八千顷许多①。对广惠渠灌溉亩数还有更多的说法，如《明孝宗实录》等记载广惠渠灌溉七万顷，钞晓鸿对"灌田七万顷"说法真实性有质疑②。明天启四年（1624）《抚院明文》碑记载，泾渠共灌泾阳、三原、醴泉、高陵四县地七百五十五顷五十亩③，《沟洫佚闻杂录》编者以此怀疑项忠"八千三百顷"灌溉面积为虚夸④，这一理由不一定能站住脚，因为此距广惠渠修筑时间已经有 150 年左右时间。

　　要弄清楚项忠所说广惠渠灌溉"八千三百一十二顷三十亩"数字的真伪，必须先弄清楚广惠渠真正修成的时间。明代彭华⑤的《重修广惠渠记》是在后期参与工程的邓山请求下所写，记述对广惠渠开凿整个过程及修浚之艰难：

　　　　我明抚有四海，视关中为重镇，每廷命大臣抚巡之。往者数于王御史渠口修堰行水，岁久渐圮坏，弗治。今上纪元成化之初，副都御史项公忠，请自旧渠上并石山开凿一里余……功未就，项召还朝。戊子，项复西征过陕，命有司促功责成，及奏凯还，亟以成功纪于石，名其渠曰广惠，而渠实未通也。丙申，右都御史余子俊又经略之，于大龙山凿窍五以取明，疏其渠曲折浅狭者。逾年，余以兵部尚书召，又弗克。

　　　　就讫其功者，副都御史阮公勤也。公下车即询民所利病，图兴革之，唯恐弗及。于是三司诸君牵连一口，以渠为言，且曰：囊者

---

　　①　吕卓民：《明代关中地区的水利建设》，《农业考古》1999 年第 1 期。
　　②　钞晓鸿在《人物传记中水利史料的考辨与利用——以明清时期的项忠传记为例》一文中对广惠渠"灌田七万顷"说法有详细的考证。（《厦门大学学报》2011 年第 1 期）
　　③　《抚院明文》，白尔恒、［法］蓝克利、［法］魏丕信编著《沟洫佚闻杂录》，中华书局2003 年版，第 202 页。
　　④　白尔恒、［法］蓝克利、［法］魏丕信编著：《沟洫佚闻杂录》，中华书局 2003 年版，第201 页。
　　⑤　《明史》卷一六八有彭华传："华，安福人，大学士时之族弟，举景泰五年会试第一。深刻多计数，善阴伺人短，与安、孜省比。尝嗾萧彦庄攻李秉，又逐尹旻、罗璟，人皆恶而畏之。逾年，得风疾去。"（《明史》卷一六八《彭华传》，中华书局 1974 年标点本，第4524 页）

之费率征于利及之民，今民未获利而复征之，恐不堪命。阮公曰：
然，盍以帑藏金粟募工市材食役者，功成，然后责偿于民可也。众
议佥同，乃檄布政鲁君能、参政邓君山督其役，而朝夕躬任程课劳
徕者，西安府同知刘端也。用匠岁四百人，五县之民更番供役，役
以辛丑二月兴渠口……至十月水冰辍工，明年正月复作，治决去淤
塞，遂引泾入渠。①

　　从彭华的记述来看，广惠渠并没有在项忠手上完成，其间经过余子
俊经营，最后在阮勤②任上完成，前后历经十七八年完成。那么，没有完
工的项忠说广惠渠灌田八千三百余顷自然是假的。"八千多顷"可能来自
天顺八年（1464）十一月项忠上奏所讲"泾阳县瓠口郑白二渠，旧引泾
水溉田四万余顷，至元犹八千顷"③，因元代灌溉八千顷，那么广惠渠灌
溉不输于前朝，也是八千余顷。这就牵出另一个问题，广惠渠真正完成
后灌溉亩数是多少，而彭华的记文仍说是八千多顷，是承袭项忠的说法，
还是统计的结果，估计前者可能性大些。对于广惠渠的真实灌溉面积，
钞晓鸿最近的研究认为，灌溉面积当在八百顷至一千顷之间④。"千顷"
的资料来自《明孝宗实录》记载余子俊修泾渠的业绩，不过广惠渠并
未在余子俊手中完成，此说或可存疑；"八百顷"说法来自清人王太岳
记载明万历年间知县袁化中的说法，因为袁化中为首提"拒泾"之人
（后文有详述），王太岳为清乾隆时期对"断泾疏泉"裁定大为褒扬之
人，他们对引泾水的广惠渠兴修皆有"偏见"，故"八百顷"说法亦可
存疑。笔者以为，现存资料无法说明广惠渠真实灌溉面积，这是一个

　　①　（明）彭华：《重修广惠渠记》，康熙《泾阳县志》卷八《艺文志》，康熙九年（1670）
刻本，第13页a—14页b。
　　②　《明史》卷一七八有阮勤传："阮勤，本交阯人，其父内徙，占籍长子。勤举景泰五年
进士。历台州知府。清慎有惠政，赐诰旌异。以右副都御史巡抚陕西。筑墩台十四所，治垣堑三
十余里。岁饥，奏免七府租四十余万石。入为侍郎，调南京刑部。蛮邦人著声中国者，勤为
最。"（张廷玉等《明史》卷一七八《阮勤传》，中华书局1974年标点本，第4739—4740页）
　　③　《明宪宗实录》卷一一，天顺八年十一月癸丑，"中研院"历史语言研究所1966年校印
版，第232页。
　　④　钞晓鸿：《人物传记中水利史料的考辨与利用——以明清时期的项忠传记为例》，《厦门
大学学报》2011年第1期。

谜，肯定小于八千顷，由于引泾水的原因，但应该远大于天启年间七百多顷。

开凿广惠渠是一个巨大工程，在项忠看来，其工程及难度要超过以前泾渠工程，为此他竖立"历代修渠界碑"，上书：

> 秦"郑国渠"直至北界牌止，汉内史儿宽"六辅渠"直至北界牌止，汉赵中大夫"白公渠"直至北界牌止，宋殿中丞侯可"丰利渠"直至北界牌止，元监察御史王琚"新渠"直至北界牌止，大明项都御史'广惠渠'直至大龙潭迤北谷口止。大明新开工程，次第北自广惠渠口起，直接元监察御史王琚渠口止。其工分自天字工起，金字工止，共四十一工。各工随其山势高下，破山开穿。石渠共长一里三分。①

以前所修的泾渠都到"北界牌止"，只有"大明项都御史'广惠渠'直至大龙潭迤北谷口止"。

从项忠"广惠渠记"碑的碑阴记载来看，项忠动用的人力、物力可谓庞大。修渠所动用人力为：夫匠总共一千八百六十八名，其中石匠六百八十六名、铁匠一百二十五名、木匠三十九名、正夫六百四十八名、杂夫二百一十二名、火头一百五十八名②。修渠所费的物和钱为：钢一万九千三百四十九斤一十两，铁二万六千四十三斤一十两，木炭一百九十三万九千八百七十九斤，石灰一千九石二斗，麻二千一百斤，酒米、清油四千九十斤，石炭二千六百七十三石四斗五升，施汤米二百五十石。给付匠银四百四十两二钱，共支银一千九百四十四两四钱③。按项忠说法，广惠渠的劳作者为"醴泉、泾阳、三原、高陵、临潼、富平六邑蒙水利人户"，事实上"夫匠通共一千八百六十八名"不可能全为"蒙水利户"所出的人员担任，因为其中"石匠六百八十六名，铁匠一百二十五名，木匠三十九名"，石匠、铁匠、木匠还是要具备一定技术和经验，他

---

① 《历代修渠界碑》，李慧、曹发展编注《咸阳碑刻》，三秦出版社2003年版，第503页。
② 《明广惠渠记碑阴》，李慧、曹发展编注《咸阳碑刻》，三秦出版社2003年版，第507页。
③ 同上。

们可能属于"匠户"，需要给付匠银，而四百多两的银子支付八百余名匠人显得太少了，所以"役"的性质更重。既然修渠"匠户"不由"蒙水利户"全部承担，那么"匠户"修渠所耗费的粮食由受益灌区各县及其民众承担是自然不过的道理。而"正夫六百四十八名，杂夫二百一十二名，火头一百五十八名"由"蒙水利户"承担没有问题。

修渠所用的粮食是单列的：总计用去夫匠口粮一万四千七百二十六石二斗，分为官仓粮和利户粮。其一，官仓粮为六千三百八十三石七斗，其中：三原县、高陵县一百二十一石五斗，醴泉县一百五十六石一斗五升，临潼县二百八十二石一斗五升，泾阳县应为五千八百二十三石九斗①。其二，利户粮为八千三百四十二石五斗，其中：三原县四千七百三十七石六斗，泾阳县应为三千六百四石九斗②。这组参与修渠的灌区各县所承担的粮食数据可以用来分析各县在当时泾渠水利中灌溉情形。对各县承担修渠粮食进行由多到少的排序：泾阳官民共承担九千四百二十八石八斗，三原县官民四千八百五十九石一斗，临潼县二百八十二石一斗五升，醴泉县一百五十六石一斗五升，高陵县一百二十一石五斗。这个排序可以表明当时泾渠水利灌溉中各县灌溉利益的排序。

广惠渠是个巨大工程，尚未修完，就已经"通共积八十六万六千一百二十四工"③。组织修渠的官吏及提供其他服务的人员有：陕西布政司照磨文义，陕西按察司照磨李志，西安府同知赵珪，管工经磨赖让，知事谭深，照磨贺昭，检校田畯。泾阳县知县庞辅，管工主簿杨昱，吏刘广，老人王虎、何宽、宋玘、魏显宗，阴阳生王震，医生雒昭，书算生张昭、袁真。高陵县知县马政，老人成端，医生张杲。临潼县知县高恒，老人田刚，医生王刚。兴平县知县宋□。□县知县史侃，阴阳生马纪。盩厔县知县马□，阴阳生辛杯。耀州知州白福，医生孙玉。三原县县丞张瑄，吏刘清，医生王连。富平县主簿刘祯，医生段伯通。同官县知县孟浚。同州知州安□，阴阳生杨□□。白水县知县王旭。乾州知州许□，

---

① 泾阳县的数据碑文泐而未录，本处通过计算而得。《明广惠渠记碑阴》，李慧、曹发展编注《咸阳碑刻》，三秦出版社 2003 年版，第 507 页。

② 同上。

③ 同上。

医生□□。醴泉县知县□□，医生张爱，吏□□。武功县知县孟□，医生王威。永寿县知县胡绅。邠州知州王□。淳化县知县范锦。华州蒲城县知县□□①。由上面名单可见，这是一个动用了陕西省、西安府、广惠渠受益县以及附近诸县的官吏绅民的大工程。

明成化初年项忠何以能在陕西动员和组织如此庞大人力与物力修筑广惠渠？与明初所形成的赋役制度有密切关系。

明初，朱元璋以鱼鳞册为经、黄册为纬所构建的赋役制度，这是他在继承宋元相关制度的基础上创造出来的：鱼鳞图册即田地之图，针对的是元季民众"版籍多亡，国赋无准"②的混乱局面，为掌握各地耕田数字以杜绝隐田逃税而设立的；与鱼鳞图册并行的黄册用于括户，为一切赋役的根据，黄册主要内容之一，是用里甲将民众编管起来，使他们附着于土，然后驱使他们以供徭役。朱元璋还建立"配户当差"的户役法制度，不同役籍的役户所配给的徭役各不相同：如民户种田输租，军户守御供役，匠户支应造作，灶户煮海制盐，马户牧养军马，牛户畜牧官牛等，专户专役③。

朱元璋所建立的制度，是通过里甲制度实现"画地为牢"的社会秩序④。这种制度，统治者在劳役的征发方面具有优势，如明成祖朱棣营建北京城时，可以"民以百万之众，终岁在官供役"⑤，而不需要为服役的人支付很大的开支。明成化初在渭北修建广惠渠这样的大工程，这固然与项忠个人抱负和雄心有关联，但从赋役制度而言，明初所建立的制度有利于这样大规模人力物力的动员和组织。

不过项忠这种动员和组织的效果似乎并不好，虽然声势浩大，却没有完成工程，最终不敌后任陕西巡抚阮勤在广惠渠后期修筑中所采用的

①　《明广惠渠记碑阴》，李慧、曹发展编注《咸阳碑刻》，三秦出版社2003年版，第507页。

②　（清）张廷玉等：《明史》卷七七《食货一》，中华书局1974年标点本，第1881页。

③　参见白寿彝《中国通史》第9卷上册，上海人民出版社1999年版，第688—691页；梁方仲《明代黄册考》，《岭南学报》第10卷第2期（1950年），第145页。

④　刘志伟、陈春声：《梁方仲先生的中国社会经济史研究》，《中山大学学报》2008年第6期。

⑤　（明）邹缉：《奉天殿灾疏》，陈子龙《明经世文编》卷二一，中华书局1962年版，第163页。

"以帑藏金粟募工市材食役者，功成，然后责偿于民可也"。

二　通济渠兴修及万历间泾渠兴修

1. 正德嘉靖年间的通济渠的兴修

广惠渠修成（成化十七年修成，即 1481 年）后 35 年，正德十一年（1516）通济渠开始兴修，该渠兴修的建议由时任陕西巡抚萧翀提出：

> 正德丙子春，萧公（萧翀）奉命巡抚兹土，一日叹曰："水利之兴，不独利民，而于国赋亦有少补，不一劳能永逸乎！"乃议凿山为直渠，上接新渠，直溯广惠，下入丰利。……乃委参政胡公键、刘公安，副使何公天衢，佥事许公谏往司其事，若西安同知易君谟则专理焉。①

萧翀，字凌汉，四川内江人。刘玑评价萧翀在陕西的政绩："公（指萧翀）巡抚关中政绩，如荐贤无私、造士有方、经理边疆、充实仓廪、缮修城池、巡行郊野、赈恤茕独、划革弊政，形诸人之歌咏者不一而足。"②

在刘玑的记述里：通济渠兴修"用夫千人，工匠二百人"，修成石渠"广一丈二尺，袤四十二丈，深二丈四尺"，凿石渠的方法为"于石坚处，以火煅之，而沃以醋"；通济渠"工始于正德丙子夏四月丁巳，迄于次年五月甲辰"，用时为一年一月；修渠费用"一出受水之家，而非取诸公帑也"③。

正德十年（1515），易谟"自绛守转倅西安"，任西安府同知，主管西安府水利。萧翀委任易谟主管兴修通济渠的工事，耀州吏目赵弘协助管理渠事④。易谟住在通济渠工地，他"朝出督视，夕甫就馆，工夫用

---

① （明）刘玑：《泾阳县通济渠记》，王智民编注《历代引泾碑文集》，陕西旅游出版社 1992 年版，第 25 页。

② 同上书，第 26 页。

③ 同上书，第 25—26 页。

④ （明）易谟：《新凿通济渠记》，王智民编注《历代引泾碑文集》，陕西旅游出版社 1992 年版，第 28 页。

勤，既不以缓而废事，亦无以亟而瘵瘵"①。

正德十二年（1517），易谟撰文《新凿通济渠记》记述修渠过程，其中关于泾渠修渠历史一段记述颇值得注意。他说：

> 按《地志》秦有郑国渠，引泾水溉田万顷有余。至汉，赵中大夫白公为渠，溉田四千余顷，较秦已下及半矣。盖水性趋下，流潦奔冲，河日下而渠日高。及宋，郑白渠泾水已不能入，侯中丞可者，于仲山傍凿石渠，名曰丰利。迫元时河又下，丰利渠口不可引水，于是御史王琚更移上流，开石渠五十丈，达丰利而入郑白渠。成化初，都御史项公忠复益相（向）上流，大小龙山凿石一里许。而今凿渠处，顽石益坚，椎凿不受，遂沿河起石为堤，逼引以达渠流。……其坚石，皆烈火以焚，而次沃以水醋，石质裂碎，然后可加凿辟。于是上自龙山，下及丰利，皆为石渠。②

在这段文字里，易谟没有说明秦汉修泾渠的地理环境，不过到了宋代修丰利渠时已经在"仲山傍凿石渠"，元代王琚修泾渠时"更移（丰利渠）上流，开石渠五十丈"，明代成化初项忠修广惠渠时"益相（向）上流，大小龙山凿石一里"，如今修通济石渠比以前似乎更难了。也就是说，在易谟看来，宋元以来修泾渠的地理环境在不断恶化。但是，易谟没有抱怨修渠之难，他有段感慨：

> 予于是又重有感焉，夫泾水之利，昔何以饶，而后何以废也？此必当时失于隄防疏引，使天地自然之利、前人已成之功，至于今失其七八，已不能用焉。③

显然，易谟认为，泾渠水利减少主要是人的因素，"失于隄防疏引"。

---

① （明）易谟：《新凿通济渠记》，王智民编注《历代引泾碑文集》，陕西旅游出版社 1992年版，第 28 页。
② 同上。标点有改动。
③ 同上书，第 29 页。

对于通济渠修浚效果，刘璣文指出，"取名'通渠'者，以此渠一修，则上而广惠，下而丰利，昔所未通者，今胥通矣"。易谟文讲得较为含糊，"而所溉田，较之成化初，可渐复矣"，没有明确指出已经全部恢复或超过。

事实上，萧翀倡修的通济渠，其真正完工也经过十几年。马理在《重修泾川五渠记》中道：

> 正德间，丰利渠坏，都御史萧公翀更自里凿山，以上接新渠、下达白渠者通济渠也。渠甫成，工未讫，而萧公去任，后御史荣昌喻公，都御史榆次寇公，累命工凿之，未岁俱去任。于是松石公至，相诸渠淤塞而通济浅，议施工，于时分巡宪副刘公雍，谋协，遂督理焉。乃自通济浅所更下凿三尺许，阔至八尺许，长一丈，深四寸五分为一工，凡六千五百工。工讫，复上下疏诸渠，分工如右。工悉树以桑、枣、榆、柳，申明三限用水之法，严禁曲防，故水利均而博焉。[①]

马理的记述表明，通济渠兴修并未在萧翀全部完成，"渠甫成，工未讫，而萧公去任"，该渠中经荣昌喻公、榆次寇公，在松石刘公（刘天和）手中最终完成。嘉靖初期泾阳县知县霍鹏认为，刘天和在该渠修筑中功绩不小，请求马理记载表彰他，"时有单贰守者，尝托理纪事至再，理未之暇也。无何，松石公丁内艰去，岁余，泾阳霍宰复托理曰：松石公之功不可没也，先生请终记之"[②]。刘天和，字养和，号松石，湖广麻城人。戊辰进士，任御史。正德间，巡按陕西。嘉靖六年以陕西按察副使提督学政，历升督理甘肃屯政，改总督粮督御史，十年巡抚陕西[③]。从

---

① （明）马理：《重修泾川五渠记》，白尔恒、［法］蓝克利、［法］魏丕信编著《沟洫佚闻杂录》，中华书局 2003 年版，第 192—193 页。
② 同上书，第 193 页。
③ 嘉靖《陕西通志》卷一九，《华东师范大学图书馆藏稀见方志丛刊》（3），北京图书馆出版社 2005 年版，第 9 页。

正德十一年（1516）通济渠始修，至嘉靖六年（1527）至十年（1531）间①在刘天和力倡下修浚，该渠兴修事实上前后约用了十三年，比广惠渠用时只少了四年。

图1—2 明嘉靖"重修泾川五渠记"碑

说明：碑存陕西省泾阳县泾惠渠渠首，笔者于 2009 年 9 月 17 日摄。

而且，通济渠此次修浚的效果似乎不佳，嘉靖十一年（1532）十月马理等到泾渠察看，"诸渠咸塞焉"②。马理因此而大发感慨，并与同去者有一番关于泾渠水利的对话：

> （马理）喟然叹曰："事未记而若是耶？"霍宰曰："前人之事在后人嗣之耳，使郑国之后，无儿公、白公，又无侯公、穆公，又无王公，又无项公、萧公、喻公、寇公、松石公，则诸渠废已久矣！

---

① 马理《重修泾川五渠记》作于嘉靖十一年（1532）冬十月，该文文内有"松石公丁内艰去，岁余，泾阳霍宰复托理曰：松石公之功不可没也，先生请终记之"之语，由此可推刘天和为嘉靖十年（1531）离陕西任。再结合嘉靖《陕西通志》对刘天和记载，可推断刘兴修泾渠时间在嘉靖六年至嘉靖十年间，估算取中位数嘉靖八年（1529）。

② （明）马理：《重修泾川五渠记》，白尔恒、〔法〕蓝克利、〔法〕魏丕信编著《沟洫佚闻杂录》，中华书局 2003 年版，第 193 页。

故前人之功在后人嗣之耳。"或曰龙山之北有名"铫儿嘴"者，□凿
而渠，以下达广惠，恐前功终隳。君子曰："水不入渠者是渠仰之过
也。今水入渠口，山泉复多道而□（倾）泻，渠皆一切吞吐之，则
喉咙塞之耳，岂渠之咎？塞着通之，渠口石囤废者设之，是在乎人。
故曰：前人之事在后人嗣之耳。"进士吕子和曰："应祥尝读书龙山
岩，每役夫修渠，获狎见焉：分工者咸枕锸而卧，官至斯起而伪作，
去卧如初；石工亦然。官监之不易周也。后数月稍通泉水而罢。"吾
徒张生世台曰：生家有役夫自述如吕之言。事之难集乃如此。①

　　马理记录的这段对话，主旨强调"前人之事在后人嗣之"的重要性。
不过，从马理的记述可以看出，正德、嘉靖间的泾渠兴修仍采用役夫制
度，即让受惠泾水的灌区农民出工，完成修筑。对于役夫制度的弊端，
与马理同去的泾阳人吕应祥以亲眼所见指出，役夫、石工在修渠时怠工
并不尽力，官员到工地监督时他们只是做做样子，工程监管很难，因而
数月的泾渠水利修浚效果只能以"稍通泉水"而终结。马理的弟子张世
台家里有泾渠役夫，役夫所讲的与吕应祥所看到的相同。对于役夫制度
的弊端，随马理同行的人中有人建议：

　　　　闻三原之市有土石之工焉，计役夫所费取十分之一以雇之，不
　　胜用矣。夫诸工者，游食之民也，货取之于渠所，编而为夫，遂分
　　工而使之。讫工者给其值，否者役，阙者补，如周之"闲民"、今之
　　"亹户"，然则财不伤，民不害，而事易举矣。②

　　该建议是改革目前役夫修筑的办法，即用役夫费用的1/10，雇三原
市场上专门的土石工进行施工，这样"财不伤，民不害"而一举两得，
修渠就很容易完成。这不是新方法，前文已述，广惠渠后期修筑中阮勤
就"以帑藏金粟募工市材食役者"完成工程。马理赞同有人提出的泾渠

---

　　① （明）马理：《重修泾川五渠记》，白尔恒、［法］蓝克利、［法］魏丕信编著《沟洫佚
闻杂录》，中华书局2003年版，第193—194页。
　　② 同上书，第194页。

役夫制度变革，不过他认为泾渠事业最关键的是人，"此其大略也，若夫阔泽之，则在当事君子，故曰前人之事在后人之嗣耳"[①]。

总之，正德、嘉靖时期通济渠兴修的时候，现存材料已经清楚表明"役夫"制度弊端丛生，修泾渠的效率极低。

2. 万历年间的泾渠兴修

万历二十八年（1600），泾渠水利又进行了一次重修，这是对广惠渠、通济渠事业的继承。不过，从参与兴修人员的组成来看，与项忠时相比大为逊色，此次修渠主要由泾渠水利灌区泾阳、三原、高陵三县官绅民参与。参与修渠的官员有：泾阳县知县王之鑰、县丞王国政、主簿花池、典史褚应举；高陵县知县李承颜、典史贺芳；三原县知县张应征。参与修渠的督工夫长有：高陵县黄梦琪、马世显，泾阳县陈遇德、张时凤、魏邦贞、张宗周、康进表、郑应兴。泾渠上中下三渠老人田应其、白仲金、王世龙，渠长屈朝选、张世太、刑守一等也参与兴修[②]。

陈葵的《重修洪堰众民颂德记》记述了这次兴修泾渠的缘起：

> 洪堰左山泉、右泾水，秦凿渠引泾灌田，至国朝成化初犹沃六邑，灌田八千二百二十顷。时项公修广惠渠，继萧公修通济渠，所导利于民者甚溥。泾流寻低，渠高不能引，无论至夏秋暴雨冲崩堤岸，泉水亦不能疏通。盖今受水者止四邑：曰泾阳、三原、醴泉、高陵云。
>
> 彼渠岁时修筑，而旋修旋塞，利弗能兴。连岁云汉频仍，即受水之田，室常悬罄，所为恤民瘼者忧焉！于是众民泣诉四县。高陵侯李公、三原侯张公、泾阳侯王公会议修渠。建白抚台，檄四邑夫大浚疏之。委泾阳丞谋其事，堰利属四邑，而地方专属泾阳，以故柄事多泾阳公。公先以丞君王带管水利，有调停才，以今特申

---

① （明）马理：《重修泾川五渠记》，白尔恒、[法] 蓝克利、[法] 魏丕信编著《沟洫佚闻杂录》，中华书局2003年版，第194页。

② 《重修洪堰众民颂德记》，王智民编注《历代引泾碑文集》，陕西旅游出版社1992年版，第39页。

委之。①

按陈葵的观点，成化年间项忠修的广惠渠，还能灌溉六个县八千多顷，而现在只有泾阳、三原、醴泉、高陵四个县。泾渠的"旋修旋塞"以及当时旱灾频频是兴修泾渠的主要原因。泾阳县知县王之镛负修渠主要责任，王之镛委派泾阳县丞王国政具体负责。泾阳县丞王国政对工事十分认真，"丞君受委以来，起居饮食与夫役同甘苦，捐俸以犒群夫；躬率省祭官陈言等，与夫长黄梦麒、张时凤等辈督众兴作，日夜劳瘁"②。王之镛对督修工作十分用心，泾渠渠首工程中有一叫"铁洞"处，又称"暗洞"，该处"沙石湮塞，人不能视"，以往督修者"任其夫役报工，未尝亲诣其境"，而王知县"以绳系下至洞"进行查看③。

此次修泾渠所完成的工程：

> 泾流至王御史口，泾水所冲势极汹涌，堤筑难固，是用大石连环，串合成块……下至火烧桥，流沙滚起，渠乃阻塞。今修宽二丈许，沙不能壅。小王桥旧低五尺，水溢桥流，兹修高与阔，悉增其半。赵家桥以上，以连山石填塞，水不下流，乃凿开砂石三丈许。顺流通浚土渠五里，相高卑平治之，较前宽一丈五尺，深七尺。④

此工程量并不大，因此整个工程只用了三个多月，"工始于万历庚子正月初七日，成于夏四月二十四日"⑤。工程修筑仍然动用的是夫役，修渠在山间进行，修渠石材取于山，十分危险，但由于注意方法，效果不错："夫役取石于山，往往山峻石滚，侵伤者不免。兹用前后绳援，搬运有法，鲜有受其害者。"⑥

---

① 《重修洪堰众民颂德记》，王智民编注《历代引泾碑文集》，陕西旅游出版社1992年版，第39页。
② 同上。
③ 同上。
④ 同上书，第38—39页。断句标点稍有改动。
⑤ 同上书，第39页。
⑥ 同上。

从万历二十八年（1600）泾渠兴修的过程来看，泾阳县知县和泾阳县县丞发挥关键作用，"委泾阳丞谋其务，堰利属四邑，而地方专属泾阳，以故柄事多泾阳公"①，这是因为泾渠渠首工程在泾阳县，而且修浚土渠道可能牵扯的一些土地问题，只有泾阳地方官主导工程才是最合适的人选。三原县、高陵县两知县虽参与了泾渠修浚的会议，却没有参与修浚的管理工作，事实上也无法参与。

笔者推测，随着像万历二十八年这样由灌区县主导的泾渠修浚的工程完成，由于在兴修中各县参与程度不同，各县灌区的权益会有所不同，泾渠渠首泾阳县会在这效益不断递减的灌溉系统中的地位不断上升，而下游三原、高陵县的地位在逐渐下降。天启年间泾渠的灌溉材料也许可以说明这一点：泾阳县受水地六百三十七顷五十亩，高陵县受水地四十顷五十亩，三原县受水地四十六顷五十亩②。泾阳县的灌溉面积为高陵县灌溉面积的 15.7 倍，为三原县灌溉面积的 13.7 倍。

三 "开吊儿嘴引泾"主张与"拒泾"论

万历二十八年记述泾渠兴修的碑文指出："彼渠岁时修筑，而旋修旋塞，利弗能兴。"③ "淤塞"一直是有明渭北引泾水利面临的一个难题：泾河含沙量大，淤积使引泾水利的渠口日昂；又泾河进入渭北平原前在高地，河水流速大、冲击力强，冲漱又导致泾河河身日下；因此引泾水利系统经过一段时间就会壅塞崩坏，无法引水。这一难题并不是明代才有的，只是在这一时期问题更加尖锐。通常解决泾渠壅塞崩坏方法为：向北边高地山上不断迁移泾渠渠首，向下连接泾渠故道。宋代丰利渠渠首已上移至山脚下，开始凿石渠引泾，到了明代，引泾水利工程面临更加困难的局面，主要表现为不断向山上移动的渠首凿石渠工程异常艰难。

前文已述到明成化开修的广惠渠，前后历经十七载才修成。广惠渠

---

① 《重修洪堰众民颂德记》，王智民编注《历代引泾碑文集》，陕西旅游出版社 1992 年版，第 39 页。

② 《抚院明文》，白尔恒、[法] 蓝克利、[法] 魏丕信编著《沟洫佚闻杂录》，中华书局 2003 年版，第 202 页。

③ 《重修洪堰众民颂德记》，王智民编注《历代引泾碑文集》，陕西旅游出版社 1992 年版，第 38 页。

行之二十余年，正德间因水涨石渠崩坏而重修，这次创修者为时任陕西巡抚萧翀。萧翀创修之渠名通济渠，该渠前后兴修长达十三年，不久又淤塞，又有万历年间的兴修。"旋修旋塞"，加之兴修工程凿石之艰难，使辉煌的渭北引泾水利在明代中后期就陷入困境，当时有些人主张用"开吊儿嘴引泾"方法解决这一困境。

仲山之上的吊儿嘴①地势较高，紧邻泾水，明中后期渭北一些人主张打开此山，引泾水入渠，且可以因吊儿嘴地势高引水起冲刷作用而解决淤积问题。明嘉靖十一年（1532）理学家马理在《重修泾川五渠记》中记载，有人说"龙山之北有名'铫儿嘴'者"，可以"凿而渠，以下达广惠"，不然"恐前功终隳"②。这是目前发现明代最早记述打开吊儿嘴引泾主张的，虽然记述讲开吊儿嘴引泾水为他人主张，但是马理在这件事上的倾向性是较为明显的③。明万历年间，三原县人"王思印赴京上本，请开吊儿嘴，以接泾水入郑渠，部议未决"④。对于王思印其人，由于目前所存材料记述匮乏，只知道他是三原人。

到了崇祯六年（1633），三原人刘日俊⑤上书朝廷，力主打开吊儿嘴引泾，"谏议刘日俊复疏请开（吊儿嘴），下抚按两院议修，以流氛未靖止"⑥。对于刘日俊这一事迹，明崇祯间三原知县张缙彦在《刘公建言减税裁局碑记》中道："谏议虞臣先生，求消弭之本图，苏桑梓之重累，慨然具疏谓：秦乱新定，宜兴五县之利以竟神庙之德意，除一邑之害以溥皇上之宏仁。"张缙彦解释说："盖公所谓兴五县之利，在疏凿泾河之铫

① "吊儿嘴"亦作"铫儿嘴""钓儿嘴"。
② （明）马理：《重修泾川五渠记》，白尔恒、［法］蓝克利、［法］魏丕信编著《沟洫佚闻杂录》，中华书局2003年版，第194页。
③ 清康熙末年高陵知县熊士伯，将马理归入打开吊儿嘴引泾人物，参见熊士伯《泾水议》［光绪《高陵县续志》卷一《地理志》，据光绪十年（1884）刻本影印，《中国地方志集成·陕西府县志辑（6）》，第481页］。
④ 乾隆《三原县志》卷七《水利》，清乾隆三十年（1765）修、光绪三年（1877）刻本，第12页a。
⑤ 刘日俊，崇祯戊辰科（1628）进士，曾任御史，官密云总督［见乾隆《三原县志》卷六《选举》，据清乾隆四十八年（1783）刻本影印，《中国地方志集成·陕西府县志辑（8）》，第316页］。
⑥ 乾隆《三原县志》卷七《水利》，清乾隆三十年（1765）修、光绪三年（1877）刻本，第12页a。

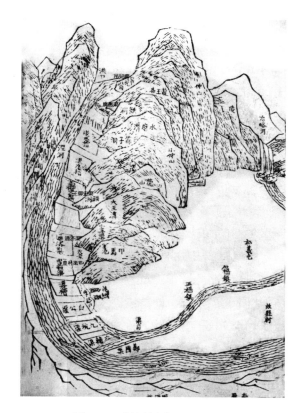

图1—3 泾渠渠首工程及地形

资料来源：康熙《泾阳县志·县志图》，清康熙九年（1670）刻本。

儿嘴，以复郑白两公数千载灌溉之利；所谓除一邑之害，则特为三原减重课、革税官、存商贾、安本业也。"[1] 对刘日俊行为大为赞赏的三原知县张缙彦，对渭北水利十分熟悉，提出修泾渠八策，其中第八策为"相其地势，渐次开凿"，该策讲到他到龙山的两次考察，"前七月初六日看龙山，见广惠渠口壅填，不可踪迹。泾北渠身可低数尺，似不能引之入矣。及闰八月初二日，复至龙山，见渠身因水冲开，故址宛然，河水已与之平，但龙山下塞而不透耳"，张氏由此认为"若掘渠去窒水，入渠者

_____

[1] （明）张缙彦：《刘公建言减税裁局碑记》，乾隆《三原县志》卷一四《艺文三》，据清乾隆四十八年（1783）刻本影印，《中国地方志集成·陕西府县志辑（8）》，第448页。

可三四分"，"从此溯流而上，得尺则尺，得寸则寸，河身渐高，受水渐多，直至吊儿嘴无难矣"①。

由郑国渠开始的引泾水利的辉煌历史，使泾渠兴修中主其事者或议论者通常有一种恢复伟大传统的豪情，"引泾水"对泾渠水利而言似乎毋庸置疑，明代的情形总体上依然如此，不过在明末反对"引泾"的声音开始出现。

万历年间泾阳县知县袁化中②是首位坚决反对"打开吊儿嘴引泾"者，他针对"三原人王思印走京师上书，请开吊儿嘴引泾水，工部持其议久未决"③此种情形，撰文表达他对"开吊儿嘴"的看法，明确提出"拒泾"而专用泉水的主张。

袁化中在论证自己"拒泾"的主张时首先讲的是泾渠演变的历史：

> 洪堰何昉乎！昔韩人恶秦之强也，乃阴使水工郑国入秦，兴水利以疲之，国至秦北山下视，巨石磷磷约三四里许，而泾水流于其中，堪以作堰。于是立石囷以雍水，每行用一百余囷，凡一百十二行，借天生众石之力以为堰首，又恃三四里众石之多以为堰势，故泾流于此不甚激，亦不甚浊。且堰高地下，一泻百里，东收洛水，达于同州，灌田四万余顷，利何溥也。夫名为水利，而谋本疲秦，则渠成之难可知矣。时犹土渠也，非穿山也，时犹顺水之性也，非与水争也。第泾流怒激冲突，漱涤日下，而河中石渐吹落，故石囷无着，汉时已不能引泾入渠矣。太始中有中大夫白公者，复于上二千步外凿渠引泾，下达郑渠，名曰白渠，灌田仅四千五百顷，水利已十不逮秦矣。然河势犹宽平也，山足犹易凿也。历经唐宋至大观初，泾河日低，渠不能引，命提举常平使者赵佺，又于白渠之北凿

---

① 《明三原令张缙彦八策》，乾隆《三原县志》卷七《水利》，清乾隆三十年（1765）修、光绪三年（1877）刻本，第9页b—12页a。

② 袁化中，字熙宇，山东武定州人。万历间进士，恺悌乐易，接士民若家人父子，古召公之流也。他死后泾阳百姓祠祀之（乾隆《泾阳县志》卷五《官师志》，据乾隆四十三年（1778）刻本影印，《中国地方志集成·陕西府县志辑（7）》，第57页）。

③ 道光《重修泾阳县志》卷一三《水利考》，据清道光二十二年（1842）刻本影印，《中国地方志集成·陕西府县志辑（7）》，第290页。

石渠，一年九月兴工，四年九月工成，名为丰利。更借上流河中大石，筑大堰，引泾水下接白渠，复灌田三万五千余顷，然利不数年，渠又高，堰日坏，水不能入。元至大间，御史王琚建言更于其上开石渠五十一丈，延佑元年兴役，至元五年工成，引水下入故道，名曰王御史口。①

在这段叙述从秦到元的泾渠变迁历史中，袁化中指出：郑国修渠拥有地利，"国至秦北山下视，巨石磷磷约三四里许，而泾水流于其中，堪以作堰。于是立石囤以雍水，每行用一百余囤，凡一百十二行，借天生众石之力以为堰首，又恃三四里众石之多以为堰势，故泾流于此不甚激，亦不甚浊"，且郑国渠为土渠，非打洞于石山，顺泾水之性而不是与水性相争；到了汉代，由于泾水激冲，巨石逐渐被吹落，郑国渠当年"石囤无着"，汉中大夫白公修白渠，在郑国渠上二千步外凿渠引泾，下达郑渠故道，灌田仅四千五百顷，水利仅及秦时之1/10，而白渠修建时"河势犹宽平也，山足犹易凿也"；宋代修丰利渠已是石渠，借助上流泾河中大石筑堰，引泾水下接白渠，灌田三万五千余顷，然渠"利不数年，渠又高，堰日坏，水不能入"；到了元代王御史渠，又在丰利渠上开石渠五十一丈，该渠延祐元年（1314）兴役，至元五年（1339）修成，耗时达二十五载。

在袁化中看来，由郑国渠修土渠到宋元泾渠修石渠，修渠难度可谓越来越大，到了明代修广惠渠的难度比以前更大，而所获的利益却远逊以前。他说：

第渠口渐改渐高，则山势渐狭，讼者纷纷，抚台项公，请自旧渠龙山后崖划开，穿山为腹，凿石渠一里三分，欲上收众泉，下通故道。但山中石顽如铁，工作甚难，日用炭炙醋淬，乃举凿焉，故名铁洞。洞深者百余尺，浅者亦不下五六十尺，宽仅四尺。工役仰视，不见天日，兴工于成化初，暨余公阮公凡十有七载而工始成，名曰广惠渠，渠成而官民之力竭矣，河引而淤之患日甚矣。无论利

---

① 康熙《泾阳县志》卷四《水利》，清康熙九年（1670）刻本，第19页b—20页b。

远不及秦汉，视宋元之水利，亦不逮十一。于是尽除富平诸县之水，大减泾阳五县之利，视各处多寡而分水焉，后定灌田仅八百顷耳，此非计画疏工力少也。①

袁化中认为广惠渠灌溉田地只有八百顷，他打了个比方来说明广惠渠利益不大及淤塞的原因：

　　止以广惠渠口直入泾河，兼以广惠渠身去河流不甚远，且北山之石，坚劲难凿，凿亦不阔，故泾水汹涌，沙石滚滚而来，则渠口塞而不能入，即入者流不百步，水势稍缓，沙石并沉，身亦中满而难通。譬之人口，以饮食为用者也，然必口离釜离铛，而后得以其物咀嚼而无隔噎。譬之咽喉，以传送为职者也，然必咽喉不断，而后得以口中之物，传递入腹。今广惠渠固于河流为一者也。当怒涛冲激，则容受难，而时见隔噎。龙洞之南泮无南岸，即人之咽喉，已断者也，口即多饮，岂能入腹，矧更上之吊儿嘴乎？②

以人之咽喉阻噎比喻，袁氏意在说明广惠渠不成功的原因是渠首的地理环境及泾水含沙量大。他断言"开吊儿嘴引泾"必将失败：

　　倘开此嘴，而可另达一渠，则劳一时，利万世，岂不继郑国流芳之美，共成不朽。但凿成之后，势必复由广惠以行，今广惠之渠，能引泾水而无用，则吊儿嘴之修，恐亦废同广惠耳！③

虽然"引泾"必败，但天无绝人之路，因为山上有泉水可以聚拢，如果将其疏导入泾渠渠道，所获利益也是不小的。袁化中说：

---

① 康熙《泾阳县志》卷四《水利》，清康熙九年（1670）刻本，第20页b—21页b。
② 同上书，第21页b—22页a。
③ 同上书，第22页a。

正以今之所急者，非水不足也，龙洞以下，有泉如斗者数十，昔皆入渠，四县赖之，今泾渠泛涨，山麓冲决，渠岸崩坏，自天涝池而上，水尽入泾，下之入渠者，不过小泉数眼耳，倘以吊儿嘴之物力，省十之一，自下而上，尽诸岸以收北山之水，则水本不小，而四县之利不亦溥乎。①

　　袁化中"拒泾"论可谓以史为鉴，目的在指出：引泾渠修建难度越来越大，且渠堰由于冲刷和淤塞存在时间不长，弊端已经大于获利。他预言打开吊儿嘴结局"恐亦废同广惠耳"。他建议以打开吊儿嘴之物力1/10，收北山之泉水，所带来水利是溥大的。他指责主张开吊儿嘴的人"止知开而不知其开无用"，而他的不开吊儿嘴、尽收北山之泉水的建议则"利关万世"②。开吊儿嘴引泾不是小事，他希望主事者谨慎，"事固不小，虚糜脂膏，事亦匪轻，愿当事采择焉"③。尤其袁化中所讲的"虚糜脂膏"、凿渠苦民的仁政理念，在传统社会很有影响力。

　　但是，在分析袁化中的"拒泾"论时，要注意到袁氏当时的身份——泾阳县知县。泾阳县由于地处泾渠灌溉上游及渠首所属，每次泾渠大的兴修泾阳首担其责，其灌区民众徭役很重。不引泾水而疏通泉水，泾阳灌区利益亦可以相对得到保证，修渠的工程量却会大减，有利于泾阳县泾渠灌区民众。袁化中这一泾阳县本位立场，受到清康熙高陵县知县熊士伯的严厉指责（下章文详述）。事实上，袁化中在"拒泾"论证中猜想成分不少，如郑国渠修建中"石囤"，汉代"石囤无着"等，秦汉的文献并没有这样的记载。

四　天启年间泾渠常修制度之变革与"一条鞭法"

　　泾渠由于经常淤塞，日常修浚几乎每年进行，常修由受水利户出夫承担，即所谓"起夫"。前已述及，在嘉靖时泾渠不管年修还是大的兴

---

① 康熙《泾阳县志》卷四《水利》，清康熙九年（1670）刻本，第22a—22b页。
② 同上书，第22页b。
③ 同上。

修，"起夫"而来的夫役应付差事，消极怠工，效率极低。因此，当时泾阳人吕应祥就呼吁"起夫不如征银"，他说：

予生长洪堰垂七十年，闻于父老之口，得于文献之传，相以地形水势，酌以土俗民情，昼度夜思而得修筑之道焉。

一曰起夫不如征银。旧规农隙起夫疏浚土石二渠，查点夫数，分定丈尺，渠中沙土乘冻俱贴两岸，积土如山，间有出岸者，十才一二，每遇放水冻释或暴雨冲崩，沙土仍复入渠，壅塞如旧，水大必至坏隄，劳民伤财，莫甚于此，况诸弊丛生乎！若每地一亩征银一分，雇觅土工专员督修，实有裨益，且吏卒无销名之弊。洪堰夫役一千一百有奇，俱是夫头包揽，一遇点查，大半不到，用银一钱销一名，夙弊从来已久。征银则此弊革矣，渠斗无卖放之弊，渠老斗门，除免本身外，常卖放数名以供使用，征银则此弊革矣。夫头无科敛之弊，夫头常在贴夫上指一科十，与渠老斗门送饭及称衙门，征银则此弊革矣。……①

吕应祥在此指出了"起夫"修泾渠中的科敛及官员腐败。完成吕应祥呼吁的泾渠常修制度变革的是天启初年任职陕西按察司的一沈姓官员，他洞察到泾渠常修中"役夫"的弊病：

洪堰一渠，久被淤塞，按修堰故事，每年自冬徂春，四县委之省祭及各渠长、斗老，纠聚人夫以千万计；馈送粮米，玩日愒时，吏胥冒破甚深，及至春耕人夫散去，而渠依旧未浚也。年复一年，吏书以修渠为利薮，小民以修渠为剥肤！非一日矣。②

沈氏决定改变这一状况，他采用募工和增添"水手"的办法：

---

① （明）吕应祥：《修堰事宜》，宣统《重修泾阳县志》卷一六《文征》，《中国地方志集成·陕西府县志辑（7）》，第622页。

② 《抚院明文》，王智民编注《历代引泾碑文集》，陕西旅游出版社1992年版，第46页。

今职委用□□□、□□□□（某某某等），捐俸募工，彻底修浚一番，宿弊尽洗，水势汪洋。欲杜往日弊窦，惟在增添水手，时时疏通。所费 乃 不过万分之一，而小民得受全利矣。因查本渠旧有水手七名，今外增水手二十三名，共三十名。督责专官 着 时 常 疏 壅修浚，但有冲崩淤塞，即令 各 水 手 不时点 检 修浚，务期全水通行。庶民无修堰之费，而水无河伯之蠹。①

变革产生的效果不错：

果自天启二年设立水手之后，二年、三年内泾水大涨，水 高 数十丈，自龙洞至火烧桥泥沙淤塞几满——该县申呈、水手结状可查。赖 水 手 不分 昼 夜 挑浚；渠中小石，本司仍损俸 募 石工锤破，水得通行。此法立，而其效彰彰之券也。②

三十名经常疏浚泾渠的"水手"的工食，为每人每年银六两，其来源途径有二：其一，让每名"水手"耕种一点泾渠两岸的无粮官地，准抵工食银二两五钱；其二，每人发银三两五钱。三十名"水手"发的现银，总计一百零五两，由泾阳、三原、醴泉、高陵四县受水地按照亩数均摊。天启初年，"四县受水地共七百五十五顷五十亩"，平均"每顷该派银壹钱叁分捌厘玖毫捌丝零"，四县摊派的情形：

泾阳县受水地六百三十七顷五十亩，该派银两捌拾捌两伍钱玖分玖厘玖毫捌丝；高陵县受水地四十顷五十亩，该派银伍两陆钱贰分捌厘柒毫伍丝；三原县受水地四十六顷五十亩，该派银陆两肆钱陆分贰厘柒毫叁丝；醴泉县受水地三十一顷，该派银肆两叁钱捌厘玖毫叁丝。③

---

① 《抚院明文》，王智民编注《历代引泾碑文集》，陕西旅游出版社 1992 年版，第 46 页。
② 同上。
③ 同上书，第 47 页。

从天启三年（1623）起，为"水手"工食银"另立一簿，征收完日，关送泾阳县类贮，分为上、下半年支给"①。

"水手"在维护泾渠时的权力不小，天启二年（1622）高陵县知县兼泾阳县事的赵天赐，从兵巡关内道沈姓官员得来告文，将其刻碑立在泾渠岸，告文说，"如有牛羊作践渠岸，致土落渠内者，牛一只、羊十枚以下，各水手径自拴留宰杀勿论，原主姑免究；牛二只、羊十只以上，一面将牛羊圈拴水利司，一面报官锁拿原主枷号重责！牛羊尽数辨价，一半偿水手，一半留为修渠之用"②。"兵巡关内道沈"与"陕西按察司沈"似应同一人，指沈子章，清康熙《泾阳县志》卷五记载，"沈子章，万历末为邠乾兵巡道，亲历泾渠，察其利病，督夫疏浚，更于洪口设立水夫，伺防壅漏，以为久远之谋，民获其利焉"③。"更于洪口设立水夫"所指当为碑文增加水手至三十名这件事，在天启四年沈由邠乾兵巡道升迁到陕西按察司为官亦符合常理。

沈氏关于泾渠常修制度的变革得到泾渠灌区四县官绅民的支持，他们商议之后，天启四年在泾渠勒碑，以期后人遵此而行：

> 诚恐日久，各官迁转不一，新任未谙，妄自裁革；或各役朦胧告退，致已效之良法偶替，斯民之水利无赖。合拟将水手名数及四县地亩、应派工食银数，勒之于碑，永为遵守。④

天启年间泾渠维修制度的改变，将过去年修时役使泾渠灌区利户民众这一做法，改为专职的"水手"负责修渠，水手的工费由灌区受水地内照亩数均摊。笔者推测，这应该是明万历年间"一条鞭法"在渭北推行后，其思想在渭北泾渠水利常修制度上的延伸。关于"一条鞭法"在渭北的实行情况，所留资料不多。三原人来俨然在《送郡丞李公擢刑部员外郎序》记载：

① 《抚院明文》，王智民编注《历代引泾碑文集》，陕西旅游出版社1992年版，第47页。
② 《兵巡关内道特示》，白尔恒、［法］蓝克利、［法］魏丕信编著《沟洫佚闻杂录》，中华书局2003年版，第199—200页。
③ 康熙《泾阳县志》卷五《官师志》，康熙九年（1670）刻本，第6页b—7页a。
④ 《抚院明文》，王智民编注《历代引泾碑文集》，陕西旅游出版社1992年版，第47页。

图1—4 明天启"抚院明文"碑

说明：碑存陕西省泾阳县泾惠渠渠首，笔者于2009年9月17日摄。

镇抚使者睹余郡田租庸调令绪繁出，乃议为均平，法名曰条鞭。盖合诸绪一切，征于官，则民输不逾额，而向者繁费悉免，法本画一，弊厘偏苦，甚善。是时丞余郡者，兰阳李公意，独谓是令便会，摄泾阳事，乃小试于泾阳，泾阳人亡弗便也。已乃摄府下诸属，又亡弗便也。夫法取画一，弊厘偏苦，诚令之善，然损益裁量令不遗毫末，则才之裕也，以是李公名大起，一时称吏才者，无能过之矣。①

来俨然，万历乙未科（1595）进士，曾任知县并擢兵部职方司领山

---

① （明）来俨然：《送郡丞李公擢刑部员外郎序》，《自愉堂集》，《四库全书存目丛书》，集部，第177册，齐鲁书社1997年版，第326页。

海关事。① 这篇记述"一条鞭法"在泾阳县实行大受欢迎的序文，作于明万历中后期可能性极大。"一条鞭法"在渭北受到欢迎，与此地商品经济较为发达、商人人数众多密切相关。如明万历时期李维桢记载："陕以西称壮县曰泾阳、三原，而三原为最，沃野百里，多盐荚高赀贾人，阛阓骈阗，果布之凑，鲜衣怒马者相望……盖三秦大都会也。"②

第二节　明代中后期的清峪河水利

本节从明代中后期的三个时段来看清峪河水利的开发及纠纷：在明中期清峪河最下游渠——木涨渠的几次成功开发中，王恕等乡宦发挥重要作用；在万历年间涉及泾阳、三原两县灌区的清峪河水利纠纷中，三原县三里的特殊用水的灌溉诉求得到官方的照顾；从王徵的《河渠叹》入手，分析崇祯年间三原、泾阳两县清峪河水利纠纷后的地方权势格局。

一　明中期清峪河木涨渠开发及秩序

清峪河，又名清谷水、清河，嘉靖《陕西通志》对其这样描述：

> 清谷水，一名清河，源出石门山石，泉南流百余里，至底石堡，为三原北社里地。又东南流为义河，又东流为鬼谷，昔鬼谷先生所隐处也，今名曰鬼门关。出鬼谷东南流，西有杜寨谷，水入焉，其地为横水，又南为毛坊，则毛氏兄弟立栅建忠所也，其建忠地，盖即杜寨，四面俱严险可据。又南至乐村七里原，北折而东为冯村，又东至杨杜村，折而南过阃村西村，有杜仓，成化间废。又南过第五村东，村有汉第五伦祠，其子孙依而居焉。又南为谷口，元义士李子敬所居。又南为鲁桥镇，又南至杜村，折而西为靖川唐卫公李

---

① 乾隆《三原县志》卷六《选举》，《中国地方志集成·陕西府县志辑（8）》，第315—316 页。

② （明）李维桢：《三原县龙桥记》，《大泌山房集》，明万历三十九年（1611）刻本（部分配钞本）影印，《四库全书存目丛书》，集部，第 151 册，齐鲁书社 1997 年版，第 668 页。

靖故居所也，有七里原咸水入焉。又西至泾阳大石里地，折而南至三原谢家村，有冶谷水自西入焉。又南至泾阳新管汇，折而东南至三原涧里村，折而东至郑渠邢堰所，折而南又北。又折而东过龙桥，其南为三原县城，其北居人，与南城等。嘉靖壬寅岁，抚按移文作此城，未筑。又东过古城，北至林村，又折而北，又东至吴村，又折而北，又折而东至栎阳古城，东南偏石川水自此来会，又南入渭为交口河，清河自石门山至杨杜村，皆石谷水流不浑，故曰清水。有官渠五，溉泾阳、三原二县田。①

这段文字将清峪河水道流经处所及所过之处的传说、历史名人、建筑等，全方位呈现出来。这是熟悉清峪河水道及沿途人文地理历史的人的撰述，嘉靖《陕西通志》的实际编纂者为渭北三原人马理及高陵人吕柟，因而可以推断文出马理之手。马理的"官渠"的说法值得关注，虽然明代文献对其没有作出解释，但根据清代及民国文献"官渠"及其对应的"私渠"记述来看（后文有述），"官渠"所灌溉的为向王朝纳水粮的水地。

对于明中期清峪河的灌溉秩序，嘉靖十四年（1535）的《重修三原志》有详细记述：

> 惟清峪水上流有六渠，灌溉田地壹千捌拾肆顷肆拾陆亩，盖儿宽所穿六辅渠也。一曰毛坊渠，在本县毛坊里，河北岸作堰，距县三十五里，每月初九日子时承水，至本月二十九日戌时为满，灌溉本县毛坊杨杜二里田地壹拾伍顷。二曰工尽渠，在本县杨杜村，河东岸作堰，距县二十五里，每月初九日子时承水至，本月二十九日戌时为满，灌溉泾阳县盈村等里与本县长孙等里田地玖拾肆顷壹拾亩。三曰原城渠，在本县间村，河西岸作堰，距县二十里，每月初九日子时承水，至本月二十九日戌时为满，灌溉泾阳县李家庄等处田地壹百贰拾伍顷。四曰下五渠，内有二渠口，在泾阳县地方谷口

① 嘉靖《陕西通志》卷三《土地二》，明嘉靖二十一年（1593）刻本，《华东师范大学图书馆藏稀见方志丛刊》第1册，北京图书馆出版社2005年版，第109—110页。

上，河东岸作堰，距本县壹拾伍里。一渠每月初一日子时承水，至本月初八日亥时为满，灌溉本县小畦、唐村、张村三里田地叁百叁拾壹顷陆亩。一渠每月初九日子时承水至本月二十九日戌为满，灌溉本县留官、东阳、武官、豆村四里，并泾阳县地方大阳、丁粮、西朱、方南等村田地叁百贰拾贰顷叁拾亩。五曰木帐渠，在泾阳县地方谷口下，河东岸作堰，距县壹拾肆里，每月初九日子时承水，至本月二十九日戌时为满，灌溉本县王氏西园并留坊、豆村等处，及泾阳县孟店里等处田地壹百玖拾柒顷。①

上文所讲"六渠"与嘉靖《陕西通志》所说"官渠五"并不矛盾，所谓"六渠"是将有"二渠口"的下五渠分开计数而已。每渠承水时刻，用满时刻都记得很清楚，灌溉的里、村及田地面积也作了记述。由县志来记载清峪河各渠及详细状况，这说明嘉靖年间清峪河水利秩序得到官方的维护。

清峪河木帐渠②"灌溉本县王氏西园并留坊、豆村等处，及泾阳县孟店里等处"，将作为私人花园的王氏西园排在优先位置，其原因与王氏西园主人王恕家族对木涨渠开发有关系。

王恕（1416—1508），字宗贯，号介菴，又号石渠，三原人。正统十三年（1448）王恕中进士，由庶吉士授大理左评事，进左寺副，迁扬州知府。成化元年（1465），南阳、荆、襄流民啸聚为乱，王恕以右副都御史对其进行"抚治"，王为官刚正清严，耿介敢谏，时有谣曰："两京十二部，独有一王恕。"成化二十二年（1486），王恕被起用为传奉官，"恕谏尤切，帝愈不悦。恕先加太子少保，会南京兵部侍郎马显乞罢，忽附批落恕宫保致仕，朝野大骇。恕数为巡抚，历侍郎至尚书，皆在留都。以好直言，终不得立朝。既归，名益高，台省推荐无虚月"③。罢官归乡

---

① 嘉靖《重修三原志》卷一，《四库全书存目丛书》，史部，第 180 册，齐鲁书社 1997 年版，第 359、360 页。

② 木帐渠，即后文中的木涨渠、沐涨渠等，地方文献中所载名称不同，实则有不同的寓意。本书在引用文献时名称不求统一，笔者行文时用木涨渠。

③ 《明史》卷一八二《王恕传》，中华书局 1974 年标点本，第 4834 页。

后，王恕利用他的声望，建议陕西官员恢复学古书院，并获得成功。① 王恕复起后累官吏部尚书，加太子太保，有很高声望："恕扬历中外四十余年，刚正清严，始终一致。……弘治二十年间，众正盈朝，职业修理，号为极盛者，恕力也。"② 王恕致仕后归三原居，"耄而好学"，著述不断，有《石渠意见》等著③。王恕之子王承裕，字天宇，号平川，谥康僖。王承裕在三原倡办宏道书院，为当地培养一批儒学俊才④。

王恕在成化十六年（1480）编纂了《三原王氏（王恕）族谱》，当时他正任职河南巡抚。他作《族谱题辞》说：

> 余之所以作族谱之意，略见于上司成、史大参二先生序文及几例之中。今谱图自祖而上至于高祖，宗支已定，固无容增损。自祖而下至于玄孙，宗支之多寡，莫能逆计，是以九族之图虽有，犹未定也。谱之纪事，自吾亲而上似不可易也，若幸而有亢宗之子孙奋励于后，得推恩于先世，则又不可以不续之，是又可易也，况自吾亲而下乎。是故谱必每世而纪之，五世而一修，斯无差谬遗忘之患，然而修之非有读书之子孙，亦未之能，此族谱所以不易修，而世之士大夫之家间有，而家无读书子者多无也。噫！后之子孙可不奋励读书，体吾之心，继吾之志，详记其宗支，而敬续之乎。⑤

王恕在此强调了族谱延修中后代读书的重要性，因为只有读书的士大夫家才可能有族谱，因此家族的发扬光大实则与王氏后人是否掌握文化而密切相关，族谱实际上是一个家族的诗书文化延续的载体。弘治十八年（1505），王恕九十岁时，六个儿子为他筑成祠堂，在修建之初，他多次阻止无果，《筑祠堂诗》反映他的心情：

---

① （明）王恕：《王端毅公文集》，沈云龙主编《明人文集丛刊（5）》，文海出版社1970年版，第41—45页。

② 《明史》卷一八二《王恕传》，中华书局1974年标点本，第4837页。

③ （清）黄宗羲：《明儒学案》卷九，沈芝盈点校，中华书局2008年版，第159—160页。

④ （明）王云凤：《宏道书院记》，乾隆《三原县志》卷一四《艺文三》，据清乾隆四十八年（1783）刻本影印，《中国地方志集成·陕西府县志辑（8）》，第443页。

⑤ （明）王恕：《王端毅公文集》，沈云龙主编《明人文集丛刊（5）》，文海出版社1970年版，第89—91页。

六郎为我建祠堂，我本无功不可当。

节次谕令停造作，再三乞请转悲伤。

台基板筑将三尺，树木栽培已数行。

劳费既多不能止，只宜朴素莫雕墙。①

此诗劝告儿子们在修生祠时莫要太铺张，不过，由时人王云凤所作《太宰王公生祠记》来看，规模和花费皆不小："太子太保吏部尚书王公年九十，而公之子承礼作公生祠，成祠，周垣十二亩，前有门，有重门，后有囷。重门之内为堂，肖公像，堂有左右序……盖公六子承祚、承祐、承禄、承祥、承礼、承裕，仕者致其禄、居者致其养。承礼以养于庭，若无以悦亲者，故作祠焉，祠之费，皆自为之，不一干有司。"② 该记表明五子王承礼在父亲生祠的修筑中作用最大。王恕生祠为儿子们彰显父亲功德之所，更是激励王氏后人及乡人的地方③。

在王恕的六个儿子为他修生祠之前，王恕对修祖先墓非常重视，他说："余自致事而归，谢绝人事，日在西园，修治先茔，种树栽竹。"④ 实际上，在王恕致仕之前，祖坟的修筑已颇具规模，"西园松柏苍苍，三家里茔蔚乎相望"⑤。王恕把因自己身处高位而祖上获赠皇帝诰命，刻碑于三家里曾祖墓，并在诰命碑下方书文，碑文记述了王氏家族历代成员概况，由于目前无法看到族谱，因而此文所记王氏世系资料显得弥足珍贵。碑文说：

---

① （明）王恕：《王端毅公文集》，沈云龙主编《明人文集丛刊（5）》，文海出版社1970年版，第453页。

② 嘉靖《重修三原志》卷一五《词翰七》，据钞本影印，《中国地方志集成·陕西府县志辑（8）》，第194—195页。

③ 王承礼认为，此祠不独为王氏子孙之私有。参见嘉靖《重修三原志》卷一五，《四库全书存目丛书》，史部第180册，齐鲁书社1997年版，第536页。

④ （明）王恕：《王端毅公文集》，沈云龙主编《明人文集丛刊（5）》，文海出版社1970年版，第116页。

⑤ 《王氏先茔碑》，嘉靖《重修三原志》卷一一，《四库全书存目丛书》，史部，第180册，齐鲁书社1997年版，第491页。

此我曾大父，赠光禄大夫、柱国、太子太保、吏部尚书，安止府君，曾祖母赠一品夫人张氏、侯氏之墓。七世祖讳永清，号渭川，妣雷氏；六世祖讳可大，号拙齐，妣张氏；五世祖讳文焕，号乐耕，妣殷氏；乃我曾大父曾祖父母祖父母父母也。吾幼时尝闻诸先祖，曰：五世祖以上，世居栎阳司马村，当大金时，族属最盛，号为大家。元至正间，曾大父始徙三原龙桥北，创立产业，有屋可居，有田可耕，而食有邸舍，收租可给日用，遂占籍三原光远里。曾大父讳彦成，安止其号也，为人耿介特立，不妄交与，勤俭恭谨，乐善不倦，人有缓急，赴之惟恐后，乡人称为长。曾祖母张氏栎阳人、侯氏本县三家里人，俱有贤德，助我曾大父起家衍庆，教遗后人。子男一，讳真，字惟真……即我祖考恒斋府君也。祖妣张氏，赠淑人，加赠夫人，再加赠一品夫人，女四，适杨从政、宋义者，张夫人所出也，适赵平、朱禄暨我祖考者，侯夫人所出。而我祖考为之长孙，男四：曰仲礼，曰仲智，曰仲德，曰仲和。仲智……即我先考西园府君也。先妣周氏，初封孺人，三赠俱与祖妣同。曾孙男五，曰忠，曰敬，曰道，曰学，其一即恕也。玄孙男十有五，一为都督府经历，一为举人，一为进士，三为义官。云孙男十有六。仍孙男二。[①]

由该碑记知道，王氏家族在金元就十分兴盛和富有，"五世祖以上，世居栎阳司马村，当大金时，族属最盛，号为大家"，到了元末至正年间（1341—1368），王恕曾祖父王彦成迁徙三原县龙桥北，"创立产业，有屋可居，有田可耕，而食有邸舍，收租可给日用，遂占籍三原光远里"。"邸舍"为邸店、客舍合一的经营场所，"食有邸舍"说明王恕曾祖即为商人。到了王恕这一代，家族内部已经有了分工，他走科举，兄长经商，且全力助他，王恕曾有文记述："吾兄体貌雄伟，言行笃实，蚤岁从学，读《孝经》《论语》诸书，知孝亲友弟之道，不嬉戏，不妄交，不嗜饮，不作无益事，惟安分守己，经纪家务。吾蚤游邑庠，三赴乡试，三赴会

---

①　（明）王恕：《王端毅公文集》，沈云龙主编《明人文集丛刊（5）》，文海出版社1970年版，第161—165页。

试，皆吾兄携之以行。"① 王恕的进士录取是以陕西两淮商籍，时间为正统戊辰科（1448）②，说明王恕祖父辈有人在两淮经营盐业，王恕的成功与其家族鼎力支持分不开。

而在明中期清峪河木涨渠开发中，王氏（王恕）家族起了主导作用。嘉靖《重修三原志》卷一记载：

> 自清谷河渠深，下水不得行，时本邑吏部尚书王□命乡人刘侣等共出银五十余两，从谷口木涨渠以上，接买尚沙田地二百五十步，开新渠，与木涨渠相接，水得通行，后因河水泛涨，渠口冲坏，泥沙壅塞，水不得行。时本邑户部尚书王□出银二十余两，接买刘顺民地一百二十步，开新渠，水得通行，可灌三原、泾阳并军田数千顷。③

明嘉靖《重修三原志》用"本邑吏部尚书王□""本邑户部尚书王□"，没有将他们姓名列出，而清康熙《三原县志》则明确指出为王恕、王承裕：

> 木涨渠上即五渠，每月初一日至初八日，毛坊、源澄、工进诸渠尽闭，五渠截全河而东所流，既壮，不无溢漏之水，木涨渠接其下，故有八日夜浮水。昔王端毅（时河低渠高，水不能行，端毅命乡人刘侣等出银五十余两，从谷口以上买尚沙田二百五十步，开新渠与旧木涨渠相接，水得通行）、王康僖（时因河水泛涨，渠口冲坏，康僖捐资二十余两，买刘顺民田一百二十步，另开新渠，水复通行）、梁中书希赟（以旧就河中小石作堰，易为冲坏，梁输金三千两，买大石块，垒砌极厚极宽，如漕河之闸，名曰滚堰，水可点滴

---

① （明）王恕：《王端毅公文集》，沈云龙主编《明人文集丛刊（5）》，文海出版社1970年版，第201页。

② 王世球等：《两淮盐法志》卷三五《选举》，清乾隆间刻本影印，于浩辑《稀见明清经济史料丛刊（8）》，国家图书馆出版社2008年版，第382页。

③ 嘉靖《重修三原志》卷一，嘉靖十四年刻本影印，《四库全书存目丛书》，史部，第180册，齐鲁书社1997年版，第359页。

不漏）及各有功渠堰之家，用此浮水引灌树木，此昔众利户推让为德，于乡之报也。①

上文第一句"水涨渠"应为"木涨渠"。木涨渠在清峪河五渠的最下游，用水本处于最不利位置，加之其渠道在河口淤塞之后需要修浚，而引水口由于淤塞后要改变位置，涉及购买土地，如果与引水口处民众有灌溉利益上的冲突及其他矛盾，他们不愿意卖地，那将十分麻烦，如果引水口地不是本县的，涉及跨县买地等问题，那将更为复杂。然而，对明中期的木涨渠而言，这个问题并不复杂，王恕命乡人出银从谷口买田开发木涨渠，后来其子王承裕又捐资买地开渠，一切进展似乎很顺利，这是因为王恕家族在渭北的显赫地位、巨大影响所致。正因此，木涨渠众利户对王恕、王承裕、梁希贽及各有功渠堰之家"用此浮水引灌树木"毫无怨言，这是对他们有功渠堰的回报。王恕的《石渠桥记》记载了用渠水灌树木灌园的情形：

> 夫石渠桥者，因砖渠桥之故址而为之也。砖渠桥作于成化己丑之冬，其渠在先茔二门之前、先考西园府君神道碑之后，桥则架于渠之上也。其水自高渠来，至茔域复少，西穴墙趾以入，灌茔内松柏槐榆，毕则灌茔西之园。既入渠，复东出，灌茔东之园，注于塘。②

王恕、王承裕、梁希贽等渭北乡宦通过买上游渠地、输银等方式倡修木涨渠，成为明代清峪河水利木涨渠水利的享有者和保护者，木涨渠利夫似乎有意优先保证他们的用水权利。

有意思的是，王恕、王承裕对木涨渠的这一贡献，到了民国初期还泽被王氏后人。民国时期刘屏山《源澄沐涨与八浮兴讼》一文记述了四

---

① 康熙《三原县志》卷一《地理志》，康熙四十三年（1704）、五十三年（1714）增补刻本，第10页a—b。括号中的文字为县志中小字，用作解释。

② （明）王恕：《王端毅公文集·续文集》卷一，沈云龙主编《明人文集丛刊》（5），文海出版社1970年版，第431页。

百年后王恕后代争取到用水的事："民国八年有端毅公苗裔王润生恩德者，意（异）想天开，因沐涨得用八浮漏眼浮水，且立有合同，乃执持三原县李志，谓县志所载，明言如王端毅公暨梁中书希赟，并有功于渠堰之家，均得用水以灌田。遂禀请靖国军总司令于及三原县行政公署，立案存查，以与沐涨利夫争水。竟将三十日至初二日三天水夺去，以灌端毅公、康僖公坟左右前后田亩。其初三日至初八日六天水，二十六村利夫大众公分，浇溉地亩，迄今竟成规例矣。"①

二　万历年间清峪河水利纠纷：以"古受清浊河水利碑"为中心

明末渭北旱灾不断，水资源严重短缺，清峪河水利纠纷空前激烈，明万历四十五年（1617）所立"古受清浊河水利碑"反映了这一点。通过分析"古受清浊河水利碑"的碑记，可以了解清峪河诸渠之间纠纷症结及解决纠纷机制。

"古受清浊河水利碑"为三原县张、唐、小畦（畦）② 三里人所立，碑上的《西安府三原县张、唐、小畦三里清浊二河八复时全河记》表达三原县张、唐、小畦三里受水民众对清峪河水利的看法：

> 　　三原县北，有清峪一河，支分五渠，曰毛坊、曰工进、曰源澄、曰下五、曰木涨，分灌泾原两县田地。每月自初九日子时起，至二十九日戌时止，各照额定分数受水。独下五一渠，每月自二十九日子时起，至初八亥时止，名曰八复时。全河水谓八日夜满，此八复时也。自鲁桥镇西北一里许筑堰开渠，计口阔丈二，计底阔八尺，计深一丈，引全流而注之，经鲁桥而方南，而豆村，而楼南，合浊河而东七十里，灌张、唐、小畦（畦）三里地。路遥而水力微，故用全河；赋重而暑刻少，故用两河。此八日四渠俱闭，滴水莫侵，

---

① 白尔恒、［法］蓝克利、［法］魏丕信编著：《沟洫佚闻杂录》，中华书局 2003 年版，第 103 页。

② 此处"小畦"似应为"小畦"，怀疑碑文录入有误，根据嘉靖《重修三原志》有"小畦里"，而无"小畦里"，参见嘉靖《重修三原志》卷一《地理》，《中国地方志集成·陕西府县志辑（8）》，第 12 页。

历前代而我朝，人无敢轻议紊乱，水利关民命故也。①

清峪河引水有五条渠，分别是毛坊、工进、源澄、下五、木涨，灌溉泾阳、三原两县田地。三里人认为：五渠用水时间为"每月自初九日子时起，至二十九日戌时止"；而下五渠下接的一渠，即八复渠，浇灌三里灌区，其用水时间为"每月自二十九日子时起，至初八亥时止"，每月八天，这八天三里用水时，毛坊、工进、源澄、木涨四渠都要关闭，不准用水。三里灌区要用全河水的原因：三原县张、唐、小畦三里田地路途遥远，"赋重而晷刻少"。

三里人所主张的这一用水秩序并没有得到遵守：

> 二十年来，泾民役财而悍抗，三原以非主横，村村渠两堤岸（槲）栅其间，夺山水而去者什九矣，而原之豪有力者，遂亦据上游而绝流之。②

这里所讲"泾民役财而悍抗"里的"泾民"，当主指源澄渠利户，因为五渠之中源澄渠是专门灌溉泾阳县田地的；而三原人对抗这一用水秩序的，应该为毛坊、工进、下五诸渠的上游民众。甚至上游有人"以三里涓滴生活之物，而注之花竹池塘之所"③，能有如此做法的人当为有势力的豪绅。

万历三十八年（1610），何朝宗任三原县知县，他大力整顿清峪河用水秩序，"斩其木之障塞河口者入官，大绳诸不法，而送清河水到润陵堵"④，维护了三原县三里人的灌溉利益。对何朝宗其人其事，清康熙《三原县志》有记载："何朝宗，道州人，进士，万历三十八年任，

---

① 《西安府三原县张、唐、小畦（畦）三里清浊二河八复时全河记》，三原水利志编写组《三原水利志》，三原县水利局印刷，1997 年，第 194 页。该碑文在录入点校方面有不少错误，此处将一些明显错误改动。
② 同上。
③ 同上书，第 195 页。
④ 同上。该碑文在录入点校方面有不少错误，此处将一些明显错误改动。

有循吏声，相传疏浚三里渠，斩木导水，劳于民事，又大绳诸不法云。"①

何朝宗在三原县知县任上时间不长，升任而去。清峪河用水又陷入激烈纠纷："泾民仍假为己物，三里有争讼者，辄搜他人殇子中之，即问徒杖者累累，厚利迷心不□也。"②

万历四十年（1612），杨之璋任三原县知县，清康熙《三原县志》对他有记载："杨之璋，字锡之，进士，万历四十年任，岁比不登，缓征平价，民不至大困，他如谳讯之明、编审之均、赎锾之蠲、黠猾之惩、河渠之浚，邑士绅至今犹乐道之。"③杨之璋上任后，立即对清峪河用水进行整顿，"古受清浊河水利碑"记载：

　　　　河内杨候（侯）至，候（侯）善水政，甫下车亲至渠口，吊三里夫役而指之曰："三里之命脉在此水，而水之咽喉在此渠。"何地不口丈二，不底八尺，不深一丈，派夫利（似应为利夫）睿（濬），计日工成。而物远故主，仍派三里、富民里几堵，堵几公直，拈香分水。渠堵惟古而争移那（挪）者，不听；时刻惟古而争减者，不听。除三十日水润渠，小畦（畦）里初一日子时水，初二日巳时初刻三分，大王堵水，香水几尺寸，□□□初二日巳时初刻四分，小王堵受水，午时二刻十分止，香几尺寸。唐村里，初二日午时三刻承水，初五日午时三刻水止，香几尺寸。张村里，初五日午时四刻承水，初八日亥时水尽，香几丈尺。条里井井，皆候（侯）心划也。④

①　康熙《三原县志》卷四《官师志》，康熙四十三年（1704）修、五十三年（1714）增补刻本，第9页b。
②　《西安府三原县张、唐、小畦（畦）三里清浊二河八复时全河记》，三原水利志编写组《三原水利志》，三原县水利局印刷，1997年，第195页。该碑文在录入点校方面有不少错误，此处将一些明显错误改动。
③　康熙《三原县志》卷四《官师志》，康熙四十三年（1704）修、五十三年（1714）增补刻本，第9页b。
④　《西安府三原县张、唐、小畦（畦）三里清浊二河八复时全河记》，三原水利志编写组《三原水利志》，三原县水利局印刷1997年，第195页。

由上文来看，杨之璋的清峪河水利整顿有利于三原县三里灌区民众，存在争议，因为他对"渠堵惟古而争移那（挪）者，不听；时刻惟古而争减者，不听"。果不其然，杨之璋的清峪河水利整顿引起了泾阳灌区民众的不满，引起官司，碑文记载：

> 三里方庆河润，而泾民贪心枝痒，复贿不轨青衿数十辈，冀以寔繁之口，行白赖之谋，而诬全渠非全河等词意。县册志书碑记，诸生独未读耶？至烦两院之讼，经道府厅、县勘问，扰官司而破民财，凡一年，仍全河归三里，是何心欤！夫水利古制甚善，即三里且因地远近而水多寡微有差，况以河口便灌之人而与七十里之远地争夆矣。事明，蒙本府扬（杨）公谓：三里居县治东北而向峪口，望一线之水，且出之虎狼口底，易言水哉！呈抚院，每月管水主簿移居鲁桥镇水司八日，而筑堰巡河有夫，看司守堰有役，事将就绪，而扬（杨）公人觐去，通州雷侯（侯）至。夫垂成之业，结局为难，侯（侯）英敏晓畅，整饬前猷，克底成绩。①

这段碑文是站在三里人的立场上说的，有很强的感情色彩。在张、唐、小畦三里人看来，他们用全河水，这是载在"县册志书碑记"里的，这是因为三里距离引水口太远的缘故。但是三里人说法并不被上游泾阳灌区的民众所认可，泾阳县民认为，三里在此八日用水为全渠，而非全河，也就是说三里在此八天只能用下五全渠水，而其他各渠在这八天仍可用水，当然泾阳县所属渠在此时间要行水。在三原知县杨之璋及其继任雷起龙的努力下，陕西巡抚裁定支持了三里灌区的立场。

三里灌区民众对三原县的何朝宗、杨之璋、雷起龙三位知县十分感激：

> 三侯（侯）殚厥心力，咸润泽生民是念，今果利是兴、害是除，即有恒赐，而三里借恩波不死，睹两河而思明德三侯（侯），同河流

---

① 《西安府三原县张、唐、小畦（畦）三里清浊二河八复时全河记》，三原水利志编写组《三原水利志》，三原县水利局印刷，1997年，第195页。

远矣。水司厅成，三里绘何、扬（杨）二候（侯）像事，尸祝其中，召父杜母，期朝夕瞻依不忘也。①

总之，明万历四十五年（1617）所立"古受清浊河水利碑"，记述万历时期泾阳、三原两县民众激烈争夺清峪河水利，三原县张、唐、小眭三里在官府支持下，获得八日独享清峪河水的过程。杨之璋在清峪河水利整顿中将"三十日水"作为八复渠的润渠水，为此后清峪河诸渠之间长期争议、纠纷的内容之一。

三　崇祯年间清峪河水利：以王徵的《河渠叹》为中心

王徵②（1571—1644），字葵心，又字良甫，自号了一道人或了一子、支离叟，陕西泾阳盈村里人③。王徵家处于清峪河水利灌区，因而他对明末清峪河灌区的水利情况十分熟悉，崇祯十年（1637）他写下《河渠叹》。钞晓鸿引用王徵《河渠叹》中所记的清峪河诸渠渠名，说明在各类明代资料中引清峪河各渠道的名称写法并不一致④。笔者以为，王徵《河渠叹》描述的明崇祯年间清峪河诸渠的用水状况，其背后反映的是渭北清峪河灌区县际势力及人群关系，通过分析《河渠叹》，可以在一定程度上了解明末渭北地方的权力格局。兹录《河渠叹》全文如下：

---

① 《西安府三原县张、唐、小畦（眭）三里清浊二河八复时全河记》，三原水利志编写组《三原水利志》，三原县水利局印刷 1997 年，第 195 页。

② 关于王徵的研究为学界一个小热点，1905 年，黄节在《国粹学报》第 1 卷第 6 期发表《王徵传》，其后陈垣、方豪、宋伯胤等均有关于王徵之论著。近年来最有影响的论著当数宋伯胤的《明泾阳王徵先生年谱》（陕西师范大学出版社 2004 年版）与黄一农的《儒家化的天主教徒：以王徵为例》（《两头蛇：明末清初的第一代天主教徒》，上海古籍出版社 2006 年版，第 130—174 页）。

③ 王徵为泾阳人毫无疑问，关于具体的籍贯，其后世孙王介说为泾阳县鲁桥镇西街桂林巷人［参见（清）王介：《鲁桥镇志》，据清道光元年（1821）刻本影印，《中国地方志集成·乡镇志专辑（28）》，江苏古籍出版社 1992 年版，第 429 页］，但是根据乾隆间王秬所纂《泾阳县盈村里尖担堡王氏族内一支记世系》的题名及内容来看，为泾阳县盈村里尖担堡人（参见李之勤点校《王徵遗著》，陕西人民出版社 1987 年版，第 305—310 页）。此处从后说。

④ 钞晓鸿：《争夺水权、寻求证据：清至民国时期关中水利文献的传承与编造》，《历史人类学学刊》第 5 卷第 1 期，2007 年 4 月。

河分三峪异流，泽润泾原两县。

冶峪河来西北，浊峪河灌东畔。

清峪河从中出，东西六渠分灌。

工尽独居上流，原成挨接下面。

再下方是五渠，水涨改作石建。

广惠广济相联，三渠总是一堰。

工尽五渠水涨，都在河之东岸。

河西老渠原成，惠济补浇少半。

各渠各有斗门，水程谁敢紊乱。

上斗不得下浸，河西焉能东占。

只有有势霸吞，小民点水难见。

管家卖水吃水，时常撒曲散扇。

吓挟少不趁心，便将平民诬陷。

主翁听信呈官，利户人人胆颤。

富家犹难支持，揞死多少穷汉。

强梁都不敢惹，偏来欺侮软善。

要酒要肉要钱，月月弄得熟惯。

主翁还夸忠仆，那管百姓咒怨。

从来百姓人家，那个敢欺乡宦。

至于张唐小苏，三里人心难厌。

钦定三里归渠，辛管汇东可验。

后来借入五渠，客子反将主替。

水又不曾到东，徒向沿渠吞啖。

五渠闭斗 八 日 ，识者已兴浩叹。

奈河害了河东，又将河西作践。

纵说全渠该闭，岂可全河都断。

三里兼并两河，万家忍令涂炭。

况且渠斗堰口，各有册簿案卷。

每月初旬八日，原为修筑淘垫。

名曰八浮空水，人人得占余羡。

近来通归势豪，各渠分日定限。

然亦各渠通派，岂是隔河通算。

河东诸渠通行，偏憎河西冒犯。

人见河西使水，谁怜流干血汗。

田原近堰近渠，人又同力同办。

有时河涨堰冲，气力使匀千万。

麦草门扇板榻，还带炕上席片。

赤身拖泥带水，恨不将身横捍。

得浇一亩半亩，如拾千贯万贯。

远者谁肯用力，只要成熟吃饭。

如今老天不雨，秋苗委得亢旱。

河流干涸微细，大家田难灌遍。

奴仆畏主嗔责，指算河西卸担。

哀哉河西小民，敢惹河东都宪。

都宪怒呈小民，泰山石压鸡蛋。

差人管家下乡，村民惊慌逃窜。

幸喜天开日霁，始得风清云散。

倘然怒深莫解，一方定受苦难。

我因感叹伤怀，立誓自悔自鉴。

水利本以养人，谁料翻成水患。

爰查河渠源流，细列从前公案。

告白仁人长者，大家当存公念。

爱人方是自爱，便人正以自便。

福田广种广收，福泉越深越汎。

为是编作俚言，观者传说普劝。①

---

① （明）王徵：《河渠叹》，李之勤点校《王徵遗著》，陕西人民出版社 1987 年版，第 267—269 页。另见《三原县志》，陕西人民出版社 2000 年版，第 1121—1123 页。当代《三原县志》所收《河渠叹》错讹处不少，以《王徵遗著》所收为准；又当代《三原县志》指出《河渠叹》作于崇祯十年（1637）六月初九日，从其说。

　　王徵所述清峪河水利东岸西岸共有六条渠：河东为工尽、五渠、木涨，河西为原成、广惠、广济。从王徵所述各渠位置来看，工尽在最上，原成次之，五渠在原成之下，"水涨改作石建"句中"水涨"似应为"木涨"，木涨在五渠之下，广惠广济在最下。在王徵的记述中，六条渠的堰口却只有四个，"广惠广济相联，三渠总是一堰"，联系"河西老渠原成，惠济补浇少半"句，清峪河东岸的原成、广惠、广济三渠共用一堰。

　　"各渠各有斗门，水程谁敢紊乱"，此句表明清峪河各渠管理及用水是有规则的。尽管有严格的用水规则，但在实际运行中，水利被势豪和管水的"管家"所霸占："只有有势霸吞，小民点水难见。管家卖水吃水，时常撒曲散扇。吓挟少不趁心，便将平民诬陷。主翁听信呈官，利户人人胆颤。富家犹难支持，揹死多少穷汉。强梁都不敢惹，偏来欺侮软善。要酒要肉要钱，月月弄得熟惯。主翁还夸忠仆，那管百姓咒怨。从来百姓人家，那个敢欺乡宦。"

　　前文讲过万历年间清峪河用水纠纷，即三原县张、唐、小眭三里获得官方支持，得到用水保证，王徵记述也印证了这一点，"至于张唐小苏，三里人心难厌。钦定三里归渠，辛管汇东可验。后来借入五渠，客子反将主替"。其中"小苏"似应为"小眭"。张、唐、小苏（小眭）三里灌溉之水从五渠流下，本应使水权利不及五渠，而事实上地处下游三里灌溉权利得到优先保证，甚过五渠。三里的做法在王徵看来十分过分："五渠闭斗□□（八日），识者已兴浩叹。奈河害了河东，又将河西作践。纵说全渠该闭，岂可全河都断。三里兼并两河，万家忍令涂炭。"按过去的习惯，清峪河各渠每月初旬有八日为淘垫修渠的时间，此间不安排用水，名为"八浮空水"，既为空水，大家都可以用来浇灌，但是近来却被势豪侵占。

　　势豪的这种侵占不只在自家所在渠，更指向他渠，河东渠的势豪就指责河西渠民众用"八浮空水"。为什么河东渠有如此大的势力？按王徵所述河东有都宪势要："奴仆畏主嗔责，指算河西卸担。哀哉河西小民，敢惹河东都宪。都宪怒呈小民，泰山石压鸡蛋。差人管家下乡，村民惊慌逃窜。"王徵所指"河东都宪"为谁？笔者推测，刘日俊可能性最大。

刘日俊，崇祯戊辰科（1628）进士，曾任御史，并做过密云总督①。《光绪三原县志》记载："刘日俊，字虞臣，崇正（祯）戊辰进士，擢谏垣。疏通水利，捐金修渠，数邑获利。疏裁三原偏税，累官密云总督。……归田后，值崇正（祯）十三年奇荒，人相食，日俊施粥三月，救活甚众。"②"都宪"为明代对都察院都御史的别称，曾任职过御史的刘日俊极有可能就是王徵所指的"河东都宪"，因为崇祯十年（1637）及稍前三原县没有人科举后任过御史。刘日俊在崇祯十三年（1640）渭北奇荒中"施粥三月，救活甚众"这一行为的背后，说明刘家拥有田地不少，且有大旱之年能浇灌的水田。刘日俊为三原人，泾渠水利浇灌三原田地不多，然而清峪河水利浇灌三原田地不少。清峪河水利在三原最大的灌区为张村、唐村、小眭三里，前在万历"古受清浊河水利碑"已经提及，查嘉靖《重修三原志》，有如下记载：

张村里	在县东北二十五里	管村二	小王村	田村
唐村里	在县东北四十里	管村二	王中村	任都村
小眭里	在县东四十里	管村二	大时村	刘时村③

因此，可以再做一大胆的推测，刘日俊极有可能为三原县小眭里刘时村人。

刘日俊虽然中进士晚于王徵，但崇祯年间在渭北却是相当活跃的人，崇祯六年（1633），他上书朝廷，力主打开吊儿嘴引泾，"谏议刘日俊复疏请开（吊儿嘴），下抚按两院议修，以流氛未靖止"④。三原知县张缙彦在《刘公建言减税裁局碑记》中道："谏议虞臣先生，求消弭之本图，甦桑梓之重累，慨然具疏谓：秦乱新定，宜兴五县之利以竟神庙之德意，

① 乾隆《三原县志》卷六《选举一》，据清乾隆四十八年（1783）刻本影印，《中国地方志集成·陕西府县志辑（8）》，第316页。

② 光绪《三原县志》卷六《人物志》，据光绪六年（1880）刻本影印，《中国地方志集成·陕西府县志辑（8）》，第587页。

③ 嘉靖《重修三原志》卷一《地理》，据钞本影印，《中国地方志集成·陕西府县志辑（8）》，第12—13页。

④ 乾隆《三原县志》卷七《水利》，清乾隆三十年（1765）修、光绪三年（1877）刻本，第12页a。

除一邑之害以溥皇上之宏仁。"张缙彦解释说："盖公所谓兴五县之利，在疏凿泾河之铫儿嘴，以复郑白两公数千载灌溉之利；所谓除一邑之害，则特为三原减重课、革税官、存商贾、安本业也。"① 刘日俊的父亲刘士琠也颇有作为，《光绪三原县志》卷六记载："刘士琠，字翼明，万历庚子举人。父辅平，绩学力行，以明经老。琠少事继母至孝，天启中擢司刑，魏瑺专恣，琠独抗拒不附。崇正（祯）八年，兵备达州，有巨恶，为民害，立毙杖下，人快之。流寇围成都，官民无策，琠总理八门，设法扼守危城，以全叙守功，晋本省方伯。"② 而由这则史料也可以看出刘日俊的祖父为"绩学力行"之人，三原刘氏（刘日俊）家族几代读书科举，势力不容小觑。

泾阳王氏（王徵）家族虽号称"金牌王家"，但直至王徵这一代也没有家谱的修纂，"先君讳应选，号浒北，泾阳人也。故老相传，我王氏号为金牌王家。第远莫可考记，且无谱牒相遗，他世系亦不克详述"③。王徵曾有设置祠堂的打算，但直到崇祯十二年（1639）分家前，祠堂也没有建起来，"惟街北北院，我初原为祠堂而置，长房独分为业，盖亦犹存宗子之微意云尔"，不过，笃信天主教的王徵（教名裴里伯 Philippe）④ 在家建起了"神堂"，"老夫新建神堂，虽为大家公共祈福之所……"⑤。

王徵在晚年所作《析箸文簿自叙琐言》中提及其家族"食指且盈五百，而田园水旱地土，亩计仅二百五十有奇"⑥。王徵为泾阳盈村里尖担堡人，按嘉靖《重修三原志》卷一记载"工尽渠，在本县杨杜村，河东岸作堰，距县二十五里，每月初九日子时承水至，本月二十九日戌时为

① （明）张缙彦：《刘公建言减税裁局碑记》，乾隆《三原县志》卷一四《艺文三》，据清乾隆四十八年（1783）刻本影印，《中国地方志集成·陕西府县志辑（8）》，第448页。
② 光绪《三原县志》卷六《人物志》，《中国地方志集成·陕西府县志辑（8）》，第585页。
③ （明）王徵：《为父求墓志状稿》，李之勤点校《王徵遗著》，陕西人民出版社1987年版，第254页。
④ 参见黄一农《儒家化的天主教徒：以王徵为例》，《两头蛇：明末清初的第一代天主教徒》，上海古籍出版社2006年版，第130—174页。
⑤ （明）王徵：《析箸文簿自叙琐言》，李之勤点校《王徵遗著》，陕西人民出版社1987年版，第254页。
⑥ （明）王徵：《河渠叹》，李之勤点校《王徵遗著》，陕西人民出版社1987年版，第227页。

满，灌溉泾阳县盈村等里与本县长孙等里田地玖拾肆顷壹拾亩"①，王徵
家水地似应在工尽渠灌区，属于清峪河河东作堰。其实不然，前句工尽
渠灌溉并非盈村里之全部，而盈村里尖担堡所属应为源澄渠灌区，这由
道光二十年源澄渠水册记载为证，"朱砂斗又名朱村埓"，灌溉东渠尖担
堡等村地十顷多②。王徵家占水田可能非常少，用水情况似乎并不理想，
王徵的父亲就是求雨过劳而死："孰意先君里居忧旱，竟以祷雨过劳，积
劳见背，不肯稍延数月。"③

　　王徵为泾阳人，其家水地所属又为专灌泾阳县地的河西渠源澄渠，
在明末泾阳、三原两县争夺清峪河用水的时候，他毫无疑问地站在泾阳
县灌区的立场上，他对处于灌溉弱势的河西渠灌区民众用水充满同情：
"人见河西使水，谁怜流干血汗。田原近堰近渠，人又同力同办。有时河
涨堰冲，气力使勾千万。麦草门扇板榻，还带炕上席片。赤身拖泥带水，
恨不将身横捍。得浇一亩半亩，如拾千贯万贯。"王徵为明万历二十二年
（1594）甲午科举人，天启二年（1622）壬戌科进士，早于刘日俊崇祯戊
辰科（1628）中进士六年。王徵曾先后任直隶广平府和南直隶扬州府推
官，崇祯元年至二年在渭北组织"忠统营"，对抗和镇压活动在泾阳、三
原及耀县等地的农民起义。与此同时，崇祯年间的王徵积极投入渭北水
利开发，孙承宗在崇祯庚午（1630）《祝泾阳王葵心先生六旬寿序》中
道："立忠统营于池阳，剿寇为全秦保障；浚广惠渠于泾北，灌田获万顷
膏腴。"④ 其后人在《〈先端节公尺牍全集〉序》中说："时值饥馑，流寇
充斥，长安以北，民不聊生。公慨然以关西万姓苍生为己任，赈灾恤困，
开渠浚河，创筑城堡，练集义兵，立忠统营于三原，破寇剿贼，威振河

---

　　① 嘉靖《重修三原志》卷一，《四库全书存目丛书》，史部，第180册，齐鲁书社1997年
版，第359、360页。

　　② 白尔恒、［法］蓝克利、［法］魏丕信编著：《沟洫佚闻杂录》，中华书局2003年版，第
92页。

　　③ （明）王徵：《为父求墓志状稿》，李之勤点校《王徵遗著》，陕西人民出版社1987年
版，第254页。

　　④ 《祝泾阳王葵心先生六旬寿序》，李之勤点校《王徵遗著》，陕西人民出版社1987年版，
第327页。

北。"① 由于参与组织地方武装，兴修家乡渭北水利，崇祯年间的王徵为泾阳、三原间最有势力的人之一，他似乎有力量改变这一局面，为泾阳县河西灌区争取到一些公平利益，而不是在《河渠叹》中对清峪河东灌区势要霸占水利愤愤不平，站在道德立场上对民众进行劝告："我因感叹伤怀，立誓自悔自鉴。水利本以养人，谁料翻成水患。爰查河渠源流，细列从前公案。告白仁人长者，大家当存公念。爱人方是自爱，便人正以自便。福田广种广收，福泉越深越汛。为是编作俚言，观者传说普劝。"

王徵的《河渠叹》描述了明末清峪河灌区的用水情形，信奉儒家和天主教的他在清峪河灌区争水上虽然力求超脱，将争水祸害主要指向势豪，但仍不可避免泾阳县灌区的立场及看法。

通过分析王徵《河渠叹》，可以看出明崇祯年间清峪河诸渠分水中，三原县灌区的优势地位明显，主要是因为其背后有三原县籍官宦势力的强力支持。

本章小结

明成化年间的引泾水利工程——广惠渠在当时是一个巨大的工程，该工程前后经历十七年才修成，由陕西巡抚项忠倡始，中经陕西巡抚余子俊，终在陕西巡抚阮勤手中完成，并非项忠《广惠渠记》中所言"不二年而成"。广惠渠之后，都御史萧翀于正德十一年（1516）倡修通济渠，真正完成约在嘉靖八年（1529），在陕西巡抚刘天和手中完成，该渠兴修事实上前后约用了十三年，比广惠渠用时少四年。通济渠之后，万历二十八年泾渠进行修浚，但规模无法与广惠渠、通济渠相比。万历末天启初，沈子章对泾渠年修制度进行变革，变灌区利户出役为按地亩多寡出资雇用专职"水手"方式，是"一条鞭法"思想在泾渠常修中的运用。由于泾渠淤塞问题，在明代嘉靖年间就有人提出打开吊儿嘴引泾主张，明万历时期三原人王思印去京上书主张打开吊儿嘴，明廷"部议未

---

① 《〈先端节公尺牍全集〉序》，李之勤点校《王徵遗著》，陕西人民出版社 1987 年版，第286—287 页。

决"；针对"打开吊儿嘴引泾"之说，泾阳县知县袁化中提出不同看法，他认为由于淤塞问题引泾无用，不如"拒泾"而专收北山泉水进行灌溉，这样费省而利薄，可以免"虚糜脂膏"、劳民的工程。不过，在明后期"引泾"主张似乎还占上风，崇祯年间还有人不断建议开吊儿嘴。

本章第二节叙述了明代中后期渭北清峪河流域的水利开发及激烈的水利纠纷。不像引泾水利兴修由官方主导，渭北清峪河水利的开发与渭北乡宦、家族有很大关系，王氏（王恕）家族在明中期木涨渠开发中发挥重要作用。明万历四十五年（1617）所立"古受清浊河水利碑"，碑记表达三原县张、唐、小睢三里受水民众对清峪河水利的看法。三原县三里民众在三原县几任知县支持下，在与泾阳灌区、三原其他渠系灌区的博弈中，取得了他们认为的用水权益。崇祯十年（1637），泾阳人王徵所写《河渠叹》，是分析明崇祯年间清峪河水利的一个很好的文本。王徵是站在泾阳本位上，即站在河西灌区立场上看清峪河水利的。明崇祯年间清峪河水利灌溉中，三原县灌区优势地位明显，这是因为在其背后有灌溉利益的三原大官僚及官府势力的支持。

第 二 章

清代前中期的渭北水利及其变迁

　　清代前期，渭北泾渠水利发生一个重要转折，即乾隆二年作出的
"断泾疏泉"裁定，此为明万历年间泾阳知县袁化中提出"拒泾"论后长
期争议之后的决断。本章第二节梳理分析清前中期泾渠（龙洞渠）屡次
兴修与三原分水时间演变之间的关系。本章第三节以岳瀚屏记述为主要
材料，分析清乾嘉时期清峪河源澄渠是如何开发、如何买地、如何运行，
试图构建清前期清峪河源澄渠水利社会的图景。

第一节　从"引泾"到"断泾疏泉"

　　对于 18 世纪前期不再引泾水的渭北水利，法国学者魏丕信认为，社
会、经济、政治和组织的问题，与持续受压的郑白渠自然环境结合起来，
造成泾渠水利的不断颓坏①。魏丕信这一解释颇为全面，但他主要的目的
在突出自然环境因素。本节从梳理、分析泾渠水利由"引泾"到"断泾
疏泉"历史过程入手，意在揭示渭北泾渠水利这一变迁后面的原因及机
制，其实不仅仅是自然环境、技术、制度等因素的问题，要将渭北泾渠
水利这一重要变迁放在渭北区域社会中来理解，尤其是泾渠上下游县之
间的水利关系下来理解。

一　"拒泾""引泾"及其后的县际博弈

　　清顺治九年（1652），泾阳县知县金汉鼎在任上督修过泾渠，后撰写

---

　　① ［法］魏丕信：《清流对浊流：帝制后期陕西省的郑白渠灌溉系统》，刘翠溶、伊懋可
《积渐所至：中国环境史论文集》，"中研院"经济研究所 1995 年版，第 475—494 页。

《重修三白渠记》，他说：

　　天地有自然之利焉，昧者罔觉同于蚩氓，有智者起而因导之，而一方之利源首辟。迨行之既久，不能无敝，有大力者屡以人事胜天而开辟之，故道不湮。迨行之既久，又不能无敝，所贵守土者，恪遵前人之令，绪用食膏，泽于维均，斯阅三千年如一日也。……秦时韩遣水工郑国说秦，令凿泾水，自中山西瓠口为渠，并北山东注洛，三百余里，斥卤硗确胥成神皋秀野，资给都会，益用富强，卒并诸侯。徒疲秦一时之力，竟造秦万世之利哉！虽然利之所在，害即随之。当渠初凿时，河与渠平，势必龃龉，岁月冲击，河身日洿，渠口日昂，乃起五县徭役，伐石截木，入水置囷，十月引水，以嗣来岁，入秋始罢，已复就役，寒暑昼夜，督责不休，民至有上诉愿弛其利，以免徭累者。嗟乎！夫韩本欲疲秦于一时，不知后世疲更甚耶！抑踵事增华，一劳永逸之道未之讲耶！①

　　金汉鼎认为，利之所在的地方，害也就随之产生。对泾渠而言，既带来灌溉利益，又带来泾渠水利受益民众的沉重徭役。造成这一原因的是泾"渠初凿时，河与渠平，势必龃龉，岁月冲击，河身日洿，渠口日昂"，于是无法引泾水，就要动员灌区民众进行修浚，"乃起五县徭役，伐石截木，入水置囷，十月引水，以嗣来岁，入秋始罢，已复就役，寒暑昼夜，督责不休"，有些民众由于修渠徭役过重而愿意放弃水利，"民至有上诉愿弛其利，以免徭累者"。金氏所讲"起五县徭役"的工程可能指广惠渠之修，明人彭华的《重修广惠渠记》载："今上纪元成化之初，副都御史项公忠，请自旧渠上并石山开凿一里余，就谷口上流引入渠，集泾阳、醴泉、三原、高陵、临潼五县民就役。"② 之所以这样，金汉鼎认为是"一劳永逸之道未之讲"。

_____

　　① （清）金汉鼎：《重修三白渠记》，乾隆《泾阳县志》卷九《艺文志》，《中国地方志集成·陕西府县志辑（7）》，第143页。
　　② （明）彭华：《重修广惠渠记》，康熙《泾阳县志》卷八《艺文志》，清康熙九年（1670）刻本，第13页a—b。

金汉鼎说,他在带领民众修渠时,得到源源不断的泉水:

> 嗣后凿石渠数丈,得泉源焉,潏涌而出,四时不竭,如银汉之落九天,而星海之泛重渊也。……但见涓涓滔滔正循郑白故道,经络诸邑之壤,殆无异乎泾焉者。原夫此泉从万山渗漉而出,未经开凿,并归乎泾,既经开凿单行,夫渠即谓之引泾水焉,可也。①

金氏为此惊呼道:"异哉!初本为溯泾至此,匪意竟另辟一泾了,不假夫泾,天造与?地设与?人力与?异哉!"② 在此,金汉鼎反对"引泾"、主张用泉水的态度十分鲜明。道光《重修泾阳县志》卷一九《名宦传》为金汉鼎立传:"国朝顺治初,知县金汉鼎重修广惠渠,而后定之。汉鼎字紫汾,浙江义乌人,以进士宰泾阳,招辑流散,民各得所,念泾渠之劳费无已也,躬履渠口,相度形势,乃著记以申袁化中之说。"③ 该传明确指出金汉鼎继承了袁化中的"拒泾"观点。金汉鼎显然是站在泾阳县的立场上考虑问题。

高陵县位于引泾灌溉区域下游,用水形势十分严峻。明天启元年(1621)高陵知县赵天赐重修刘公庙并立碑纪念刘仁师④。刘仁师为唐代高陵县令,他的事迹见唐刘禹锡所撰《高陵令刘君遗爱碑》,该碑文记载:唐长庆三年(823)至宝元年(825)间,刘仁师不畏权势,为高陵县民众从上游泾阳县争得泾河水利⑤。赵天赐通过此举,表明高陵用水的正当及合理性,这也间接说明高陵与上游泾阳县的用水冲突之激烈。赵天赐重建刘公庙,可视为高陵在与泾阳用水博弈中的一种文化建构。明代高陵泾渠灌溉情形不容乐观,光绪《高陵县续志》作者甚至指出:"(泾渠)明代虽有修浚,而嘉靖时县东南北民久不得用水,将夫役告消

---

① (清)金汉鼎:《重修三白渠记》,参见乾隆《泾阳县志》卷九《艺文志》,《中国地方志集成·陕西府县志辑(7)》,第144页。

② 同上。

③ 道光《重修泾阳县志》卷一九《名宦传》,《中国地方志集成·陕西府县志辑(7)》,第312页。

④ (明)赵天赐:《祭唐刘令文》,白尔恒、[法]蓝克利、[法]魏丕信编著《沟洫佚闻杂录》,中华书局2003年版,第196—197页。

⑤ (唐)刘禹锡:《刘禹锡集》,卞孝萱校订,中华书局1990年版,第26—28页。

矣，是县之水利，有明一代仅存虚名。"① 进入清代，高陵县的泾渠水利
形势更为严峻："自泾水日下，不能入渠，惟资山泉，其利止及醴、泾，
次之三原，尚有些微，高陵远，无滴水。"②

康熙五十六年（1717），熊士伯升任高陵知县，他是一个关心民瘼的
好官员③。初任高陵知县，熊士伯力图振兴泾渠水利，不远一百余里，多
次到达堰口，他看到的情形："铫儿嘴北已开七十五丈，取水河心，广惠
至龙洞未开者，才十有三丈耳。相其山石，非如铁洞之坚。"④ 熊氏遂采
取行动，于当年二月二十日捐募土工，在旧渠北边挖掘了一条长五丈余、
阔六尺至一丈、深一丈到一丈八九尺的土渠；四月十七日他再捐募石工，
"从龙洞空处掘渠近五丈，南凿丈余，知上有天窗，长二丈余，高六丈，
土石委积，凿掘兼施。闰六月初二，南北已通，上开小渠一道，引山水
入河"⑤。熊士伯讲这两项工程只花了一百多两银子，所用时间也不多，
因而他批评那些"谓石坚难凿虚糜脂膏者，谬也"⑥。他乐观地指出：
"凿开嘴石，泾水长流。另立闸口，时启闭防浊水，使三、高永免亢旱之
虞，醴泾亦无壅遏之患，为利无穷耳，前后尚须深阔结岸塞隙，约费千
金。"⑦ 熊士伯的行动表明他是一个坚决主张"引泾水"者。

熊士伯在其疏浚泾渠行动之后撰文，从泾渠历史出发，认为引泾水
为渭北水利的要务：

　　　　郑白渠始自秦汉，引泾水以石囷为堰，壅水入渠，溉田四万顷。
　　唐宋以后，渠名不同，制实因之。大观中，诏开石渠仲山之麓，名

---

①　光绪《高陵县续志》卷一《地理志》，光绪十年（1884）刻本影印，《中国地方志集
成·陕西府县志辑（6）》，第482页。

②　（清）熊士伯：《泾水议》，参见光绪《高陵县续志》卷一《地理志》，《中国地方志集
成·陕西府县志辑（6）》，第481页。

③　熊士伯在高陵知县任内他开泾渠、清滩田、复茶店、减盐引，参见光绪《高陵县续志》
卷一《地理志》，《中国地方志集成·陕西府县志辑（6）》，第508页。

④　（清）熊士伯：《泾水议》，光绪《高陵县续志》卷一《地理志》，《中国地方志集
成·陕西府县志辑（6）》，第481页。

⑤　同上。

⑥　同上。

⑦　同上。

丰利,溉田三万五千顷。元至大中,御史王琚更开石渠五十一丈,
名新渠,或云溉田三万顷。明成化间,巡抚项忠,又凿石渠一里三
分,凡二百四十丈,收诸泉水,渠名广惠,溉五县田八千余顷,要
俱引泾也。正德间巡抚萧翀又凿石四十二丈,渠名通济,溉田一千
三十五顷。记云既凿此渠,则甃石之堤不用,而畎亩引灌无虞,非
引泾而何?……窃照救旱莫如开渠,秦郑汉白,宋元明皆因之,要
必引泾水,源远流长,故溉田为广也。①

熊士伯认为,明万历年间袁化中"拒泾"论的理由并不成立。他说:

自万历间泾阳令袁化中之议出,谓北山之石,坚韧难凿,凿亦
不甚阔。夫铁洞之难凿,因已总计石渠近四百丈,自通济至龙洞止
一十三丈,视前此特三十分之一,用王御史计工法,一尺为一工,
工五分,阔一丈高深二丈四尺,共银一千五百六十金,用萧公通济
渠计工法,阔一丈、长一丈、深三寸三分为一工,大约石较易凿,
只银四百五十五金。袁公初未详考,遂疑物力之难。夫土渠积土如
山,石渠炭炙醋淬,不减琢铁,加以筑堰,动费千金,昔人之难,
若何而惜此乎?谓泾水滚滚而来,沙石并沉,广惠中满难通。譬人
噎咽之患似也。然世有因噎废食者乎!况泾水一石,其泥数斗,昔
人方以为利,抑又何耶!又谓龙洞南畔无岸,如人咽喉中断似也,
试看龙洞之外,原非深壑,四百丈之渠不知几许补砌以通水者,岂
真如咽喉不可复续耶!②

对于袁化中等人所说的淤塞问题,熊士伯认为可以用两种方法解决:
其一,在开吊儿嘴后洞口设闸,"水涌则闭,静则开",因为"嘴以上水
平沙少";其二,动员四县灌区民众淘浚淤塞③。

---

① (清)熊士伯:《泾水议》,光绪《高陵县续志》卷一《地理志》,《中国地方志集
成·陕西府县志辑(6)》,第481页。
② 同上。
③ 同上。

熊士伯认为，用龙洞以下泉水的方法代替引泾水会使浇灌面积大减，尤其下游三原、高陵两县灌区陷入困境：

> 至谓龙洞以下，大泉如斗者数十，四县赖之，水本不小。查天启四年，四县水利仅得七百五十顷，高陵一十五里，全溉者，仅存其二。……今醴、泾地居上流，泉水尚足灌溉，若三原、高陵一不修浚，求如天启时不可得已。《三原志》云：泾水低，假泉以代，历泾阳八十里始入界，水势大绌，凡名水田，十不溉一。于是涓涓之润，为需日重，为累日深，壅遏侵争，狱讼岁起，赋役烦苦，贾鬻赔输，遗害不可胜言，略与高陵同，而高陵特甚。①

熊士伯认为，开吊儿嘴引泾可以接续郑白渠的伟大传统：

> 窃谓铫儿嘴一开，则三、高俱得泾水之济，富平、临潼亦资，沾溉之余利莫大焉。而且一直流渠，不必筑堰之劳，水任取，携永无争讼之起，直可追迹郑白矣。②

因此，熊士伯称赞马理、王思印、刘日俊、张缙彦等主张打开吊儿嘴的人，为有"定见者"；而万历年间泾阳知县袁化中"拒泾"观点破坏这一伟大传统，"直举千百年，莫大之利等闲弃之，非袁公作之俑乎"③。这只是问题的一个面相，问题的另一个面相为是否"开吊儿嘴引泾"牵扯县际利益的博弈。这一点，熊士伯并不讳言，"惟袁化中云嘴不必开，开亦无益，特为泾阳言泾阳耳"④。在他看来，袁化中"拒泾"是"有害之说"，是站在泾阳县立场上的"自私自便"，"吠声者，昨指而未尝深求，惜费者，明知而率多退沮，加以自私自便，创为有害之说，以遂

---

① （清）熊士伯：《泾水议》，光绪《高陵县续志》卷一《地理志》，《中国地方志集成·陕西府县志辑（6）》，第481页。
② 同上。
③ 同上。
④ 同上。

其不费疏凿，安享成利之心，举数千年莫大之利，等闲弃之，良可惜也"①。

通过"引泾""拒泾"的不同主张，这场长期争议中的一个面相为县际利益的博弈，熊士伯在指责袁化中"为泾阳言泾阳"，他自己何尝不是"在高陵言高陵"的利益之争者。泾阳县处于引泾水利的上游，其灌区利益较有保证，而打开吊儿嘴引泾工费浩大、民众劳苦，对泾阳县官绅而言，"拒泾"实为不错选择，"拒泾"观点即出自泾阳县官员。高陵、三原两县处于引泾灌溉的下游，渠水量不足使高陵、三原灌区的农地用水无法得到保证，只有引泾加大渠水量才可能使其灌区有水，因而明末清初主张打开吊儿嘴引泾的多为高陵、三原官员及士民，熊士伯所称赞的马理、王思印、刘日俊、张缙彦就为三原县人或三原县官员。

二 "断泾疏泉"之裁定及其分析

1. "断泾疏泉"：乾隆二年的裁定

在乾隆初年"断泾疏泉"之前，雍正年间有一次规模很大的泾渠兴修。魏丕信对此次泾渠兴修之举有一个说法叫"雍正式的行动主义"，据他的分析，郑白渠的恢复在雍正帝眼中是一个重要的工程②。清雍正年间泾渠的兴修始于岳钟祺一个奏折，雍正五年（1727）正月时任川陕总督的岳钟琪上奏雍正帝，讲陕西的水利，他说：

> 窃照陕省西安凤翔二府各渠道情形，经臣具折奏明，亲往确勘，酌议兴修，仰蒙圣恩俯允，臣因考渠利之大，惟泾阳北山之郑白渠为最。随于十一月六日先往泾阳县，详细踏勘，查阅图志碑记，其郑国一渠，创自秦时，依山为堰，引泾河之水灌溉醴泉、泾阳、三原、高陵、同州、富平、临潼、澄城等八州县，地亩甚广。汉时水利日绌，又开渠一道与郑渠相汇，总名为郑白渠，虽仍以泾水为利，

---

① （清）熊士伯：《泾水议》，光绪《高陵县续志》卷一《地理志》，《中国地方志集成·陕西府县志辑（6）》，第481页。

② ［法］魏丕信：《清流对浊流：帝制后期陕西省的郑白渠灌溉系统》，刘翠溶、伊懋可：《积渐所至：中国环境史论文集》，"中研院"经济研究所1995年版，第460—464页。

而灌溉之功较前已减。迨至唐泾水为利，而灌溉之功较前已减。迨至唐宋，坑阜变迁，渠水不能远注，其同州、临潼、澄城三州县水利随废，渠道亦湮没无用。惟醴泉、泾阳、三原、高陵、富平五县，尚资水渠之利。然泾流日下，渠道纷开，水势渐失，水利亦浸微矣。明成化中，陕西巡抚项忠于泾河之侧大举工作，穿山成穴，引泾入渠，名为龙洞，又合山间群珠、筛珠、天涝池等数十处泉水，同资灌溉，民实赖之。工成之日，计报水田八千余顷，皆以上则升科。讵历年既久疏浚失宜，龙洞与郑白渠竟浊泥淤塞，堤堰大半坍圮，现今水册所载，醴泉等五县，仅灌地一千余顷，较之原报八千余顷之旧额，十减其八。若一经亢旱，则又涓滴全无，遂致地失水渠之利，五县人民仍输上则之粮，而水田仅存其名矣。①

岳钟琪的奏折回忆了郑白渠辉煌的历史及现实的困境，他提出建议，"龙洞之淤塞亟宜挑挖通畅，郑白渠之积壅务当疏浚深广，更于堤堰旧址帮筑宽阔，建设闸口，以裨坚久"②。岳氏在奏折中说，他打算委派西安府知府潘宗鼎担任龙洞郑白渠修浚工程，估计工费及工料约总计八千两银③。雍正帝爽快批道："览奏渠道情形，周详明晰之至，有旨谕部矣，工料等项所需无几，自应动用正项钱粮。"④

岳钟琪的郑白渠恢复计划刚刚开始，就赴四川任职，在赴任途中与新任陕西巡抚法敏相遇，以龙洞渠水利兴修事相告，法敏记述了他们途中会面："途遇督臣岳钟琪，询及地方事宜，云泾阳向有水渠，壅塞多年，若修浚得法，引水灌溉，则泾阳、三原、高陵、醴泉四邑之田土，可享其利。"⑤

法敏到任后，对龙洞渠兴修热情很高，"即细加查询，详考志书，实

①　（清）岳钟琪：《奏报勘查河渠折》，《宫中档雍正朝奏折》第7辑，故宫博物院1978年版，第401页。
②　同上书，第401—402页。
③　同上书，第402页。
④　同上。
⑤　（清）法敏：《奏报水渠壅塞折》，《宫中档雍正朝奏折》第7辑，故宫博物院1978年版，第577—578页。

系惠民善政，随令布政司陆续发给公项银两，乘此农隙趋工修筑，务于三月内疏通，令其及时得水"①。雍正五年（1727）三月初一日，法敏亲率陕西省布政使张廷栋等前往泾阳督察。他给雍正帝的奏折说："（臣）轻骑减从，前赴泾阳龙洞，遂加查看渠道，已经疏通。惟分水、节水各闸座及引水灌田之耳口，尚有未经修理者。其渠之底岸亦有应加高深扩充者，皆相度地势参考前规，指示在工各官，令其速行修理，三月尽可以完工。沿途见各邑耆老乡民，拈香环集，跪颂皇上爱养百姓，遣官查勘，发帑修浚，使数百年久塞之渠，一旦流通，燥田地尽为沃壤，闾阎得受无穷之利。"② 出乎意料的是，法敏的上奏得到雍正严厉的训斥，指责法敏在修龙洞渠这件事上不该僭越岳钟琪而邀功③。

雍正五年的龙洞渠修浚，官方出资约八千两，这并不是全部费用，"官银一两，民赔倍余"，当时渭北四县百姓虽然苦累，但由于"年岁丰稔，民力犹可支持"④。岳钟琪在奏折中将龙洞渠、郑白渠视为两条渠（其实都是一个渠系，即泾渠），并将它们并提，力求疏通，显示出雍正时期渭北水利兴修的一番雄心，也就是说，雍正时期的泾渠之修意图在接续郑白渠的辉煌，引泾水是不言而喻。加之主其事的岳钟琪、法敏都抱有做事、建功热情与信心，修浚事业顺利完成。从现留雍正年间资料判断此次兴修未采用开吊儿嘴引泾方法，而是采用通过大力修浚淤塞筑堰引泾水的方法。

雍正年间修浚不及十年，乾隆元年（1736）泾渠"又复岸损渠淤"⑤。乾隆二年（1737），渭北泾渠的引水问题，引起从朝廷到地方的关注，并引发了一场讨论。在朝廷内部，有工部官员、议政王大臣关注

① （清）法敏：《奏报水渠壅塞折》，《宫中档雍正朝奏折》第 7 辑，故宫博物院 1978 年版，第 577—578 页。

② 同上。

③ （清）胤禄编：《雍正上谕内阁》卷五五，文渊阁《四库全书》，第 414 册，上海古籍出版社 1987 年版，第 582—583 页。

④ 张伟仁主编：《明清档案》第 78 册，联经出版事业公司 1987 年版，编号 A78—80（4—3）。

⑤ 乾隆《泾阳县后志》卷二《水利》，清乾隆十二年（1747）刻本，第 23 页 b。

此事①。

起初一个名叫世臣的翰林侍读学士上奏皇帝说：

> 陕西泾阳县故有郑白渠，自秦汉迄唐，引泾灌田厥利饶沃，其后泾益低下，渠高昂不能纳水。宋大观间乃更凿石为丰利渠，元至大间又凿新渠，皆不久而废。明巡抚项忠穿龙山为洞穴，疏泾水，命曰广惠渠，即今龙洞也。地既迫狭，不能受洪流，土石填淤，洞口充塞，渠益不利，而洞前有筛珠、琼珠及他无名称者小大之泉，以数十计，皆走渠中，稍出谷口，民颇得灌田，不藉泾也。渠左缘山趾，右并泾流，旧为隄防以拒暴涨，而石隙穿漏，泉水下走，常十七八入泾，及田间者二三数而已。自雍正五年发帑金治渠，渠中淤泥既去，渠岸亦完。而数年以来厥功莫继，虑恐潰坏日甚，灌溉益少，非所以广利源规久远也。谓宜益发帑金，疏浚龙洞，固其隄防，俾水皆输，田利必数倍，而有司慎惜经用，莫敢轻发。比闻地方大吏遣官相视，欲于广惠渠北更凿铫儿嘴引泾南达，然地形益高，泾不就引，勉强为之，虽成必废，往代之迹足为前车。臣以为重费无益，不如修龙洞渠便。②

世臣没有到过龙洞渠，他关于龙洞渠水利知识来自文字材料的阅读，来自明代袁化中《开吊儿嘴议》可能性极大③，因为他的收泉水及"泾不就引，勉强为之，虽成必废，往代之迹足为前车。臣以为重费无益，不如修龙洞渠便"观点与袁化中"拒泾"论本质上是一致的。

乾隆皇帝将世臣所奏下发陕西巡抚议，乾隆二年陕西巡抚为崔纪。他遵照皇帝旨意，令陕西布政司组织龙洞渠是否引泾水的讨论。在陕西官场这场讨论之前，他派陕西粮道席雍、驿道武忱携带测量仪器，到达

---

① 张伟仁主编：《明清档案》第 78 册，联经出版事业公司 1987 年版，编号 A78—80（4—2）。

② （清）王太岳：《泾渠志》，此志首刻在乾隆三十二年（1767），嘉庆九年（1804）为重刻本，据后本，第 31—32 页。

③ 雍正《陕西通志》卷三九有关泾阳县水利文献中，收有袁化中《泾渠议》，即《开吊儿嘴议》，世臣关于龙洞渠的知识很可能来自此。

龙洞渠渠所，悉心相度龙洞渠是否可以引泾。席雍、武忱观察估量后认为：铫儿嘴山石坚劲，工费浩大，骤难成功；现今最要工程，莫若在龙洞内筑一石坝，以纳众泉，不使漏入泾河，又在龙洞南畔等处，加高石堤，以防浊水泛溢、壅塞之患①。

席雍、武忱的看法与世臣奏议，被崔纪"一并发交"陕西布政司组织的这场讨论，以便"妥议确估"。讨论参加者有西安府知府、水利通判及泾阳、醴泉、三原、高陵四县知县，下面将要提到的泾阳县知县唐秉刚参加了这次讨论，讨论结果称"淘尽淤泥，持修渗漏，实为渠道扩容纳之功。增高石堤，开导山水，亦为渠道防漫溢之害。至于建筑石坝以收龙洞倒流，并大王桥上下诸泉，又所以广资灌溉，实有裨于民生，故属修渠切要工程"②，这一讨论结果不言引泾，主讲如何疏导泉水。在是否开吊儿嘴引泾的讨论上，牵涉整个王朝官僚系统所有层级：上有皇帝、工部官员、议政王大臣、翰林院侍读学士，中有巡抚、布政使、粮道、驿道，下有西安府知府、水利通判及泾阳、醴泉、三原、高陵四县知县③。时任陕西巡抚崔纪在"拒泾"裁定上作用关键，他在乾隆二年（1737）十二月给乾隆帝的奏折最后讲：

> 至引泾一事，臣考诸志载，当访舆论，虽议者纷纷，究难见诸施行。俟臣悉心确查，如有实在可行者，再行具奏，敬并声明。④

虽然崔表述的语气并未放弃"引泾"雄心，但实际认为不可行。乾隆二年，正是崔纪在陕西力主打井灌田之时，这年六月他上疏皇帝说：

> 陕属地方平原八百余里，农民率皆待泽于天，遇旱即束手无策。臣籍居蒲州，习见凿井灌田之利，如永济、临晋、虞乡、猗氏、安邑等县，小井用辘轳，大井用水车。其灌溉之法，小井六七丈以下

---

① 张伟仁主编：《明清档案》第 78 册，联经出版事业公司 1987 年版，编号 A78—80（4—2、4—3）。

② 同上。

③ 同上。

④ 同上书，编号 A78—80（4—4）。

皆可用人力汲引，每井可灌田四五亩；大井深浅二丈上下，水车用牲口挽拽，每井可灌田二十余亩。……然西北地高土燥，不厌灌溉，井浇一亩，厚者比常田不啻数倍，薄者亦有加倍之入。至遇旱年，虽井水亦必减少，然小井仍可灌三四亩，大井灌十余亩，在常田或颗粒无获，而此独仍有丰收。……除延安、榆林二府，邠、鄜、绥德三州所属，地土高厚，不能凿井外。其余西安、同州、凤翔、汉中、四府，并商、乾、兴安三州，可凿之地甚多。……渭以北二十余州县，地势高仰，亦不过四五丈或六七丈，即可得水。今据各属报到，西安府咸宁、长安、临潼、渭南、盩厔、鄠县、高陵、泾阳、三原、醴泉、咸阳、富平、兴平各县，可凿井者，田三千一百余顷。……臣思有力之家，可以劝谕开凿，无力贫民，实难勉强。仰冀恩准，将地丁耗羡银两借给无力贫民，以资凿井之费，分三年清还。臣酌定开凿事宜，督令各州县实心稽察惩劝，俟办理少有头绪，臣亲身查看。庶陕西通省，统计河泉井水，约可有一半水田，而水田所获之粟，约比常田二三倍。即偶遇旱歉，有此一半水田，即可有一半收成。再凿井灌田，民力况瘁，与河泉自然之水利不同，开凿之后，并请免其以水田升科。①

崔纪在上奏中认为，渭北泾阳、三原、高陵是适合凿井的。他建议开凿后所灌之田要"免其水田升科"。他的凿井主张及"免水田升科"建议得到皇帝的称赞："此系极应行之美举，但须徐徐化导，又必实力奉行，方与民生有益，朕自然不照水田升科也。"② 由崔氏在乾隆二年打井主张及后来的行动而论，他绝非一个因循守旧的官员，或许他认为引泾不如凿井划算。对于陕西巡抚崔纪对"断泾疏泉"的裁定所起作用，《清史稿》有记载："纪疏言：'陕西水利莫如龙洞渠，上承泾水，中受诸泉。自雍正间总督岳钟琪发帑修浚，泾阳、醴泉、三原、高陵诸县资以灌溉。惟未定岁修法，泾涨入渠，泥沙淀阏，泉泛出渠，石䃭渗漏。拟于龙洞

① 《清实录·高宗实录（一）》卷四五，乾隆二年（1737）六月下，中华书局1985年影印本，第9册，第789—790页。
② 同上书，第790页。

高筑石堤，以纳众泉，不使入泾，水磨桥、大王桥诸泉，亦筑坝其旁收入渠内，并额定水工，司启闭。'均从之。"①

　　对于乾隆二年（1737）的裁定，王太岳在《泾渠志》说："乾隆二年增治龙洞渠堤，始断泾水，疏泉溉田。"② 道光《泾阳县志·水利考》记载："斯时建闸以时启闭，犹未尽绝泾水也。乾隆二年增治龙洞渠堤，始断泾水，疏泉溉田。"③ 也就是说，"断泾疏泉"成为乾隆二年的一个明确的选择。

　　有意思的是，崔纪虽然在"断泾疏泉"的裁定中发挥了重要作用，但乾隆时期泾阳两部县志讲到龙洞渠水利兴修时对崔纪这个名字皆不提④。对此的解释为：崔纪在陕西巡抚任上大力倡导打井，因操之过急而造成民苦；又在陕西歉收之年，偏袒其家乡山西商贩，违禁在陕西的郃阳、韩城私贩粮食。崔纪因这两件事引起陕西官民不满，乾隆三年（1738）三月被调任湖北巡抚⑤。而县志将"断泾疏泉"这一决定归于未到泾渠考察过的世臣奏议，可能与世臣的身份相关，他出身满族正白旗，雍正五年丁未科中三甲进士⑥，乾隆初年为皇帝身边的侍读学士；对修纂地方志书的士绅而言，世臣代表了王朝的权威。

　　乾隆二年"断泾疏泉"在渭北水利史上有深远影响："夫所谓泾渠者，本引泾水为渠也。自宋凿石渠而制一变，明以泉水与泾水兼用而制再变，至是则用泉水不用泾而凡三变矣。"⑦

---

①　《清史稿》卷三〇九《崔纪》，中华书局 1976 年标点本，第 10596 页。

②　（清）王太岳：《泾渠志》，据嘉庆九年（1804）重刻本，第 31 页。

③　道光《重修泾阳县志》卷一三《水利考》，《中国地方志集成·陕西府县志辑（7）》，第 290 页。

④　乾隆《泾阳县后志》卷三 [清乾隆十二年（1747）刻本] 有"风宪"条讲兴修水利人物，独省掉崔纪。乾隆《泾阳县志》在此因袭乾隆《泾阳县后志》，卷五《官师志》"风宪"条亦无。

⑤　《清实录·高宗实录（二）》卷六四，乾隆三年（1738）三月上，中华书局 1985 年影印本，第 10 册，第 41 页。

⑥　朱保炯、谢沛霖：《明清进士题名碑录索引》，上海古籍出版社 1979 年版，第 1511、2697 页。

⑦　道光《重修泾阳县志》卷一三，《中国地方志集成·陕西府县志辑（7）》，第 291 页。

2. 对"断泾疏泉"的分析

乾隆二年（1737）为什么要"断泾疏泉"？时任泾阳县知县的唐秉刚①给出一个几乎全面回答，这就是他所著的《龙洞渠水利议》。唐氏于乾隆元年任泾阳县知县，参加了乾隆二年崔纪安排的西安府知府、水利通判及泾阳、醴泉、三原、高陵四县知县关于"引泾""拒泾"的讨论。虽然崔纪的奏折讲这次官场讨论结果一致，但讨论过程的争议应属正常，而唐秉刚所著《龙洞渠水利议》，从行文和语气来看，与乾隆二年的"引泾""拒泾"的争议实有莫大关系。

唐秉刚说："乃自有明以来，已有开凿吊儿嘴之说，然非常之原，黎民惧焉，作事谋始，有不得不为之熟计者。"②他讲了七个理由论述开吊儿嘴引泾水不可行。

第一，"水利宜实核其多寡"。唐秉刚总结泾渠灌溉面积说，秦时灌溉四万顷，汉时白渠灌溉四千七百余顷，宋时灌溉三万余顷，元时灌溉四万五千余顷，明时广惠灌溉田八百顷，他认为"夫上糜国帑下役大众，以利言耳，利必百倍所费，而后可兴"，现在广惠渠上继续凿渠，灌溉面积上流不能多于广惠，"故曰费浮于利勿作可也"③。如果按项忠广惠渠碑文所记应改为"八千顷"，显然"八百顷"是唐秉刚认为广惠渠灌溉的实际面积，八百顷数据可能来自明天启年间的《抚院明文》碑。唐氏以灌溉面积不断缩小来说明水利得益的减少是可以的，而要说"费浮于利"则逻辑不通。

第二，"渠口不可不察其形势"。唐秉刚认为，从郑国渠起，白渠、丰利渠、王御史渠、广惠渠，渠口"层累而上，其高不啻数里"，宋元以后凿山穿洞，渠腹逼狭，行道又长，容不下石砂填塞。广惠渠渠口已在高处，所以不久便废，假如现在广惠渠北山再高二三里凿口，"其淤溃必更加速矣"④。

---

① 唐秉刚，字近仁，广西桂林人，举人，由醴泉知县于乾隆元年迁泾阳县知县，乾隆《泾阳县后志》卷三《官师志》，乾隆十二年（1747）刻本，第 3 页 b—4 页 a。

② （清）唐秉刚：《龙洞渠水利议》，乾隆《西安府志》卷七《大川志》，据乾隆四十四年（1779）刻本影印，《中国地方志集成·陕西府县志辑（1）》，第 89 页。

③ 同上。

④ 同上。

　　第三，"工程可不稽期限"。他说，郑渠、白公渠修时间都很久，宋代丰利渠用了四年，元王御史渠，始于至大元年（1308），成于至正二十年（1360），前后竟达五十二年之久，明广惠渠用了十七年而后成。这是因为：凿石渠难于凿土渠，凿山上顽坚之石渠又加倍难于凿山麓土石相兼之渠。开吊儿嘴的话，要凿二三里之石洞，年限要几倍于广惠渠十七年。①

　　第四，"兴作不可不恤民"。唐秉刚说，朝廷出内库金钱为民兴修水利是好事，但是，傍渠利户也应该助役，明成化元年合五县夫匠三千人，五县之民更是轮番供役。他说，这些征发的小民十分可怜，"当其征发，繁兴不免，咨寒怨暑。况自谷口入山，悬岩峭壁，寄顿无所，每夫分领一工身入洞底掇石爬泥。且五县相离或数十里，百余里，往返疲劳，其苦可知，每岁八月治堰，九月毕工，截石伐木掘砂悬土入水置困，下临不测"②。

　　第五，"水性不可不辨所宜"。他认为：

　　　　向来之渠专用河水，目今但资山泉，论滂沛汪洋满坑满谷，泉自不如河流，若清和滋润渐渍浸灌，泉势虽弱，其利则长。古歌云：泾水一石，其泥数斗，以粪以溉，长我禾黍。泾不但灌，且能肥苗。乃访之山农野老，自行履视，凡泾水所过，禾苗倒压，凝结痞块，日晒焦裂，立见枯萎。何今昔之硗沃顿异耶！意者流平行缓，水与土和，粗粝下沉，浆汁上浮，且粪且溉或由乎此。迨渠口徙入山谷，性则苦寒，质尤粗重，惟有砂砾腾沸，全无土气以滋之，自然枯瘠，不与苗宜。目今山间诸泉，清微洞澈，且其气温暖甘凉，与稼相宜，涉冬不冻，濡手不皲，随时淘浚，人不知苦。此计水性所宜而知凿山之宜审者。③

　　①　（清）唐秉刚：《龙洞渠水利议》，乾隆《西安府志》卷七《大川志》，据乾隆四十四年（1779）刻本影印，《中国地方志集成·陕西府县志辑（1）》，第89页。

　　②　同上。

　　③　同上书，第89—90页。

第六，"水沟不可不量其深广也"，他认为，广惠渠旋修旋废，非尽是河低难引的缘故，也是由于水沟狭窄，泾水流急容易冲击损坏堤坝，现在开吊儿嘴引泾没有办法解决"水沟"问题①。

第七，"渠制之因革不可不知"。秦郑国渠为位于平壤的土渠，汉白公渠为位于山麓的土石相兼之渠，宋丰利渠以后为位于山足的石渠。在平处土渠作堰，"流缓则河低犹迟"，所以郑渠行之百有余年，后于山内作堰，"流急则河低愈速"，因此宋元后泾渠皆不数年而废②。

综合分析唐秉刚反对开吊儿嘴引泾的理由：第一条讲"费浮于利"的理由带有总括性。第二、第六、第七条都直接与泾渠渠口的地理环境有关。第五条讲"水性"有点意思，下文将分析。第三条讲工程期限、第四条讲恤民背后都隐含着王朝国家的赋役制度变迁的因素。自明后期一条鞭法、清初"摊丁入地"相继推行后，徭役货币化成为趋势，因而组织大规模民力长期在渭北修建泾渠已不可能。万历中期以后引泾水利工程修浚，再也不能像广惠渠那样十七年动用民力，明万历二十八年，重修泾渠洪堰，用时三个月，官府颇注意工程方法，避免"民役"受其害③。清雍正五年修浚，虽然有五县民役的参与，但时间不长，三个月完成④。

总之，在唐秉刚看来，开吊儿嘴引泾不可为。他给出善后办法："惟有断去凿山引泾之议，尽收现行之泉流而已。"⑤ 唐秉刚《开吊儿嘴议》被乾隆《西安府志》收载，可能的原因是唐氏参加陕西布政使司组织的西安知府、水利通判及渭北四县知县讨论时，他的"拒泾"主张得到了广泛赞同，对"断泾疏泉"裁定或有推力。

清乾隆十二年（1747）唐秉刚主修《泾阳县后志》，在《水利》一

①　（清）唐秉刚：《龙洞渠水利议》，乾隆《西安府志》卷七《大川志》，据乾隆四十四年（1779）刻本影印，《中国地方志集成·陕西府县志辑（1）》，第90页。

②　同上书，第90页。

③　《重修洪堰众民颂德碑记》，王智民编注《历代引泾碑文集》，陕西旅游出版社1992年版，第39页。

④　（清）法敏：《奏报水渠壅塞折》，《宫中档雍正朝奏折》第7辑，"国立"故宫博物院1978年版，第577—578页。

⑤　（清）唐秉刚：《龙洞渠水利议》，乾隆《西安府志》卷七《大川志》，据乾隆四十四年（1779）刻本影印，《中国地方志集成·陕西府县志辑（1）》，第90页。

章进一步完善了他的开吊儿嘴引泾水不行的理由，他说：

> 夫为非常可喜之论者，利之为名虽美，而害之所贻亦大，凿吊儿嘴而未必有利者也。为平近无奈之说者，今之为益虽少，而后之受累亦轻，谨守龙洞泉流而未必无利者是也。权衡二者之间，通考古今之变，以参稽利害轻重之数。论水利而史臣之谀词不可轻信以贪功；论形势而山脚之尽处更难再上以展步；论功程而据广惠之历十有七载，更难积久以俟河清；论工役而据广惠之官民俱竭，更难省费以倖大功；论水性而砂砾瘠枯之流，无以加于清泉；论渠沟而四尺逼仄之槽不足以容狂浊；论因革而未然万一之新渠，未敢必其胜于有明以来二百余年之现利。以因旧之成谋，较诸开创之新利，孰劳孰逸，孰益孰损，此必待熟计深虑而后可举者也。①

清乾隆四十三年（1778）葛晨主修《泾阳县志》卷四《水利》，全部收录了唐秉刚在这一问题上的观点。就渭北泾渠水利而言，乾隆初年唐秉刚的开吊儿嘴引泾水不行的观点，成为全面阐述"断泾疏泉"的理由，由于收于地方志，成为正论，影响越来越大。

乾隆二年（1757）之后的一百多年，"断泾疏泉"成为泾渠水利的定议，后任陕西与此水利相关的官员，几乎都遵守了这一裁定。乾隆前期在陕西巡抚任上颇有作为的陈宏谋，认为不能引泾水灌田，"为今之计，泾水不能引灌，毋庸计议，石岸之易"②。毕沅是清乾隆后期重臣，状元出身，曾两次出任陕西巡抚。乾隆四十年（1775），他亲赴泾阳龙洞渠口视察，在龙洞渠水利上坚定反对引泾，"宜引泾入渠之说，断不能行"③。

"拒泾"虽然有时代合理性，但其中显露出一种从明代后期开始萌芽在泾渠水利上的一种缺乏尝试与进取的心态，这一心态到清乾隆二年"断泾疏泉"裁定及之后较长时间，成为与此事相关的官员的普遍心态，

---

① 乾隆《泾阳县后志》卷二《水利》，乾隆十二年（1747）刻本，第39页 a—b。
② （清）陈宏谋：《修理郑白渠石堤橛》，《培远堂文檄文》卷三〇，《陈榕门先生遗书》第6册，广西乡贤遗著编印委员会1943年编印。
③ （清）毕沅：《关中胜迹图志》卷三，文渊阁《四库全书》，第588册，第522页。

"断泾疏泉"成为在清朝鼎盛时期士大夫官僚阶层失去冒险与雄心的一个象征。

在这个士大夫官僚阶层中，唐秉刚是一个典型。他的"拒泾"理由，从另一层面来讲，存在很大的问题。如唐秉刚所讲的工程期限是一个大问题，十七年工程对任职官员而言太长了，但对历史而言实在太短暂，在一些有益的工程建设上当时官方缺乏愚公移山、精卫填海的精神。又如唐秉刚泾水"不与苗宜"论，看似合理的解释却充满了荒诞，乾、嘉之际有人指出这一点（稍后有述）。

乾隆中期的陕西督粮水利道王太岳（1721—1785）是继唐秉刚之后，在这一官僚阶层里有代表性的一位。他秉承了袁化中、唐秉刚在泾渠水利上的思想并有所发挥，兹举他在《泾渠志》后序中的一段话：

> 后世之好言利民者，何以异是，且夫利民之事，诚无若郑白大也。司马、班氏之书与千载之口相传者，至著也，然而故迹之日非，与继作者之劳费，世未有知之者也。崩隤接迹于前，而钻寻续于后，大役烦兴，以困黔首，既尽其力，又耗其财，何其忍而不德也。至于渠堰必不可固，泾水必不可引，而三原有妄男子者，方且诣阙，上书亟以凿吊儿嘴是请，向使其说果行，则亦不数年而又且议改矣，不务适水之宜，而亟移其地，以事穿引北山之石，庸可尽乎！小人游谈无根而不顾其后，其可谓无忌惮者矣。……嗟乎！尽心民事而孳孳兴利、去害之是急，此宜非贤豪者不能然。而不知清静无扰之理，以不审于利害之数弊，常与俗吏等。而况挟其喜功好名之心，轻以民力为尝试，矫伐一时莫就之功，而贻他日无已之累，若明之项襄毅，此其可以为戒者也。①

在这段话里，王太岳指出：引泾水是劳民耗财的事，即便按万历年间三原"妄男子"王思印建议凿开"吊儿嘴"也会不久废弃；"清净无扰"需要讲求，"喜功好名"之心要力戒，要不然就像有明项忠修广惠渠一样，"贻他日无已之累"。在《泾渠志》中类似的观点不少，泾渠"古

---

① （清）王太岳：《泾渠志·后序》，嘉庆九年（1804）重刻本。

今相传耀于其名，而不察其实；徒见其利，而不知其害"①，"郑白渠遂为喜事者之口实，而岂知天下之利难成易毁"②，等等。王太岳以其较高的官位及其著述《泾渠志》，影响一批官员在泾渠水利上的立场，如嘉庆九年任陕西督粮道素纳对王太岳在泾渠水利看法十分赞同③。因此，在乾隆二年之后，"断泾疏泉"成为相关官员在此问题上的不二选择，由于唐秉刚、王太岳等人对"断泾疏泉"的全面阐述，主张"引泾"的人成为好事之徒，追求功名之举，扰民而不知"清静无扰"统治理念的人。可怕的是，这成为相关官员的普遍心态。

从现存的文献资料来看，对王太岳（号芥子）"泾水污浊败苗"论（王氏这一观点可能来自唐秉刚）提出质疑的有一位，即在清嘉庆、道光年间有一名叫安清翘④的人，他说：

> 芥子谓泾水污浊败苗，有害无利，必拒之使一滴不入而后可，诞甚！因性尽才，岂有无利之水哉。关中八水，泾利最着，秦汉以来，利或大或小，未有言泾水无利且有害。芥子一言抹杀，大端有二，曰功费大、民力疲耳。夫使功费出于朝廷，当不计值，即使无成，亦不过将金钱散诸小民，有何大害。如关中之金胜等寺，费十数万之功，作无益耳，移以兴泾水之利，所用绰绰然有余。至于民力之疲，苟心存利民，则散数十万之功费，民将踊跃从事，藉以得利，又何疲之有？不然，彼车马之征，夫役之征，疲民者多矣，岂未之思耶！有明项襄毅曾言，用泾水当不惜费，不求近效。今因惜费，又汲汲眼前功效，遂使泾水受诬，正是未尽泾之才，不能用其才，而谓人不可用。⑤

---

① （清）王太岳：《泾渠志·后序》，嘉庆九年（1804）重刻本。
② 同上。
③ （清）素纳：《重刻泾渠志叙》，王太岳《泾渠志》，嘉庆九年（1804）重刻本。
④ 据诸可宝《畴人传三编》卷二载，安清翘，嘉道间有数学五书若干卷刻本行世（《续修四库全书》，第516册，上海古籍出版社2002年版，第546页）。
⑤ （清）安清翘：《书王芥子泾水志后》，葛士濬《皇朝经世文编续集》卷八九《工政》，清光绪石印本。按"泾水不与苗宜"说未必没有一定道理，魏丕信在《清流对浊流：帝制后期陕西省的郑白渠灌溉系统》一文也曾关注；总而言之，此说被民国年间泽惠渭北的引泾水利工程——泾惠渠实证错误。"泾水不与苗宜"说何尝不是"拒泾"心态下的合情合理借口。

安清翘认为，王太岳之所以说泾水有害，有两个原因，一引泾工程工费大，二造成民力疲惫；而这两点只要转换一个思路即可解决，也就是在引泾这件事上朝廷要舍得花很多的钱，全当散钱于民。安清翘还提到项忠的"用泾水当不惜费，不求近效"说法。笔者认为，这种态度和精神值得推崇，因为引泾水利关联着当地农业收成，它的投入是一种生产性投入，要不断努力和尝试。安氏的思路其实指出在所谓乾隆盛世时，当时的官员及朝廷所缺乏的一种态度和精神。也就是说，在乾隆二年以后，相关官员及朝廷不再具有与引泾水利工程不断恶化的地理环境奋斗的雄心，不再试图在引泾问题上尝试和坚持，而尝试、坚持可能孕育着新的突破。

当然讲进取和冒险精神似乎缺乏对古人的了解之同情，在进取和冒险之后需要财力及制度的支撑。泾阳当地有一个传说，说乾隆时期泾阳人祁三昇①筹资在冶峪河西岸准备凿石洞，引水上塬，凿石洞花费惊人，以致每打出一斗石头需付费用合白银一斗，有"斗银换斗石"之说，最后不得不放弃凿石洞引水计划②。"斗银换斗石"此说可能有所夸张，但凿石渠惊人的经费的确是一个现实问题。"斗银换斗石"后面是凿石渠石洞的技术问题，对于明代广惠渠凿石技术，彭华所记为"遇石顽辄以火焚水淬"③，袁化中所记为"山中石顽如铁……日用炭炙醋淬举凿焉"④，这样的凿石技术几乎是最原始的，而长期却无法突破，在此基础上的石渠或石洞工程，其艰辛可想而知。

除上面所讲的因素外，对乾隆二年（1737）作出"断泾疏泉"裁定的意义的理解，还需回到区域社会的脉络下来理解。

清顺治九年（1652），泾阳县知县金汉鼎指出，历史上引泾的繁重夫役引起渭北民众不愿引泾，"乃起五县徭役，伐石截木，入水置囤，十月引水，以嗣来岁，入秋始罢，已复就役，寒暑昼夜，督责不休，民至有

① 祁三昇，以勇略建绩边方，历任云南援勦后镇总兵，提督贵州，晋秩少保兼太子太保。参见乾隆《泾阳县志》卷七《人物志》，《中国地方志集成·陕西府县志辑（7）》，第100页。
② 徐志桢：《祁三昇引水上西塬失败的传说》，《泾阳史话》，1994年，第63—64页。
③ 康熙《泾阳县志》卷八《艺文志》，康熙九年（1670）刻本，第13页b。
④ 康熙《泾阳县志》卷四《水利》，康熙九年（1670）刻本，第21页a。

上诉愿弛其利，以免觔累者"①。渭北民众在繁重引泾夫役面前"愿弛其利"，这种心理是可以理解的。康熙年间泾渠附近的三原清峪河灌区一些有水田民众"每举田，益以庐舍车牛愿卸于人，而莫应者，其情隐不尤堪念乎"②。繁重的夫役使"水利"变成了"水害"。渭北民众这一不愿引泾的心理，与渭北经济社会结构密切相关。从明中后期开始，渭北泾阳、三原就是陕西商人的主要聚集地，渭北商人利用王朝国家的优惠政策（如食盐开中等）成为财富占有者。明中后期渭北商人对土地的态度缺乏史料的记载，但是清初的记载为"千金之子，身无寸土"③，这说明渭北商人对占有田地（包括水地）兴趣不大，造成这种原因的解释：主要是土地获利不及商业获利丰厚，加之如果占有水地还有年复一年的修渠劳役以及频繁的水利纠纷等。

关于渭北商人与泾渠水利的关系，"断泾疏泉"之后才开始密切。如乾隆晚期"邑人孟辑五出银五千两，独力捐修"④，泾阳地方文献对孟辑五记述就这短短一句，笔者以为能出银五千两的孟辑五，极有可能来自清季泾阳四大富商中的"西孟"⑤。清康熙年间泾阳商人"有家累千万，而田不满百亩者"⑥，到了清乾隆"断泾疏泉"以后，绅商在占有土地态度上才有所改变，如乾隆时期"姚氏户族当时较大的几个财东……先后在社树附近占有土地约两千亩，另在彬县、旬邑、周至等县各有数百亩，均出租给贫苦农民"⑦，社树处于龙洞渠灌区的上游，这段姚氏后人描述

---

① （清）金汉鼎：《重修三白渠记》，乾隆《泾阳县志》卷九《艺文志》，《中国地方志集成·陕西府县志辑（7）》，第143页。

② 康熙《三原县志》卷一《地理志》，康熙四十三年（1704）修、五十三年（1714）增补刻本，第24页b。

③ 同上书，第27页a。

④ 道光《重修泾阳县志》卷一三《水利考》，《中国地方志集成·陕西府县志辑（7）》，第291页。

⑤ 清代泾阳县有四大富商家族，谚曰："东刘西孟社树姚，不及王村一撮毛。""东刘"指石桥镇的刘家，"西孟"指石桥镇的孟家，"社树姚"是指石桥镇与王桥镇二镇之间的姚家，"王村一撮毛"指王桥镇于家（参见马长寿《同治年间陕西回民起义历史调查记录》，陕西人民出版社1993年版，第257页）。

⑥ 康熙《泾阳县志》卷三《贡赋志》，康熙九年（1670）刻本，第12页a。

⑦ 姚绍方：《富商社树姚家的兴衰史》，王兴林主编《泾阳史话续集》，1996年，第230页。

尽管不是当时资料，但泾阳富商姚氏在乾隆时期对土地态度变化还是可以看得出的。另一个间接印证清中期渭北商人与龙洞渠水利的关系进一步密切的例子，为泾阳四大富商之首"王桥于家"。于氏家族中的于荣祖，在同治年间曾接受泾阳县知县委托修理龙洞渠，其子于天锡在光绪年间为龙洞渠渠绅。而于氏父子在龙洞渠水利上地位获得，与于氏家族占有龙洞渠灌区田地相关，而于家占有土地恐怕从清中期已经开始。

三　"断泾疏泉"后的成村铁眼斗水利纠纷

若要了解龙洞渠灌区上游泾阳县与下游三原、高陵两县的分水矛盾，泾阳成村铁眼斗是一个很好的个案。成村铁眼斗距离三限闸不远，三限闸为泾阳、三原、高陵三县分水地点。成村斗位于三限闸之上，该斗水除过灌溉之用，还要向泾阳县城提供用水，乾隆《泾阳县志》卷四载："又唐时于白渠成村斗分水三分，长流入县，以资灌溉用，名曰水门。不知于何时更定每月惟初一、初五、初十、十五入县，凡四次，此则不在溉田之数者。"①

"断泾疏泉"之后的乾嘉年间，成村铁眼斗是正常放水还是"盗水"，成为上游泾阳县灌区与下游三原、高陵两县灌区之间民众起纠纷的一个问题。嘉庆二十四年（1819），铁眼斗利夫勒碑，表明本斗用水立场：

> 昔闻龙洞渠创自秦代，发源于泾邑之洪口，灌溉泾、三、高、醴四县民田。泾邑之渠原分上、中、下，上渠一十八斗，中渠十斗，下渠一十五斗。其渠道系属一条鞭，用水章程自下而上。
>
> 其中渠十斗之中，有成村铁眼斗，亦尝闻之前人云由来已久。该斗口系生铁铸眼，周围砌石，上覆千钧石闸。每月在于铁眼内分受水程，大建初二起，小建初三起，十九日寅时四刻止；每月初五、初十、十五日三昼夜长流入县，过堂游泮，以资溉用，名曰官水。除官水之外，共利夫廿三名半，每夫一名，额浇地九十一亩九分四厘奇，共额浇地廿一顷六十亩六分三厘。载在《水册》，存在工房，

确凿可查。但昔年每名夫浇地九十余亩，迩来去斗近者只可浇地三四十亩，离斗遥远者仅能浇地二三亩而已。此渠水今昔大小不一之故也，而亦不必论矣。[1]

成村铁眼斗利夫认为，铁眼斗由来已久，其每月水程为"大建初二起，小建初三起，十九日寅时四刻止"，其中"每月初五、初十、十五日三昼夜长流入县，过堂游泮，以资溉用，名曰官水"。也就是说，成村铁眼斗每月有十六七天要用水。而在成村铁眼斗用水时，下游三原、高陵灌区利夫的用水会大受影响，以下为成村斗利夫所记录的三次纠纷。

第一次纠纷发生在乾隆五十三年（1786），碑文记载：

乾隆五十三年七月十三日，三原县郑白渠五斗斗门、水老马俊等，在于原主案下称，伊县水程不能抵原，查至泾阳县北，水向南流，系铁眼斗偷盗，等因。蒙原主关查，经成村斗斗门杨世贤以据实禀明事，禀至县案；是年七月廿六日蒙准关覆，内开："兹于乾隆六年《四县受水日期、夫名印册》内细查泾阳县中渠成村斗，每月在铁眼内分受水程，大建初二日起，小建初三日起，十九日寅时四刻止；共利夫廿三名半，共受水地二十余顷。并非偷盗。"等因。结案。[2]

三原县五斗斗门、水老马俊将成村斗"偷盗"水告于三原县知县，而成村斗斗门杨世贤去泾阳县知县处"据实禀明"，泾阳知县判决"并非偷盗"。

第二次纠纷发生在乾隆六十年（1795），碑文记载：

乾隆六十年六月十三日，蒙高陵县主以"提供关查"等事，内开：据水老孙太斌、左九思同供："铁眼斗将一半水盗去"等因。经成村铁眼斗斗门庆文有以遵票禀明等事，禀至县案：是年六月十八日蒙准关覆，内开："铁眼斗由来已久，并未偷盗"等因。结案。①

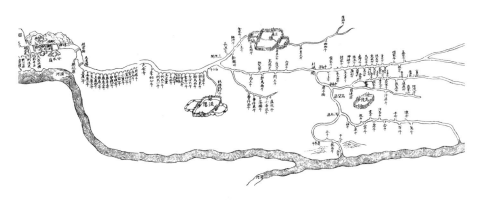

图 2—1　清前期龙洞渠灌溉系统

资料来源：雍正《陕西通志》，文渊阁《四库全书》第 553 册，上海古籍出版社 1987 年版，第 222—223 页。

高陵县水老孙太斌、左九思在高陵县知县处告"铁眼斗将一半水盗去"，经成村铁眼斗斗门庆文有去泾阳县署"禀明"，泾阳知县判决"并非偷盗"。

第三次纠纷发生在嘉庆二十四年（1819），碑文记载：

> 嘉庆廿四年六月十二日，蒙高陵县主以"移查饬禁"等事，内开：高陵县高望渠马应斗禀称："六月初一日巳时，在于王屋一斗将水放过，不料流至泾阳县北铁眼斗，眼大五余寸，将水堵截"等因。经成村铁眼斗利夫杨岐灵，于七月初三日以遵票禀悉等事，禀至县主案下。蒙准移覆，内开："铁眼斗从无渗漏，亦无堵截"等因。结案。本县工一房有卷。②

---

① 《成村铁眼斗利夫声明碑》，白尔恒、［法］蓝克利、［法］魏丕信编著《沟洫佚闻杂录》，中华书局 2003 年版，第 207 页。

② 同上。

第三次纠纷，高陵县高望渠马应斗在高陵县知县处告成村斗"将水堵截"，经成村铁眼斗利夫杨岐灵在泾阳县知县处"禀悉"，泾阳知县判决"从无渗漏，亦无堵截"。

由成村铁眼斗利夫的记录，这三次纠纷的判决有个相似的特点，都是诉方去自己所属县的知县处告状，并得到知县同情及支持，但诉讼一到泾阳县，经成村斗斗长的辩解，泾阳知县就做出有利于成村斗的判决。这是泾渠水利通判这一职位和专门机构撤销之后（下节详述），水利纠纷中地方本位的体现。

"成村铁眼斗利夫声明碑"还载，之所以发生纠纷，"只缘三、高水老、斗门不谙铁眼斗每岁正赋输纳廿一顷余亩之水粮；修渠当堰，支应廿一顷余亩之差徭。以其居于下游，动辄禀供，不云铁眼斗偷盗，便云堵截，以致三、高、泾县主关移往来，不胜浩繁"①。成村铁眼斗利夫立碑目的：其一，通过判案宣示成村铁眼斗用水的合法性，让三原、高陵灌区纠纷方知道缘由；其二，让成村铁眼斗利夫不要忘记纠纷起因。

成村为什么能够屡次在泾阳与三原、高陵之间在分水上的冲突中获胜？除过地理地形优势及泾阳知县的支持外，成村铁眼斗利夫本身人群的势力不容忽视。

在碑下刻有成村铁眼斗利夫名字：怡文炜（举人）、李蒂坚、张钰、杨岐灵、怡文珩、怡文熙（生员）、怡文焕、杨嵩寿、杨先春、杨世贤、杨高望、杨岐英；怡文焯（贡生）、胡显凤（监生）、怡望周、申乃修、杨清蕙、怡文杰、孟思明②。

由石碑所刻成村铁眼斗利夫的姓名来看，成村是个杂姓村，有怡、李、张、杨、胡、申、孟七姓。怡姓和杨家是成村两大姓，怡家有三人各获举人、生员、贡生等功名，杨家没有，在成村斗灌溉利益维护中，

① 《成村铁眼斗利夫声明碑》，白尔恒、［法］蓝克利、［法］魏丕信编著《沟洫佚闻杂录》，中华书局2003年版，第206页。
② 立"成村铁眼斗利夫声明碑"的成村利夫的一些功名头衔，在王智民编注的《历代引泾碑文集》（陕西旅游出版社1992年版，第60—61页）及白尔恒、［法］蓝克利、［法］魏丕信编著的《沟洫佚闻杂录》（中华书局2003年版，第207页）中所录该碑文皆有误，本处根据王智民编注《历代引泾碑文集》所收录该碑拓片校正。

怡氏宗族势力十分重要。

清初渭北宗族组织并不发达。康熙《泾阳县志》卷一《地理志》记载了泾阳祭祀，谈及该县宗族祠堂建设：

> 祭，邑中惟旧家、士大夫有祠堂，四时祭忌，祭俗节献依朱文公所定，虽有增损，然不甚相远，其余则皆忽志。独于元旦设画像奠献，七月十五日设虚位以麻谷苗献，十月朔亦设虚位以煮饼献，俱焚钱，冬至不设位，门外焚钱而已，墓则俱寒食。祭各有差，六月六日酹凉汤，十月一日焚纸衣，无贫富一也。夫祠堂之设，原以棲神，近有高楼夏屋侈费千百金而于祖祢神主吝惜数椽，孝子慈孙忍令若敖之鬼旷野无归乎！其于缓急轻重之势且何如耶！①

也就是说，除去旧家、士大夫家建有祠堂，能够建起祠堂的为有钱人家，但这些人宁愿花费数千百金在楼屋上，却不愿花小部分在祖先祠堂建设上，这一做法的人恐为财大气粗的泾阳商人。康熙年间三原的情况也相差不多："祭礼，邑中旧家世族各立家庙，四时享祭，俗即献荐，与家礼俱不相远，惟元旦日祭献各于中堂悬挂肖像，十月一日焚纸寒衣，冬至日不设主位，门外焚纸，知礼之家，亦莫能易。"②

渭北宗族到乾隆时期有一定程度发展，如乾隆五十三年泾阳席氏修建了宗祠，"泾阳席氏，世居邑之西乡，数村毗连，相倚而处者六十余家，族望世德，素为邑中所著称者。……祠地八分三厘零，正室六楹，门三楹"③。

泾阳成村怡氏宗族崛起应该在雍乾时期。乾隆《泾阳县志》卷六记载：怡心海，雍正丁未科（1727）武进士，绳先子，仕夏县守备，后任山西游击；怡士璞，以孙心海任山西游击，赠怀远将军；怡绳先，以子

---

① 康熙《泾阳县志》卷一《地理志》，康熙九年（1670）刻本，第12页a。
② 康熙《三原县志》卷一《地理志》，康熙四十三年（1704）修、五十三年（1714）增补刻本，第27页b—28页a。
③ 《席氏宗祠记》，李慧、曹发展编注《咸阳碑刻》，三秦出版社2003年版，第636页。

心海贵，诰封怀远将军①。一般而言，清朝军队分四级建制，为镇（总兵）、协（副将）、营（参将、游击、都司、守备）、汛（千总、把总等），游击在其中地位并不高，但在当时渭北乡村还是颇有势力。与怡心海同辈的怡心瀛为"成村里武举"，对家乡公用事业颇为热心，"石村有普济石桥，瀛父捐三百余金创构，越乾隆四十年，瀛兄弟复出数百金重修，焕然改观，视昔尤为完固"②。

由于科举武功，怡氏逐渐在渭北显赫起来，进而占有大量田地，介入成村铁眼斗水利纠纷，其宗族势力是维护成村灌溉利益的重要力量，笔者田野考察访谈得到的一些材料可以间接印证。2010年9月11日，笔者到泾阳县燕王乡石村怡家调察时，拜访了居于石村怡家的吴致中老先生，他81岁，身体硬朗健谈。他说铁眼斗在泾惠渠之前存在，浇灌怡家花园。他说他小时候记忆石村只有怡家有祠堂，其他家没有，包括杨家，至于祠堂什么样子多大，他也说不清了。怡家有不少碑子和牌楼，怡家应该有家谱，但不知何人所藏，应该早毁掉了。听说怡家在嘉庆年间出了个怀远将军。怡家从山西而来，传说因吴三桂是犯了错而迁来，最初在坡西（不远，石村杨家西边），后来看风水落户于此。问：为什么风水好？他说，"冷雨不打汉家塬"，为什么叫"汉家塬"，他说不知。"冷雨"即"冷子"，系陕西关中一些地方土语，即冰雹，"冷雨不打汉家塬"即说石村怡家所在地风水好③。

吴致中所讲的"怡家在嘉庆年间出了个怀远将军"，应该指怡士璞，他"以孙心海任山西游击，赠怀远将军"，或指怡绳先，他"以子心海贵，诰封怀远将军"④。并不是真的怀远将军，是诰封的，诰封时间应在乾隆年间。尽管不是真的怀远将军，但怡氏势力不容小觑。

---

①　乾隆《泾阳县志》卷六《选举志》，《中国地方志集成·陕西府县志辑（7）》，第78、81页。

②　道光《重修泾阳县志》卷二六《义行传》，《中国地方志集成·陕西府县志辑（7）》，第363页。

③　吴致中先生口述内容源于2010年9月11日中午，笔者至泾阳县燕王乡石村怡家拜访吴致中先生时，由其讲述。

④　乾隆《泾阳县志》卷六《选举志》，《中国地方志集成·陕西府县志辑（7）》，第78、81页。

第二节　泾渠兴修与三原分水时间之演变

陕西回民起义后不久，一位名叫郭李生彬的三原县人，上书时任陕西巡抚刘蓉，要求恢复三原县康熙年间六日泾渠用水时间[①]。因为根据康熙《三原县志》记载，泾渠灌溉三原县田地四十六顷五十亩，"夫"四十六名半，灌溉时刻为"每月初二日承水，初八日止"[②]。而同治时期三原用水时间只有"二日一时"[③]。为什么会有如此大变化呢？刘蓉说：

> 查泾阳当日所以得水较多之由，大都亦因当时修渠经费捐派较重之故，积时累日遂成定规，初亦非有弱肉强食兼取吞并之弊也。[④]

刘蓉的说法表明三原分水时间的变化与泾渠屡次兴修有关系。泾渠由于经常发生渠堰损坏及淤塞，需要兴修及维护，这就涉及修渠经费及用工问题：如果朝廷出公帑，公帑通常解决买修渠材料等问题，灌区民众要出"夫"参与具体的工程劳作；如果没有公帑，则需要捐输及灌区民众分摊银两，解决修渠材料购买等问题，出"夫"仍是必要的；可以募工修渠而不出"夫"，这就要看募工经费来源，一般只能由灌区民众按灌溉情形承担相应责任。泾渠兴修维护系统，实则可按"水利共同体"[⑤]来理解。

---

① 光绪《三原县志》卷三《田赋志》，《中国地方志集成·陕西府县志辑（8）》，第543页。

② 康熙《三原县志》卷一《地理志》，康熙四十三年（1704）、五十三年（1714）增补刻本，第14页a—b。

③ （清）刘蓉：《劝谕泾阳诸县士民条约》，《养晦堂文·诗集》卷一〇，参见沈云龙主编《近代中国史料丛刊》（382），第745—746页。

④ 同上书，第747—749页。

⑤ "水利共同体"为日本学者丰岛静英、森田明等对中国水利史研究的重要贡献。1965年，森田明根据自己对浙江和山西的研究，对明清时期水利组织的共同体特征作了总结，他指出：水利社会中，水利设施"为共同体所共有；修浚所需要的夫役（劳力）、资金费用是以灌溉面积来计算，由用水户共同承担。地、夫、钱、水的结合是水利组织的基本原理"（［日］森田明《明清时代の水利团体———その共同体の性格について》，转引自钞晓鸿《灌溉、环境与水利共同体：基于关中中部的分析》，《中国社会科学》2006年第4期，第193页）。

下面通过梳理分析清初至回民起义前，泾渠屡次兴修的经费及主导官员的演变，来分析刘蓉的说法。

乾隆《泾阳县志》卷四有该志作者关于历史上泾渠管理职官演变的总结："历代俱专官董其事，汉有都水使者，唐令京兆少尹一人督视，宋有三白渠提举，元有三白渠使，寻立屯田府兼司其事，明有水利佥事、管水同知及县主簿。而今皆废矣，督修之责在县令与丞焉。本朝雍正七年复设水利通判专司其事。"① 由此可知，清初泾渠兴修职责由泾阳知县和县丞负责，而泾渠在顺治、康熙年间两次兴修分别由时任泾阳知县金汉鼎、王际有等主导，也印证了这一说法。

清顺治九年（1652）泾阳知县金汉鼎在任上督修过泾渠，此次兴修是金氏与当时高陵、三原两知县共同倡导。在工程完成后的碑记中，金汉鼎申明泾渠的管理继承的是旧制：

> 渠口分三限，限各立斗门，总为斗一百三十有五。凡水之行也，自上而下；水之用也，自下而上，溉下交上，庸次递浸。岁有月，月有日，日有时，顷刻不容紊乱。水论度，度论准，准论缴，尺寸不得减增。彼邑之水禁诸此邑，彼斗之水禁取诸此斗，即斗内之地，禁亩寡之水占亩多之水。遇霖潦则立退漕而注诸泾，遇旱乾则合三邑而润厥泽。……凡斗堰广狭，放水刻期，各邑人夫多寡，一如旧制。②

上文中"凡斗堰广狭，放水刻期，各邑人夫多寡，一如旧制"强调"旧制"，清顺治之前的"旧制"为晚明的泾渠制度。而对旧制的强调，是金氏与高陵、三原两李姓知县去泾渠现场后做出的，"壬辰仲春，高陵、三原两李公与余爱有同心，蒞止水滨，鸠僝而揆度之缩盈伸乏，缮理无罅"③。

① 乾隆《泾阳县志》卷四《水利志》，《中国地方志集成·陕西府县志辑（7）》，第51页。
② （清）金汉鼎：《重修三白渠记》，乾隆《泾阳县志》卷九《艺文志》，《中国地方志集成·陕西府县志辑（7）》，第144页。
③ 同上。

康熙八年（1669），泾阳知县王际有倡修泾渠，他与"高陵延修许君，三原宁宇陈君，醴泉朝宗郑君"，一同到达泾渠渠首，他们看到了泾渠渠首的严重损害情形，商量如何根据地势，怎么经营修理：

> 壅溃处不可悉数，而最要者，则如腰堰非设。旧截水不下流也，石隔子龙洞，非身入其内搜淘积石，将如膈噎之中阻也。小退水槽为土流咽喉，必易截以防其泄。王御史口尤扼险，石堤一崩，水将立竭。天涝池多硗确，须煅炼以凿之。卧牛石以上堤岸渗漏，渠水入河者大半，米汁油灰灌其石缝，方能久固。大退水槽以上之补渗，亦如之。其退水槽宜重截铁练以资启闭也。火烧桥砂石填积，而岸、桥更损坏矣。中流巨石尽起之，而水斯行至旁冈渠。赵家桥土与桥平，而故道不通矣，尚望水之汪濊乎！下此则为土渠，条析支分，中多浅隘。①

对这样的兴修工程，与王际有同去的人感到难度很大，而王氏认为不难，关键在于"得其人以治之"：

> 诸同寅相与喟然叹曰：何前人为其劳，而今人幸为其逸也。何前人为其易，而今人更为其难也。其逸者往迹可循，不烦特倡，其难者日久废弛，工艰而民疲。后人竭力什百不及前人之成功一二也。予曰：无难也，在得其人以治之。②

王际有所谓的"得其人"，指的是实际负责修浚事务的是泾阳县丞张肯穀：

> 有吾泾二尹式似张君，可无忧矣。因属以渠事，且属以三邑之渠事。盖泾工居多，而三邑地势隔远，臂指不运。张君之才，实堪

---

① （清）王际有：《修渠碑记》，乾隆《泾阳县志》卷九《艺文志》，《中国地方志集成·陕西府县志辑（7）》，第 145 页。

② 同上。

兼任而愉快也，果鼓其朝锐，躬率兴作，出土见底，挑运有方。且石坚者举火煅开，洞幽者引绳深入，漏者补，淤者疏。夫役禁其包揽，捐俸以犒，人皆乐趋，而工可速就。其役始于季春，朔次月终告竣。①

"夫役禁其包揽，捐俸以犒"说明，康熙年间的此次修渠是建立在夫役劳作的基础上，修渠经费出自泾阳地方官的"捐俸"。道光《重修泾阳县志》卷一九对此次疏修泾渠记载："康熙八年，知县王际有率县丞张肯縠重修之，煅石淘沙，匝月工竣。民为之谣曰：王御史后，贤令亦王。修浚渠堰，经营有方。民力不损，民财不伤。谁为赞理，邑佐维张。功成浃月，流水汤汤。谷我士女，乐只无疆。亦可知官民和会之效也。"②由清顺治、康熙年间的兴修泾渠工程来看，主要由泾阳县知县主导，相应地，上游泾阳县的灌溉地位及利益会得到保证。

前文已提及雍正五年兴修泾渠用的是公帑，在此次兴修后不久，在雍正七年（1730），署川陕总督察郎阿上《改设水利通判疏》，主张对龙洞渠设专职机构及官员，以加强管理：

　　臣查西安府属泾阳县之龙洞、郑白等渠，水势流行，向为泾阳、醴泉、三原、高陵、临潼五县灌溉之利。因历年久远，修浚失宜，遂致渠道淤塞，堤岸坍圮。雍正五年督臣岳钟琪钦遵谕旨，动给正项银两，委员筑浚。……第思水利所关紧要，凡浚修启闭各民户受水时日，皆须大员专理。查西安府管粮通判，原管庆丰等仓粮石，今仓粮统归西安粮盐道经管，而仓房折运省城，改作积贮仓厂，通判一官并无所司之事。若将西安府管粮通判改为水利通判，专管龙洞、郑白等渠水利，除地方事务不许干预外，其泾阳、醴泉、三原、高陵、临潼五县内民户受水时日、堤渠修浚事宜，以及闸座启闭，

①（清）王际有：《修渠碑记》，乾隆《泾阳县志》卷九《艺文志》，《中国地方志集成·陕西府县志辑（7）》，第145页。
②道光《重修泾阳县志》卷一九《名宦传》，《中国地方志集成·陕西府县志辑（7）》，第312页。

令通判不时亲往经理。如有奸民势豪盗水霸占并有关于渠政利弊者，俱令通判稽查整饬，倘地方官徇庇阻挠即行揭报参处。再通判向驻省城，去龙洞一日有余，中间相隔泾渭二河，夏秋河水陡发往来不便。今择于泾阳县属之王桥镇，地方在龙洞之东南，相去止三十余里，与各渠咫尺相邻，一切稽查甚属便易。应将通判移驻于彼，所需衙署酌估，盖给其书役，原有额设足供差遣，不必另有增益。至原领通判关防系管粮字样，今改为水利通判，应另铸水利通判关防换给，似属允协。①

查郎阿建议将当时"无所司之事"的西安府管粮通判改为水利通判，专管龙洞、郑白等渠水利，并驻地泾阳县王桥镇，以便管理。雍正七年（1730）八月，皇帝同意查郎阿所请，"改陕西西安府管粮通判为水利通判，移驻泾阳县之王桥镇，专管泾阳、醴泉、三原、高陵、临潼五县堤渠修浚事务"②。雍正五年水利通判的设置，说明清廷对渭北泾渠水利的重视。

"断泾疏泉"裁定后，乾隆二年、三年，水利通判罗国楫兴修泾渠时积工六万一百二十六工，费帑银三千六百三十九两③。乾隆四年（1739）陕西巡抚委任泾阳县知县唐秉刚主修龙洞渠时，费帑银一千七百二十三两④。

乾隆十六年（1751），陕西巡抚陈宏谋亲临龙洞渠视察，动员民众修理了龙洞渠石堤：

> 事关经久水利，难任因循坐废。仰司官更遴委熟练之员，会同西安府暨水利厅逐节查勘，细加相度，将石岸单薄之处加帮宽厚，卑矮之处加高数层，渠水渗漏之处细加堵塞，泉眼所在加以疏通，

---

① （清）查郎阿：《改设水利通判疏》，雍正《陕西通志》卷八六，文渊阁《四库全书》，第556册，上海古籍出版社1987年版，第177—178页。

② 《清实录·世宗实录（二）》卷八五，雍正七年（1729）八月，中华书局1985年影印本，第8册，第141页。

③ 乾隆《泾阳县后志》卷二《水利志》，乾隆十二年（1747）刻本，第23页b。

④ 同上书，第24页a。

渠身淤浅之处再加挑浚，帮筑之处或用石条或用碎石或加土筑，挑浚之处或用民力或动岁修。赵家桥作何镶护，逐一估计，绘图贴说，确切定议，通详以凭核夺请修。此时估定请项，秋冬之间正可兴修，庶免临汛危险，四州县民田又得早资灌溉。①

陈宏谋是颇有作为的大吏，在任陕职期间政绩颇著：整顿常平仓、社仓，奖励蚕桑，推行凿井，修理龙驹寨河道等。兴修龙洞渠官员，由陕西省"司官"即布政司遴选，会同西安府官员进行，主导权在陕西省及西安府。乾隆十六年（1751）修渠动用银六千多两②，从陈宏谋的檄文判断动用的是公帑。

乾隆四十年（1775），陕西巡抚毕沅亲赴泾阳龙洞渠口视察，并倡导龙洞渠渠道修浚：

总由泾水在山，势甚汹涌，木石囤堰，旋设旋冲，兼之石渠狭隘，泾水泥多，司事者又以岁修动项有限，视为故事奉行，以致阅年既久，滓泥积叠，渠底既高，水源必致旁溢。察阅近今册籍志乘，所灌下流田亩仅称五百六十余顷，倘再不为经画，必至淤塞断流，使数千年之利渐至湮没，良可惜也。臣于乙未三月亲赴泾阳……归与司道集议，先为疏浚下流，务令渠底深通。自龙洞至王屋一斗，计开通二千三百九十四丈，放入民渠水行一百三十四里，分灌醴泉、泾阳、三原、高陵地亩，计得一千余顷。③

上文有一组数据，说修之前灌溉面积五百六十多顷，此次兴修后灌溉面积一千顷。"归与司道集议"，兴修主导力量仍然在省上，动用公帑似属必然。

---

① （清）陈宏谋：《修理郑白渠石堤檄》，《培远堂文檄文》卷三〇，《陈榕门先生遗书》第6册，广西乡贤遗著编印委员会1943年编印。

② 道光《重修泾阳县志》卷一三《水利考》，《中国地方志集成·陕西府县志辑（7）》，第290—291页。

③ （清）毕沅：《关中胜迹图志》卷三，文渊阁《四库全书》，第588册，上海古籍出版社1987年版，第522页。

　　乾隆后期龙洞渠的专有管理机构及管理官员发生裁撤，这可能与"断泾疏泉"之后龙洞渠的事务减少有关。从雍正七年（1730）田仁佑为第一任水利通判，到乾隆四十一年（1776）宋琦任最后一任水利通判，水利通判存在时间为 50 年左右①。此后，龙洞渠的兴修出现了由龙洞渠主灌区知县主导的局面，而泾阳县知县成为唯一合适人选。

　　乾隆五十二年（1787）六月，泾河涨溢淤渠，泾阳县知县平世增倡修，每亩摊银五分，共银三千一百二两，募夫修治②。此后，按地摊银修渠成为惯例。

　　嘉庆年间龙洞渠有三次修浚，均由泾阳县知县主导。

　　第一次在嘉庆十一年（1806），泾阳县知县王恭修倡修，乾隆五年后所定地亩摊银费三千一百二两不够，他又"劝捐修治"，总计费银一万余两③。

　　第二次在嘉庆十九年（1814），泾阳知县秦梅倡修龙洞渠④。此次修浚款可能来自地亩摊银费。

　　第三次在嘉庆二十一年（1816）五月，"泾水坏堰"，泾阳知县秦梅又请帑进行了第三次修浚，用银达一万五千八百八十六两⑤。由于前年刚摊银修浚过，此次修浚用的是公帑。

　　道光元年（1821）九月，陕西巡抚朱勋⑥以泾阳龙洞渠堤坏壅淤无法灌溉，挑选贤能官员三人，即以洛川知县田钧为监督工事官，由泾阳知县恒亮管理兴修费用，用鄜州知州鄂山负责工役，合作督促龙洞渠的修浚，工程于道光二年（1822）闰三月完成。对此次兴修，唐仲冕有文

　　①　乾隆《泾阳县志》卷五《官师志》所载水利通判设置情形，与道光《重修泾阳县志·后泾渠志》卷一《泾渠职官年表》所载的内容一致。
　　②　乾隆《泾阳县志》卷一三，《中国地方志集成·陕西府县志辑（7）》，第 291 页。
　　③　宣统《重修泾阳县志》卷四《水利志》，《中国地方志集成·陕西府县志辑（7）》，第 465 页。
　　④　同上。
　　⑤　宣统《重修泾阳县志》卷四《水利志》，《中国地方志集成·陕西府县志辑（7）》，第 465 页。
　　⑥　宣统《重修泾阳县志》卷四《水利志》记载："道光元年巡抚朱勋以泾冲塌石堤十六段，渠身于澱，借帑修浚之。"（宣统《重修泾阳县志》卷四《水利志》，《中国地方志集成·陕西府县志辑（7）》，第 465 页）

记载：

> 近岁值泾暴涨，两山夹峙，水高数丈，往往漫渠，涨挟沙石冲
> 激，堤堰亦颓，然吏民辄率钱补苴，不烦公帑。至是连山石岸倾入
> 泾流，渠泉横泄而不下注淤淀为陆，凡石堤坏者七十余丈，土堤二
> 千二百余丈，虑功计值当二万一千两有奇，民力未能办，憖置之矣。
> 鄜州牧今迁西安守鄂君山，亲履阡陌，谓渠何可废，劝民吁借帑金
> 二万两，分五年均于受水之田征偿，及工兴而夫徒趋赴，克期
> 集事。①

　　这次兴修估计花费二万一千多两银子，"民力未能办"，鄜州知州鄂
山"劝民吁借帑金二万两，分五年均于受水之田征偿"。此次修浚花费银
两，由灌区民众先借公帑，再由他们分五年偿还。

　　由以上的梳理分析，可以看出泾渠修浚经费的变化：雍乾时期龙洞
渠修浚用公帑及摊银，嘉庆间摊银劝捐与公帑兼用，道光年间完全由灌
区民众负担。这种变化不止龙洞渠，道光时期整个关中水利普遍如此，
时人路德在《关中水利议》称"议水利于今日，鲜不以为难行。不惟无
请帑理，劝捐亦鲜有应者"②。与此同时，泾渠修浚的主导者也在发生演
变：由从乾隆时期的陕西巡抚主导向嘉庆、道光时期泾阳知县主导转变。
在这一转变中，几乎找不到泾渠灌区三原县知县的身影，而在顺治、康
熙年间，泾渠的兴修是由泾阳知县与三原、高陵两知县会商完成的，这
说明自"断泾疏泉"后，三原县在泾渠灌区的地位在不断下降。乾隆五
十二年（1787）以后，龙洞渠历次兴修，只有嘉庆中有一次用公帑完成，
其余基本由按地摊费或劝捐来完成，虽然没有具体的资料说明灌区各县
的经费分摊比例，但由泾阳县知县在兴修中占主导地位及三原县知县的
退场，也可部分说明在修渠费用方面泾阳县占据优势地位，而且这种优

---

① （清）唐仲冕：《陶山文录》卷七，道光二年（1822）刻本影印，《续修四库全书》，第
1478 册，上海古籍出版社 2002 年版，第 444 页。

② （清）路德：《桧华馆全集》，《续修四库全书》，第 1509 册，上海古籍出版社 2002 年
版，第 359—360 页。

势地位伴随历次兴修在日益加强。

在泾渠屡次的兴修中，泾阳所出经费及捐派的优势地位在不断积累与加强，根据"责任"与"权利"一致原则，相应的三原的分水时间在逐渐减少，因而造成三原由康熙年间的六日水程减为同治年间的二日水程。刘蓉的说法合情合理。

但是，对三原六日分水时间改变，乾隆中期三原县知县张象魏有不同说法："三原用水康熙年间每一月初二日起至初八日止。雍正五年修筑以后，水盛于前，每一月初十日午时起，十三日止。"[1] 张象魏的说法与刘蓉的说法不同，笔者以为，这代表着三原县与泾阳县关于三原用水时间减少的不同看法：刘蓉的说法是面对泾阳县乡绅时讲的，有站在泾阳县立场的意味（后文有述）；而张象魏将三原县用水时间改变归于突变事件，即雍正五年兴修之后的"水盛于前"。张象魏的说法与情理不合：三原县在康熙年间用水已经十分紧张，三原灌区平皋小堵按旧例可以灌溉七顷，事实上只灌溉十余亩[2]；那么雍正五年用公帑兴修水盛之后，才可以满足灌溉，似不应减少用水时间。

张象魏的说法不合情理，但告诉我们一个事实，即在乾隆三十年（1765）他主修三原县志时，三原的用水时间已经改变。笔者认为，这一改变最主要的原因与乾隆初裁减三原水地有关系，贺瑞麟主纂的光绪《三原县志》卷三记载，乾隆六年（1741）三原裁去泾渠灌区水粮地一十六顷九十八亩，下存二十九顷五十二亩[3]。裁减水地的事，张象魏所修志书与乾隆四十八年（1783）刘绍攽所修三原县志均有提及。为什么说与裁减水地相关呢？这是因为：三原县由于地处泾渠灌溉下游，用水十分艰难，但是按照泾渠兴修及维护的惯例，即便是公帑兴修（只解决购买工料等问题）时，仍然需要承担相应的责任，即出夫及出费。面对泾渠的惯例及自己不断衰减的用水情形，三原县灌区民众理性的做法为裁减

---

①　乾隆《三原县志》卷七《水利》，乾隆三十年（1765）修、光绪三年（1877）刻本，第5页a。

②　康熙《三原县志》卷一《地理志》，康熙四十三年（1704）修、五十三年（1714）增补刻本，第14页a。

③　光绪《三原县志》卷三《田赋志》，《中国地方志集成·陕西府县志辑（8）》，第539页。

水地，不承担泾渠兴修及维护的工役及费用，如康熙中期三原县泾渠灌区民众已经由于用水困难而选择告销夫役①，那么告销夫役后也就无须在泾渠屡次兴修中承担责任。因此，乾隆六年（1741）三原裁减水地是之前长期由于灌溉不周、负担太重的选择，由此相应的，三原县的用水时间也裁减了。

　　虽然，三原县与泾阳县关于三原泾渠用水时间改变的说法不同，但通过以上分析，其实在逻辑上并不矛盾：三原县灌区是因水利衰减，为了规避繁重的夫役及修渠费用，而选择减少水地及用水时间；泾阳县却因在屡次兴修时不断承担经费及捐派，从而获得并巩固了在分水上的优势地位。

第三节　清乾嘉时期清峪河源澄渠的开发及运行

　　岳瀚屏为泾阳人，县庠生，清乾隆、嘉庆间任源澄渠渠绅②。本节所用资料为岳翰屏所留清峪河水利记述，岳氏的记述文献现存有五篇，均来源于晚清民国时期泾阳人刘屏山所作的记录③。钞晓鸿在《争夺水权、寻求证据：清至民国时期关中水利文献的传承与编造》中指出，清峪河民间文献中存在着对若干渠道的刻意命名并赋予其特定含义，而岳瀚屏

① 康熙《三原县志》卷一《地理志》，康熙四十三年（1704）修、五十三年（1714）增补刻本，第24页b。
② 白尔恒、［法］蓝克利、［法］魏丕信编著：《沟洫佚闻杂录》，中华书局2003年版，第74页。
③ 岳瀚屏的记述见诸刘屏山两处抄录，即《清浊河水利会抄录》（1928）、《清峪河各渠记事簿》（1929—1933）。《清浊河水利会抄录》（1928）中有五篇岳文《清峪河各渠始末记》《源澄渠及各渠始末记序》《源澄渠造册提过割定起止法程》《源澄渠各堵所浇村堡行程定例》《源澄渠始末考证记事》；在《清峪河各渠记事簿》（1929—1933）中也有五篇：《清峪河各渠始末记》《清峪河源澄渠始末记序》《清峪河源澄渠始末记》《源澄渠造册提过割定起止法程》《源澄渠各堵所浇村堡行程定例》。前后篇目稍有不同。刘屏山对岳瀚屏文章的前后记录并不一致，钞晓鸿在《〈清峪河各渠始末记〉的发现与刊布》（《清史研究》2008年第2期）一文中，对刘屏山前后所抄录的岳瀚屏《清峪河各渠始末记》进行文献比较，指出刘屏山篡改的心态。2009年10月，笔者有幸目睹了刘屏山的《清浊河水利会抄录》（1928）、《清峪河各渠记事簿》（1929—1933）手稿，本书此节材料优先利用《清浊河水利会抄录》（1928）手稿中的岳瀚屏记文，此稿所录似应为岳文的原貌。

就是最先站在源澄渠立场给予清峪河主要渠道以确切渠名及其寓意者①。笔者以为，尽管岳瀚屏关于清峪河水利的观点是站在本渠立场上的，但这不会影响他关于该时期清峪河水利记述的一些基本史实。本节从梳理清乾隆、嘉庆间的清峪河源澄渠的开发入手，分析该时期源澄渠的开发是如何进行的、有什么问题、怎么解决，把水利开发与具体时空中的人或人群的行为与心态联系起来，尝试构建一个清前期华北小流域小渠系的水利社会。

岳瀚屏对清峪河这样描述：

> 清峪河之源，起于耀州之西北境。由秀女坊转架子山，浸行一百四十五里，历白土坡、草庙儿、夹翅铺，下与凤凰山水合，又得各沟泉流会归，遂涌聚成河，迤逦南流，经淳化、三原两县地界，至泾阳属地，始开渠灌田。②

岳氏根据自己认为的开渠历史先后，将清峪河各渠用水进行排序：第一为源澄渠；第二为工进渠；第三为下五渠，下五渠内有八浮渠；第四为木涨渠；第五为广济、广惠、三泉渠。不过，乾隆年间这三条渠已经徒具虚名③。对于居于源澄渠、工进渠、下五渠（八浮渠）、木涨渠之上的毛坊渠，岳瀚屏认为它是后开的，他不称毛坊渠而称毛坊堰，事实

---

① 钞晓鸿：《争夺水权、寻求证据：清至民国时期关中水利文献的传承与编造》，《历史人类学学刊》第 5 卷第 1 期，2007 年 4 月。

② （清）岳瀚屏：《清峪河各渠始末记》，刘屏山编纂《清浊河水利会抄录》，1928 年稿抄本。参考白尔恒、[法]蓝克利、[法]魏丕信编著《沟洫佚闻杂录》，中华书局 2003 年版，第 75 页。

③ （清）岳瀚屏：《清峪河各渠始末记》，刘屏山编纂《清浊河水利会抄录》，1928 年稿抄本。参考白尔恒、[法]蓝克利、[法]魏丕信编著《沟洫佚闻杂录》，中华书局 2003 年版，第 75—77 页；又参考钞晓鸿《〈清峪河各渠始末记〉的发现与刊布》（《清史研究》2008 年第 2 期）。岳瀚屏对清峪河各渠的名称的写法有讲究，因为其后蕴藏用水秩序等特殊的含义（详见钞晓鸿《争夺水权、寻求证据：清至民国时期关中水利文献的传承与编造》，《历史人类学学刊》第 5 卷第 1 期，2007 年 4 月）。本书在直接引用岳瀚屏资料时尊重岳文的原貌，如用"八浮渠""源澄渠""工进渠""木涨渠"等；而在一般叙述行文中则用"八复渠"，其他如"源澄渠""工进渠""木涨渠"照用。

上他不认可其位于四渠之上的用水优先地位①。岳氏之所以要排序,因为清峪河用水是"上足下用"原则,他对实际上工进渠的堰口位于源澄渠之上十分气愤。

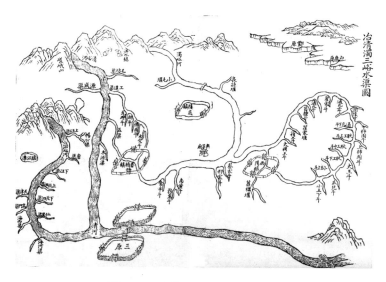

图 2—2 清前期冶清浊三峪水渠

资料来源:来自雍正《陕西通志》,文渊阁《四库全书》第 553 册,第 224—225 页。

源澄渠为清峪河诸渠中一渠,其专浇灌泾阳县地亩。清峪河各渠所修筑的堰口并不是坚固的设施,在洪涝年份,暴发的清峪河会冲毁堰口,毁坏渠身,源澄渠也不例外。问题是,浇灌泾阳田地的源澄渠堰口在三原县地界,开发新堰口时就必涉及跨县买地。

乾隆十六年(1659),清峪河水氾溢,冲坏源澄渠东渠岸数十丈,源澄渠利夫五月没有用到水。岳瀚屏的父亲约上源澄渠渠长,与源澄渠东西两渠利夫商量,准备在引水处买地开渠,众利夫很高兴,大家"推尊"

---

① (清)岳瀚屏:《清峪河各渠始末记》,刘屏山编纂《清浊河水利会抄录》,1928 年稿抄本。参考白尔恒、[法]蓝克利、[法]魏丕信编著《沟洫佚闻杂录》,中华书局 2003 年版,第 75—77 页;钞晓鸿《〈清峪河各渠始末记〉的发现与刊布》,《清史研究》2008 年第 2 期。

岳瀚屏父亲出面，"买邢、王两家地亩，并有岳姓地亩"①。但事情进展得并不顺利，岳瀚屏记道：

> 与上犯许多口舌驳杂，我父直遵古例，每亩价银十两，过上水粮，许开固开，不许开亦要开。在鲁桥酒馆，整说一日，说的吕村无一人能对，合渠众人叹服。自点灯后，立契定声，回家时已大半夜矣。第二日，即传利夫动工，渠始开于所买之地。东至河，西至垣，上至鸦儿窖，下至岳家沟口，北即连沙石是也。②

岳瀚屏的父亲并不是渠长，可能是渠绅的角色，然而他在源澄渠兴修中发挥作用不小，发起了乾隆十六年的修渠活动。在堰口买地修渠时，他遵守"古例"，说服拥有堰口地的吕村人。

什么是"古例"？指康熙年间源澄渠跨县在三原买地修堰渠时因纠纷打官司所形成的结果：

> 清康熙年间，堰崩坏，上借三原县属吕村岳家磨堰行水，然地系三原所管之地。后吕③姓不令行水，因而兴讼，控至藩司，宪断令磨转水行，不得阻挡。但源澄渠地，系岳姓之地，可与岳姓补价，每亩价银十两，过上水粮，写立卖契，永以为例。④

这个结果就是买地价格为每亩十两银子，在三原县"过上水粮"，这相当于源澄渠在三原立有户名。康熙以后源澄渠在三原买地修渠的话，地价不变是十两，这一买地的价格甚至到了民国时期也被遵守。1926年

---

① （清）岳瀚屏：《清峪河源澄渠始末记》，刘屏山编纂《清峪河各渠记事簿》，1929—1933年稿抄本。
② 同上。参考白尔恒、〔法〕蓝克利、〔法〕魏丕信编著《沟洫佚闻杂录》，中华书局2003年版，第81页。
③ 从后文来判断，"吕"应改为"岳"。
④ （清）岳瀚屏：《清峪河源澄渠始末记》，刘屏山编纂《清峪河各渠记事簿》，1929—1933年稿抄本。参考白尔恒、〔法〕蓝克利、〔法〕魏丕信编著《沟洫佚闻杂录》，中华书局2003年版第81页。

11 月，源澄渠买岳彦安河滩地一亩用来修渠口，价钱为十元银洋①。

乾隆四十五年（1780）源澄渠的开发，是由岳瀚屏主导的。这一年清峪河发大水，源澄渠堰口渠道被冲毁，但原堰口离塬太近，无法在附近开发新堰渠。于是，源澄渠人想把渠堰口下移到"连沙石"这个地方，这样做还有个目的，就是将连沙石下的泉水收于源澄渠，这样即使清峪河水少时源澄渠也不至干涸②。当时源澄渠众利夫推举岳瀚屏负责经修渠堰。

然而，岳瀚屏在负责源澄渠新的开发中，遇到难题，这与清峪河的诸渠引水惯习相关：清峪河下游有四个堰口，即工进、源澄、下五、木涨，八复渠是借下五的堰口及渠道行水，八复渠享有专用全河水的时间，而剩余日期由工进、源澄、下五、木涨四堰口同时引水。渠道引水的多少与渠口"宽阔"以及渠道的深浅有很大关系。乾隆四十五年源澄渠的现实为"渠口只有二三尺，又被树木塞壅"，引水量小。岳瀚屏处理的办法：其一，剪除树木，上下剪去树木大小数千株，令树主各自领回；其二，拓宽渠口③。

但是，拓宽渠口就会影响其他渠的引水量，可能引起纠纷，拓宽渠口的宽度必须有依据。岳瀚屏"遍查搜寻字迹，查看确实尺丈，以便开阔，奈字迹无存，不得的确"，后来他想到清峪河四渠"其体制皆一"，若得到一渠渠口的宽度，那么源澄渠渠口宽度也就知道④。于是，他在清峪河灌区细查，看见下五渠有一块碑文，其上记载"渠宽一丈二尺"，源澄渠与下五渠是同时用水的，其渠口宽度应相等，那么源澄渠也是一丈尺二，但是考虑到"下五渠内装八浮水，其人工于词讼"，如果他们硬开一丈二尺，没有人能禁止⑤。后来岳瀚屏又看见先前广济、广惠与木涨兴讼后所立的"遗爱碑"，上载广济、广惠各渠各阔六尺，而广济、广惠二

---

① 刘屏山：《源澄渠渠首之地权》，白尔恒、［法］蓝克利、［法］魏丕信编著《沟洫佚闻杂录》，中华书局 2003 年版，第 55—58 页。

② （清）岳瀚屏：《清峪河源澄渠始末记》，刘屏山编纂《清峪河各渠记事簿》，1929—1933 年稿抄本。

③ 同上。

④ 同上。

⑤ 同上。

渠是源澄补浇之渠，即二渠分灌源澄一渠，二渠阔各六尺，合起来则一丈二尺，这下源澄渠渠口的宽度应该为一丈二尺确定无疑了①。由此可见，岳瀚屏在确定源澄渠渠口宽度的问题上，要有确凿证据，以免纠纷，可以看出他做事的严谨与小心。

虽然渠口可以开一丈二尺宽，然而源澄渠渠道上游第五氏村内所开渠道只有五尺宽，那么渠口开那么宽也没用，于是岳瀚屏决定开六尺宽三尺深，渠道在伍家村内以五尺宽三尺深开。兴修工程还没完全结束，严冬来临，将渠土冰冻，"人力难行"，这时"一冬麦田未浇，利夫望水甚急"，到了腊月不得不放水浇田。但是，新筑之堰由于"未经水浸，正月闭堵"这一过程，堰被水冲坏了②。

由于利夫用水心切，新渠失败，此时源澄渠的孟彦禄、马继业站出来反对岳瀚屏开新堰，主张用老堰③。孟彦禄当时可能是源澄渠渠长，马继业的角色应与岳瀚屏相当，为渠绅的身份。岳瀚屏认为，孟彦禄、马继业之所以反对，是一个名叫第五君德的人暗唆，这是因为岳瀚屏在先前开渠道伐树时得罪了他。第五君德可能是堰口伍家人，下文会讲到"堰口伍家"对源澄渠的危害。第五君德促成了马继业、孟彦禄与三原县渠口地地主的谈判，这次源澄渠买地破了康熙时的"古例"，每亩地价达白银二十两，所买地有二亩多。于是，马继业、孟彦禄主导的源澄渠兴修开始，雇用的渠工有三四十人④。这说明乾隆时期清峪河木涨的利夫已经不需要亲自服役参加劳动，但是他们要出修渠的费用。马继业等人并不上渠视工，"日在鲁镇，大吃大喝"，借开渠尽性摊派，"合渠利夫，忍受不敢言非"，费银竟达二百余两；而岳瀚屏先一年开渠，时间长达一个冬季，一日不下数十工，才费银一百三四十两。而孟彦禄此时也没有办法，不敢说马继业的行为。岳瀚屏对此十分气愤，指责马继业"此所谓小人得志，无欲不遂者也"⑤。

---

①　（清）岳瀚屏：《清峪河源澄渠始末记》，刘屏山编纂《清峪河各渠记事簿》，1929—1933 年稿抄本。关于广济、广惠二渠是源澄补浇之渠的说法，可参见前文王徵的《河渠叹》。

②　同上。

③　同上。

④　同上。

⑤　同上。

马继业主导开发的源澄渠"行水三五年,河水一崩,尽入汙下"①。源澄渠又面临新的兴修,这时合渠利夫又请岳瀚屏出来,决定怎么修堰。岳瀚屏到河崩处,看见离塬只有"一栈"距离,认为买地开渠不能长久,而选择"截河筑渠"工程太浩大,于是决定在"二盘磨上水冲断处筑堰",再将二盘磨渠掏深,水就可行。为什么这样决定呢?是因为先前该处的水磨只有"一盘",而"二盘水磨"是后开的磨,要在此处动工容易。在源澄渠人看来,他们比后开的"二盘水磨"有优先使用水的权利。然而,这一理由似乎有点牵强,"二盘水磨"主并不认可,于是暴力发挥了作用,"好说不行,硬拨利夫深挖","二盘水磨"主见源澄渠人多势众,只能让源澄渠动工。此次兴修后源澄渠顺利运行二十余年,岳瀚屏对此很得意:"既不过粮,又无磨害,上磨之水,仍退入本堰,些小泉水,更不必说。"②

嘉庆二年(1797),源澄渠堰口积一水潭,无法筑堰。于是源澄渠王关杰、李三阶请岳瀚屏一起主持修堰,而此时岳瀚屏家中正有丧事无法上堰,但岳氏又不得不答应筹谋修堰。岳瀚屏认为,堰口既以成潭,必须填石,石块需用"籤橛拦阻"才能坚固。觅工抬石、买树作橛要花不少钱,而此时源澄渠利夫竟然出不起修堰费用,后由王关杰找到"旧交"门十三,门氏慷慨出银三百两,费用才得以解决③。此次修堰如果没有门十三的慷慨捐助就无法成功,源澄渠内部在修堰的经费的筹集上发生了困难。

上面梳理分析乾嘉年间源澄渠五次开发的过程,在这五次开发中,有形形色色的人及"人群":岳瀚屏父亲、吕村人、孟彦禄、马继业、第五君德、二盘水磨主、王关杰、李三阶、门十三、源澄渠众利夫等。他们中有些人之间有矛盾、分歧、纠纷及合作,他们面对源澄渠五次开发中的不同问题:买地问题、渠口宽度问题、修渠时摊派过重问题、行水地点选择与水磨盘主发生纠纷问题、修堰的经费问题等,而他们如何应

---

① (清)岳瀚屏:《清峪河源澄渠始末记》,刘屏山编纂《清峪河各渠记事簿》,1929—1933年稿抄本。

② 同上。

③ 同上。

对、处理这些问题的过程本身，就构成一幅流动的有关源澄渠开发的微型水利社会图景。

下面通过岳瀚屏的记述，来看乾嘉年间清峪河源澄渠运行中的一些情形。

1. 源澄渠三十日"公水"被夺

源澄渠三十日水本为"公水"，由该渠渠长支配，卖水所得算作渠长酬劳，通常也用来觅工修渠。源澄渠渠长张碗拖欠岳世兴银两，将源澄渠三十日"公水"当于堰口伍家麦苋溜，麦苋溜将其卖于木涨渠，八复渠又将这一日水从木涨渠手上"告官"夺去。此时，麦苋溜来找源澄渠渠长，愿意将此一日之水从八复渠夺回，仍旧归源澄渠，让源澄渠利夫去官府告争①。这时，有源澄渠利夫将此事告诉岳瀚屏，岳氏的回答为：

> 此水利夫不能告，亦不当告，想当年有水时，尽被上节截用，下节利夫，出钱亦买不到，此水于我们何益？其不当告一也。再者水本公水，不过除与渠长卖钱，以备渠上使用，即非伊家私水，何得擅当？其不当告之二也。麦苋溜以源澄之水，而越渠卖于木涨，八浮水争之于木涨，非争之于源澄，其不当告三也。②

有了岳瀚屏的"三不当告"，源澄渠利夫作罢，三十日水未归渠。岳瀚屏的回答不符合正常的逻辑，既然三十日水为源澄渠公共利益，被渠长私自当掉，后来又被八复渠夺走，就应该争取回来。难怪刘屏山后来在评注岳瀚屏这段记述时说岳氏"私心太重"③。可是在前面源澄渠历次开发中，岳瀚屏对本渠的利益可是竭力维护，再来看"不当告"第一条"想当年有水时，尽被上节截用，下节利夫，出钱亦买不到。此水于我们何益"，这可能涉及源澄渠内部上下游之间的矛盾，岳瀚屏可能站在源澄渠下游的利夫出此言。此外，岳瀚屏在前面开发源澄渠时就小心翼翼，

① （清）岳瀚屏：《清峪河源澄渠始末记》，刘屏山编纂《清峪河各渠记事簿》，1929—1933 年稿抄本。
② 同上。
③ 刘屏山：《清峪河源澄渠始末记·批注》，刘屏山编纂《清峪河各渠记事簿》，1929—1933 年稿抄本。

说八复渠人"工于词讼"①，他可能知道告也是白告，说不定惹祸上身，故出此言。

2. "过水"问题

土地交易是经常发生的事情，对清峪河灌区而言，与土地买卖相连的还有交易田地的"过水"问题。清峪河工进渠的"过水"情形："卖地之利夫名下首，分立一名，买地若干，立水若干，欲提于本名下不得也。"② 岳瀚屏认为这样做弊端较大，源澄渠没有采用这种方式：

> 夫地若在一堵，新得之水，与旧有之水，合立一处，则积少成多，既不花水，又多灌田，此最便是也。而水随地立，一亩田地，能让多水，水大犹可，水小不过仅润地头而已，岂足为法？若我源澄渠，则隔堵提水，能过于本名下。盖由起止清楚，乱而不乱，所以等名下水，时有数刻者，甚至有逾时者，岂谁家水地能成块有若是之大水？不过积少成多。至其时，一段不了，浇两段，两段不了，许三段五段，如是则用紧当灌之田，自无不仅灌耳。若水既尽，则虽欲灌而不能。此活动取用法，立法之至善者也。③

也就是说，源澄渠灌区的土地交易时，即便不在源澄渠下一堵之内的交易土地，人们对其用水时间也进行过割，这样可以积少成多，用起水来效率也高，可以先灌溉最需要灌溉之田。

土地交易与"过水"需要在水册上记载，还需要重新计算各堵各利夫用水时间起止，源澄渠在造水册时这样处理：

> 先将昔年扎底，录出对真。有开，即于本名下写开于某利夫若干，有收，即于本利夫名下写收利夫名下水若干。若素无夫名，即于所得之利夫下首，新立一名，收某利夫水若干。开水之利夫，其

---

① （清）岳瀚屏：《清峪河源澄渠始末记》，刘屏山编纂《清峪河各渠记事簿》，1929—1933 年稿抄本。

② （清）岳瀚屏：《源澄渠造册提过割定起止法程》，刘屏山编纂《清浊河水利会抄录》，1928 年稿抄本。

③ 同上。

开水照前过割既毕，后定起止。定起止时，先将各堵人名打清，看旧册起于何日何时，止于何日何时，去水若干，添水若干，起止与水合与不合，水与时刻合与不合，然后从等名下定起止。[1]

然而，土地交易可能每年都有，也就是"过水"每年都有，但是造水册却不经常，岳瀚屏讲上次源澄渠造水册在乾隆十六年[2]，距他记述这段材料时已经三十多年了。源澄渠三十多年没有造册，岳瀚屏所讲的独特"过水"怎么执行？因为岳瀚屏所讲的与工进渠不同的"过水"形式，是牵一发而动全局，理论上只要买卖一块地而发生"过水"问题，那么全渠利夫用水时间就要推迟或提前。可以这样讲，如果长时间不造册，工进渠的"过水"做法就是现实的，因此，可以推断岳瀚屏在源澄渠"过水"问题上的记述并不真实。

3. 源澄渠的"点消香"

源澄渠灌区利夫实际用水时间与水册上时刻是不相符的，岳瀚屏对此记载："先年水与时原不相差错，自第五氏割去初九日水之后，初十日本程改作行程。合渠去水一日，利夫等名下水未裁，所以各堵俱有浮水。"[3] 也就是说，利夫名下所记载用水时刻多于实际能用水的时刻。源澄渠渠长处理这一矛盾的办法为"点消香"：

> 利夫只知看水，并不知看起止。渠长点香，安得不点消香？不少算香，若实照水点香，如何交付下家?[4]

"点消香"由渠长执行，香燃烧的长短对应用水时刻多少，渠长对本该点一寸香只点九分，消去一分，一般消香的比例为 1/10，而利夫只喜欢听到自己用水时刻已足，并不纠缠于渠长具体怎么点。

4. 源澄渠的威胁

---

① （清）岳瀚屏：《源澄渠造册提过割定起止法程》，刘屏山编纂《清浊河水利会抄录》，1928 年稿抄本。

② 同上。

③ 同上。

④ 同上。

　　清峪河下游四堰官渠面临共同的威胁有二：其一，清峪河上游有人开私渠霸截河水，使下游诸渠用水减少；其二，移民清峪河上游的湖广人"断绝各沟中泉水以务稻田"[1]，致使清峪河水源减少，从而也使下游诸渠用水减少。这两个威胁当然是源澄渠的威胁。但是，源澄渠的威胁不止于此，还有来自其自身堰口附近的淡村与堰口伍家的威胁。

　　淡村与堰口伍家在官渠上所开闸口（夹口）[2]，尤其"险崖下伍家浇路东地"的夹口，给源澄渠用水带来巨大威胁，该夹口地形特殊，由此决口，水会绕过源澄渠而流入清峪河，下游木涨渠利夫因此而得益，而"木涨渠盗水，皆自此挖决"[3]。鉴于此夹口危害，源澄渠利夫欲买第五景寿（开伍家夹口之人）地数分，为其新开夹口，而他竟不愿意，源澄渠利夫也没有办法。[4] 第五景寿不愿意用新夹口的原因，岳瀚屏没有点明，后人刘屏山对其解释为："险崖下为合渠大害，为堰口伍家大利，伍家水贼，卖水于木涨渠，即由此下手偷放，以故终不能改移也。"[5] 也就是说，最晚从乾嘉时期开始，第五氏已经从此夹口将水卖给木涨渠利夫，而从中渔利了。

本章小结

　　由明代中叶开始的是否打开吊儿嘴引泾的争议，起初只是地方人士及地方官参与，其背后存在县际利益博弈，即上游泾阳县与下游三原县、

---

　　① （清）岳瀚屏：《清峪河源澄渠始末记》，刘屏山编纂《清峪河各渠记事簿》，1929—1933 年稿抄本。

　　② 何为"闸口""夹口"？晚清民国时期源澄渠渠绅刘屏山这样解释："闸口者即斗口也，而夹口，即斗口内之地水浇不到加开一口，以便浇灌时之启闭耳。故夹口者，即闸口也，亦即加口也。斗口者即水门也，犹人之门户以启闭也。"又："夹口者，即斗口以外水不能到，顺便加开一口，以便补浇斗口之不及。"由此来看，夹口似乎并不违反清峪河水利运行的规则（参见刘屏山《源澄渠各堵所浇村堡行程定例·批注》，刘屏山编纂《清峪河各渠记事簿》，1929—1933 年稿抄本）。

　　③ （清）岳瀚屏：《源澄渠各堵所浇村堡行程定例》，刘屏山编纂《清浊河水利会抄录》，1928 年稿抄本。

　　④ 同上。

　　⑤ 刘屏山：《源澄渠各堵所浇村堡行程定例·批注》，刘屏山编纂《清峪河各渠记事簿》，1929—1933 年稿抄本。

高陵县的利益博弈，由于泾渠灌溉效益不断递减，三原、高陵的官员、士民倾向打开吊儿嘴引泾增大水源，而地处上游的泾阳县官员，由于泾阳灌溉利益在疏通泉水下较有保证，而倾向于反对打开吊儿嘴引泾，认为引泾是不讲"一劳永逸"的行动。

由于郑白渠辉煌历史，该水利灌溉历来颇受统治者高层重视，争议的裁定最后由朝廷作出。在这个过程中，袁化中"拒泾"观点，极有可能影响了清乾隆初翰林学士世臣，他也上奏乾隆帝反对引泾。在乾隆二年的"断泾疏泉"裁定中，陕西巡抚崔纪发挥了重要作用。时任泾阳县知县的唐秉刚给了"断泾疏泉"一个全面的解释，他在《龙洞渠水利议》里从七个方面反对引泾，即水利之多寡，渠口之高低形式，工程之期限，民力不可不恤，水性不可不辨所宜，水沟不可不量深广，渠制之因革不可不知，影响时人及后人。在当时官员看来，"断泾疏泉"实乃综合效益、地理环境、仁政理念等因素下的明智选择。"拒泾"虽然具有时代理性，但其中透露出的是一种从明代后期开始萌芽的在泾渠水利上缺乏进取的心态，这一心态到清前期"断泾疏泉"裁定时，即在所谓盛世的乾隆初期成为与此事相关的士大夫官僚阶层的普遍心态，"断泾疏泉"成为清朝鼎盛时期士大夫阶层失去冒险与雄心的一个象征。此外，对"断泾疏泉"意义的理解，需要回到渭北区域社会来理解：由于泾阳三原商人众多、商品经济发达，面对修泾渠带来的杂役及纠纷引起的诉讼等麻烦，许多地方精英"用脚投票"，选择不占有水田。

"断泾疏泉"之后，由于水源有限，清乾嘉年间龙洞渠成村铁眼斗的水利纠纷更为频繁。泾阳成村铁眼斗之所以在纠纷中占有优势，离不开泾阳官府的支持，亦与成村铁眼斗背后强大的宗族势力有关。

康熙《三原县志》记载，泾渠灌溉三原县田地四十六顷五十亩，"夫"四十六名半，灌溉时刻为"每月初二日承水，初八日止"；而同治时期三原用水时间只有"二日一时"。之所以发生三原分水时间减少，与此时期泾渠屡次兴修中泾阳县逐渐主导兴修工程及累计工役相关。

本章第三节以岳瀚屏的记述中心，在分析考辨基础上，试图揭示乾嘉之际源澄渠水利开发及运行机制，尝试勾勒一幅小流域水利社会的图景。岳瀚屏是站在源澄渠的立场上考虑问题，从他对当时一些与水利相关的人事记述，在一定程度上可以了解时人（尤其是岳瀚屏）的一些观念、处理问题的原则及背后心态。

第三章

陕西回民起义后的渭北水利

　　本章核心是在梳理陕西回民起义给渭北泾阳、三原社会带来重大冲击的基础上，分析此后刘蓉在龙洞渠分水时间上的变革，把分水之争放在区域社会大突变下的历史环境中，试图揭示分水之争的背后为泾阳、三原地方精英实力及影响的某种变化。

第一节　陕西回民起义与龙洞渠分水变革

一　陕西回民起义对泾阳、三原社会的冲击

　　给晚清渭北社会带来重大影响的事件莫过于同治元年（1862）爆发的陕西回民起义[①]。回汉族群冲突的这次剧烈爆发是长期矛盾累积及历史环境造成的悲剧。陈宏谋为乾隆前期著名的封疆大吏，他在任陕西巡抚时，曾写下《化海回回条约》一文。由该文来看，清乾隆初期，关中回汉族群冲突已十分尖锐[②]。清道光十年（1830），泾阳人徐法绩上书清廷，讲到关中地区的回汉冲突："即如陕西西安府属之临潼、渭南，同州府属之大荔、蒲城、朝邑一带毗连之处，名羌白镇，地面寥阔，回汉杂居，

---

　　① 　关于陕西回民起义代表性的论著有：马长寿《同治年间陕西回民起义历史调查记录》（陕西人民出版社 1993 年版），邵宏谟、韩敏《同治初年陕西的回民起义》（《陕西师范大学学报》1980 年第 3 期），韩敏《清代同治年间陕西回民起义史》（陕西人民出版社 2006 年版），等等。已有的对陕西回民起义的研究多从反封建的观点出发研究。

　　② 　（清）陈宏谋：《化海回回约》，《培远堂文檄文》卷三〇，《陈榕门先生遗书》第 6 册，广西乡贤遗著编印委员会 1943 年编印。

因事械斗，无岁无之。"① 咸丰十年（1860）年，西安府渭南县的回汉矛盾已到了一触即发的地步，邵辅《制防渭南回族议》中写道："渭南回聚万余人，蓄逆谋久矣，所仇者冯元佐等，元佐故渭南大侠，其乡人从之者可数千人，势足相持，故回未敢发，今幸无衅则已，一有衅，回必动，其变不久。"② 邵辅认为陕西回汉族群的冲突已经上升到足以威胁清廷统治安危的高度，这体现出当时汉族官僚士大夫的普遍担忧和心态。

同治元年（1862）四月，发生在陕西华州"圣山村砍竹事件"③，本来只是一件因价格争议而发生的纠纷，因当事者双方的民族身份，最终成为引爆同治年间陕西回民起义的引子。促成事件恶化的因素之一是华州知州濮垚，他将民间纠纷处理为民族纠纷④。华州汉回之间信任全失，冲突不可收拾，逐步波及关中各府、陕西全省，进而西向甘肃等地。一起小事件最后演化为关系数千万生灵的大事件，其内在的原因是回、汉族群之间长期存在矛盾与冲突，而同治元年（1862）的陕西情形起了催化作用：这一年太平天国起义军从湖北进入陕西，陕西官民人心惶惶，"汉民意气浮嚣，借端备回；回族团体素固，乘机谋乱。地方官亦右汉而左回，大变之兴有自来矣"⑤。

泾阳、三原是陕西回民起义的延展区域，但两县战事的惨烈以及造

---

① （清）盛康：《皇朝经世文续编》卷九六《兵政》，武进盛氏思补楼光绪二十三年（1897）刊本，第 1 页。

② 同上书，第 3 页。

③ "圣山村砍竹事件"，韩敏认为回民受了很大的屈冤（韩敏：《清代同治年间陕西回民起义史》，陕西人民出版社 2006 年版，第 38 页）。笔者以为就"圣山村砍竹"事件本身而言，还只是民间经济纠纷引起的刑事案件，注意《光绪富平县志稿》的详细记载，"壬戌三月，发逆由南山窜至省垣附近之引驾，回属邑戒严。渭南叶家滩回民叶三元率其党赴华州小张村购竹竿，园主汉民王老售之订价每斤铜钱二十枚。次日叶往砍竹，适王老有子外归阻之，不服，遂起而争斗，三元同伴皆受创去。官不为理，三元归邀同叶家滩、杨家滩、记家庄、吕家村、仓头各回，将王老园竹砍尽，园主夫妇往，皆被杀"［光绪《富平县志稿》，据光绪十七年（1891）刻本影印，《中国地方志集成·陕西府县志辑（14）》，第 529 页］。"王老有子外归，阻之"的原因，是他要增加价格，时任陕西巡抚瑛棨上奏，"查此次汉回起衅，由华州回民购买竹竿，因汉民增价居奇，互相争闹，遂致毙伤回民"（奕䜣：《（钦定）平定七省方略》卷一三，中国书店出版社 1985 年版，第 7 页）。

④ 韩敏：《清代同治年间陕西回民起义史》，陕西人民出版社 2006 年版，第 38 页。

⑤ （清）刘东野：《壬戌华州回变记》，马长寿《同治年间陕西回民起义历史调查记录》，陕西人民出版社 1993 年版，第 77 页。

成的破坏一点不亚于起义爆发的同州府。同治年间的回民起义给渭北社会带来巨大冲击，致使泾阳、三原的社会结构发生较大变化。

首先来看泾阳县情况。在回民起义中，泾阳县境内富庶之区，如冶峪镇、百谷镇、石桥镇、县城等均被回军攻破。

泾阳县冶峪镇在同治初年回变中的遭遇，泾阳人何鸣皋有记述：

> 冶峪谷口镇，古名金锁关，泾、淳咽喉之区也，壬戌之变，两县民团把守，此地去塔八十里之遥，团首日间严备，不料狡回于九月十五日鸡鸣骤至，团勇手足失措……十二月初四日，邑城失陷，玉石俱焚，枕尸藉骸，垒叠如山，呜呼伤已。二年二月间，贼因阖邑土平，无处焚劫，又专意此镇。知逃亡者皆入北山，潜分一队，从东北峪口进发，遍扰淳邑。……三月二十三日，回寇麇至，官军知势不敌，闭门扯桥，登城御攻。驱民执戈，聊作肉墙。连困两日，城中几有折骸爨子之惨。二十五日辰刻，城破，官兵突围而出，可怜满镇生灵，一朝骈死，血流成渠，尸堆如邱，屠戮之多，于斯已极。贼于二十七日烧尽街衢，满载而归，虽有岩藏谷伏之人，此际皆不聊生，两银八百文，无处兑换；斗麦二千钱，何方告籴？……平复后，检封谷口骸骨，除房屋焚烧，狼犬食失外，计头颅一万九千有奇，掘瘗四冢。三月二十五日，远近男妇老弱，焚化纸钱，哀声震野，孝衣如林。予不禁感伤前事，遂吟一绝云：去年今日屠城中，烈焰血光相映红；到此翻成一片白，纸钱麻孝哭东风。①

冶峪镇处于渭北冶峪河水利灌区，较为富庶，在回变中，该镇死亡达一万九千多人。

---

① （清）何鸣皋：《述冶峪焚杀之惨》，《泾献文存》卷一二，民国十四年（1925）铅印本，第48—49页。参考马长寿《同治年间陕西回民起义历史调查记录》，陕西人民出版社1993年版，第262—263页。

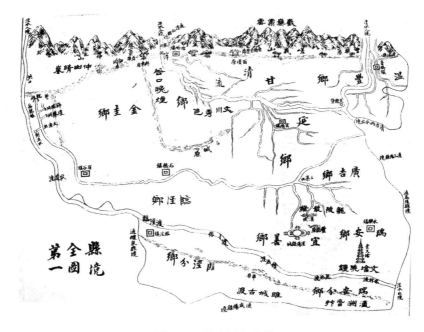

图3—1　清末泾阳县境

资料来源：宣统《重修泾阳县志》，据清宣统三年（1910）天津华新印刷局铅印本影印，成文出版社 1969 年版，第 28—29 页。

石桥、百谷（今名王桥）二镇位于龙洞渠灌区，十分富庶，是泾阳富商的居住地。当地有流行语"东刘西孟社树姚，不及王村一撮毛"，其内容指泾阳县四大富商家族，"东刘"指石桥镇东南川流村和柏家村的刘家，"西孟"指石桥镇西南北赵村的孟家，"社树姚"是指泾河以南石桥镇与王桥镇（百谷）二镇之间的姚家，"王村一撮毛"指王桥镇于家①。刘家、孟家发迹何时不清楚。于家算县里第一富豪，从清代中叶以来在四川开有很多当铺、茶店和布店，最有名的是"恒泰盛"字号，堂名"务本堂"。姚家相传是元朝驸马之后，姚家财东很多，有"惠天堂""仁在堂""恒常堂""居敬堂""行仁堂""衍义堂"几个堂号，在四川经营的生意，以布庄、当铺、茶叶三种为多②。姚家后人姚绍方的撰述回

---

① 马长寿：《同治年间陕西回民起义历史调查记录》，陕西人民出版社 1993 年版，第257 页。

② 同上。

忆：在清康熙年间，姚成十四代孙姚昂干继承其祖父，在雅州经商，因筹谋有方，连获厚利，后扩大到泸定、重庆、泸州、绵州等处设立商栈，统一商号名曰"永聚公"。后"永聚公"分出"永聚源""永聚全"，三号伙计有千人之众，天天都有由川省回陕者，为此，在社树专设有一个桥铺，以供川陕往来的轿夫和背运东西的"脚班"等苦力歇住①。在回民起义中泾阳石桥、百谷的富商命运，目前发现的材料缺乏详细记述，但是有一点可以确定，同治元年（1862）六月中旬回军攻破石桥、百谷二镇②。同治四年（1865）年，陕西巡抚刘蓉说，陕西"富商之贸迁于他省者，既遭兵燹而尽丧其资；其捆载以归藏于私室者，又罹回祸而并燔其舍"③。又同治十年（1871）陕西巡抚蒋志章上奏讲到，"陕回变起，萧墙仇怨既深，荼毒最惨。如著名之泾阳三原等县，向号商薮……自东南用兵，陕省物力既已潜消默耗，又加本籍被灾，资产悉付兵燹"④。在这么一个大背景下，泾阳石桥、王桥镇的富商在回民起义中肯定受到重创。

同治元年（1862）十二月四日，经过将近半年围困，泾阳县城被攻陷，十日焚烧泾阳县城，守城绅民死者七万余人⑤。繁华兴盛的泾阳县在回民起义中付之一炬。泾阳籍举人刘世奇在回变后回到县城，写下《乱后邑城感题》，曰："繁华自昔说瀛洲，一夕严霜冷变秋。赵李经过新岁月，尹刑识面旧风流。交游莫问铜驼陌，歌舞重焚燕子楼。西市烟花南市酒，酿成苦海古今愁。"⑥ 刘氏在诗中有自注："赵"新街赵氏宦家，

①　姚绍方：《富商社树姚家的兴衰史》，王兴林主编《泾阳史话续集》，1996 年，第 227—228 页。
②　宣统《重修泾阳县志》卷七《兵事志》，《中国地方志集成·陕西府县志辑（7）》，第 477 页。
③　（清）刘蓉：《陈陕省凋敝情形疏》，《刘蓉集》（一），杨坚校点，岳麓书社 2008 年版，第 282 页。
④　彭泽益：《中国近代手工业史资料》第 1 卷，生活·读书·新知三联书店 1957 年版，第 601 页。
⑤　宣统《重修泾阳县志》卷七《兵事志》，《中国地方志集成·陕西府县志辑（7）》，第 477 页。
⑥　（清）刘世奇：《乱后邑城感题》，《泾献诗存》卷三，民国 14 年（1925）铅印本，第 48 页。

"李"指骆驼湾李氏富家，"尹"指东关茶商，刑指骡柜店主①。这些都是昔日世家与富豪，在县城攻破之后都风光不再了。回民起义中焚烧泾阳县城城墙，直到20世纪六七十年代还能看到一些黑乎乎的断壁残垣②。

上节讲到的泾阳县成村，在回民起义中亦受到冲击。2010年9月11日，笔者在泾阳县燕王乡石村调察时，听吴致中讲，他听先辈人说，怡家祠堂在回民起义时曾被烧毁过③。这说明回军到达过泾阳县成村。

从上文一些材料不完全统计，即冶峪镇一万九千多人，县城七万余人，泾阳县在同治元年的回变中死亡达八万九千多人。泾阳社会结构因此而受到重要影响，尤其死于县城的绅商精英④，使泾阳县实力大伤。宣统《重修泾阳县志》作者曾感叹回变前后泾阳之巨变："按我泾当咸丰之季，民物殷阜，商贾辐辏，久为彼族所垂涎，然君子则席丰履厚毫无戒备，小人则狗马声色流荡忘返，金帛山积，仓庾空虚。至于赍革析骸，死守二百余日，大军相去仅数十里，而坐视沦亡，惨遭屠毒，不已悲哉！迄今五十年来凋敝，土著之民三分仅一，士辍弦诵，民困征徭，客日集而主日弱，其势岌岌不能自存，善后之术其将安出，而说者犹以繁盛目之，过矣。"⑤陕西回民起义后，泾阳当地人口锐减，有大量移民进入，到了宣统时本地人口仅占1/3。

与泾阳在回民起义中的惨烈相比，三原县情况能好一些，但这并不表示同治元年三原战事不激烈，光绪《三原县志》载：

> 同治元年四月，发逆由南山窜入，逼近省城，知县余庚阳募勇

① （清）刘世奇：《乱后邑城感题》，《泾献诗存》卷三，民国14年（1925）铅印本，第48页。

② 白尔恒先生口述内容。2009年10月28日中午，笔者拜访泾阳县水利局退休工程师白尔恒先生时，白先生谈及此事所讲。

③ 吴致中先生口述内容。2010年9月11日中午，笔者至泾阳县燕王乡石村怡家采访吴致中先生时，吴先生口述此事。

④ 有一个传奇的例子，就是晚清泾阳富商安吴寡妇在回民起义后捐资修建毁坏的文庙时，从文庙的旧址地下挖掘出黄金两千多两，白银两万余两，此财富极有可能来自死于回民起义的泾阳县富绅的窖藏（孙杰曼、于一：《安吴堡式易堂轶事》，王兴林主编《泾阳史话续集》，1996年，第271—273页）。

⑤ 宣统《重修泾阳县志》卷七《兵事志》，《中国地方志集成·陕西府县志辑（7）》，第478页。

守城。发逆旋东扬同、华等处。回匪乘间作乱，煽诱各县回民。五月十三日，窜陷高陵。十九日，焚掠大程、王店二镇。时城中奸回将谋内应，有侦知者。二十六日卯刻，城团宋成金等率众入城袭之。午刻，逃回纠合泾阳、高陵回匪围攻县城。是日焚掠南关。二十八日，西北关相继失陷，连日分扑东关，北原、洪水、陵前各镇团勇星夜赴城入守。六月初三日，富平援勇驰抵城下，奋击围解。初十日，贼复来，围攻三日，十九日复来，围攻三日，俱经城上团勇击退。二十八日，复麕集东关外，焚青东坊庙，火光烛天。因城中有备，次日西窜。后分股焚掠东、西、南三乡，仍时来城外游弋。七月十五日，团长翟学安带勇百名直抵党家桥，诱贼至南门外，城内团勇齐出，东关复出疑兵，合击败之。八月二十一日，贼由西乡扰北原，外委马得喜督勇截剿，贼败四窜，追至泾阳李家庄而还。二十五、六数日，贼由东乡焚掠东北原陵前镇一带。……①

但是，三原县是渭北诸县中最有效抵抗回军的地方，守住了县城。之所以能守住县城，与该县官绅商民的合作努力分不开。《三原县新志》卷八记载：

自高陵变起，城防益急。邑人张怡绳、刘维均等首倡诸商捐银八千余两，禀官立"同德局"，召募乡勇。……时城中团勇数千人，北乡各团亦多来守城。城内则有英烈、英雄、英武、忠义、安吉、太平、恭武、三义、威武、得胜诸名，领团首士则举人王襄，武举方国柱、岳震川，武生牛振海，举人相里捷，生员侯宝三，武举牛捷元，生员张彦善，贡生管鸿，生员张振刚，武举杨逢春，军功王宝三，武生惠登云、潘思宽，州吏目刘继芳，从九翟学安、张彦彪、张万鹏、武承瀚，武生郝起腾、李廷佐，武生郝起蕫，而外委马得喜及邑侯长公子余作寅、四公子余□□、长公孙余安国、次公孙余

---

① 光绪《三原县志》卷八《杂记》，《中国地方志集成·陕西府县志辑（8）》，第649页。

安定，分督之。……是役也，费白金三十万两。①

由上面的记述可知：三原以其绅商雄厚经济实力，组织"同德局"召募乡勇以抵抗，对作战英勇的宋成金给予重赏，在城内成立以举人王襄、武举方国柱、武举岳震川、武生牛振海、举人相里捷、生员侯宝三等为首的诸多团练武装。对此，三原知县余庚阳有诗曰："众志成城须犒众，多钱善贾果哀多。字标十万麻家贯，赏给三千壮士歌。"② 又如三原县士绅张潜在回变初作时就十分镇静，"同治壬戌夏四月……外贼益急，三关陷，丞佐有逃者，城绅亦多出走，居民自焚起，城中鼎沸。余公失计，欲自缢。潜独坚清登陴婴守，且驰白其姊胡砺锋郎中母，慨出五万金固人心。宾阳桥之捷，即赏外勇金三千两，由是城得无虞，多潜策也。当城急时，有劝潜去者，正色曰：'守先人祠庐如官守土，且我策名，虽在籍，亦乌可去？'"③

上文有"余公失计，欲自缢"说的是三原知县余庚阳在回变初起时慌乱表现，然总体而言，余庚阳在回变及之后的行为不但得到三原绅商民认可，并且获得上级嘉奖，"同治壬戌回乱，（余庚阳）尤得人心，绅商自捐金钱共若干缗两备调度，邻邑健儿闻急赴援，大破贼，立赏三千金，力保危城凡十八月，昼夜登陴无一日闲，筹饷练勇用白金二十万两，一委绅士职出。内贼平，详请蠲缓征徭，上宪批答有'涕泗霑襟'语，通饬被灾各州县传视以为法，以守城功保荐循良第一"④。

虽在官绅商民共同努力下保住了三原县城，而三原所隶属乡村在回变中绝大多数惨遭破坏，"县旧隶五百余村，俱遭残破，仅存东里、菜王二堡"⑤。东里堡是三原富商居住地，之所以没有被回军攻破，与该堡富

---

①　光绪《三原县志》卷八《杂记》，《中国地方志集成·陕西府县志辑（8）》，第649—651页。

②　（清）余庚阳：《池阳吟草》卷一《义捐》，同治十年（1884）刘传经堂刊本，第3页。

③　光绪《三原县志》卷六《人物志》，《中国地方志集成·陕西府县志辑（8）》，第579—580页。

④　光绪《三原县志》卷五《官师志》，《中国地方志集成·陕西府县志辑（8）》，第566页。

⑤　光绪《三原县志》卷八《杂记》，《中国地方志集成·陕西府县志辑（8）》，第649页。

绅刘映菁有很大关系。刘映菁，字毓英，世居三原东里堡，其家自乾隆中起，为三原著姓，其先人就以义风闻乡里，到他这一代更好善乐施，尤为重要的是他颇有远见：

> 初粤逆蹂躏南省，君即邀集乡族，议修堡城，或难之。君曰：时不可缓，愿助其费之半。众欣然。阅数月工成，君独输五千金。故自回、捻肆掠县属，五百余村堡尽被焚掠，而东里魏然恃以无恐，全活实多。至是，益共服君之先见，能思患预防，为不可及也。君先后捐助各省饷需，以及防城供兵，守堡设团，与其平日周亲族、济困穷，所费不下数十万金。①

据《三原县新志》记载，三原县在回民起义中的死亡人数为二万六千三百零八名②。相比泾阳县死亡近九万人，三原县损失要小得多，尤其三原县城得以保存，地方精英死伤没有泾阳多，而这将影响到此后泾阳、三原在渭北的地位及势力。

回民起义之前的泾阳，"惟系商贾云集之区，四乡民情各别，其东乡一带，毛工甚多。……县城内百货云集，商贾络绎。藉泾水以熟皮张，故皮行甲于他邑，每于二三月起至八九月止，皮工齐聚其间者，不下万人。而官茶进关运至茶店，另行检做，转运西行，检茶之人亦万有余人"③，商业地位在同时期三原之上。而到了回民起义之后，三原县城因回变中没有被攻下来，商业更为繁盛，泾阳商业因县城焚烧，商业地位下降。20 世纪 50 年代马长寿先生在三原的回民起义历史调查中，就提到当时有人就指出，三原城商业之兴，与泾阳、高陵二城之被破有很大关系④。

综上所述，同治元年的陕西回民起义对泾阳、三原两县造成巨大冲

---

① 中国文物研究所、陕西省古籍整理办公室：《新中国出土墓志·陕西壹》，文物出版社 2000 年版，第 459—460 页。

② 光绪《三原县志》卷八《杂记》，《中国地方志集成·陕西府县志辑（8）》，第 649 页。

③ （清）卢坤：《秦疆治略》，道光年间刊本影印，成文出版社 1970 年版，第 29—30 页。

④ 马长寿：《同治年间陕西回民起义历史调查记录》，陕西人民出版社 1993 年版，第 239 页。

击，但是相比而言，对泾阳社会的冲击要远大对三原的冲击，回民起义后三原的实力及影响相较泾阳而占据优势。下文将从陕西回民起义这一大事件造成区域社会内部结构变化的角度，来分析刘蓉在龙洞渠分水上的变革。

二 刘蓉在龙洞渠分水时间上的变革

陕西回民起义期间，龙洞渠由于失修而损坏，时任陕西巡抚的刘蓉说：

> 龙洞渠即古郑白渠故址，原属泾阳、三原、高陵、醴泉四县农田灌溉之资。比值逆回构祸，渠堤坏决，遂致混混源泉溃流入泾，而四县民生之仰资于此渠者，顿失利赖，挹注颇微。①

刘蓉要求泾阳、三原两知县进行修筑，"惟泾阳、三原地既硗瘠，人事复多旷废。比遭歉岁，粒食尤艰，若不急修水利，何以赡给遗黎。前经本部院檄委泾阳黄令、三原唐令，劝捐经费，鸠工修筑，冀合两邑物力，规复当日旧观"②。文中提到"泾阳黄令"泾阳知县黄传绅③，"三原唐令"为署理三原知县的唐正恩。

回变后，龙洞渠的兴修遇到的第一个难题为资金问题。龙洞渠向为官方主修工程，自清中叶之后，官方对龙洞渠的投入非常少，道光元年的大修就是由受水民众"借帑金二万两"完成④。而在回民起义没有被完全镇压之前，官方更没有经费投入。此时，一位名叫郭李生彬的三原县人，上书刘蓉，建议变更龙洞渠用水时间，恢复三原县康熙年间六日水期，并提到经费的筹措：

---

① （清）刘蓉：《劝谕泾阳诸县士民条约》，《养晦堂文·诗集》卷一〇，光绪丁丑（1877）仲春思贤讲舍集校集，参见沈云龙主编《近代中国史料丛刊一辑》（382），文海出版社1966年版，第745页。

② 同上。

③ 宣统《重修泾阳县志》卷一〇《官师表》，《中国地方志集成·陕西府县志辑（7）》，第493页。

④ （清）唐仲冕：《陶山文录》卷七，道光二年（1822）刻本影印，《续修四库全书》，第1478册，上海古籍出版社2002年版，第444页。

时邑人县丞郭李生彬上书抚宪，备陈利弊，仍请复康熙年间六
日水期，即经府宪亲勘酌定，每月初八日□时承水，十三日□时止，
并除泾阳成村铁眼长流之害，又议储银生息，以备岁修。①

郭李生彬，"字勉之，沈毅有才，而行义不苟。本姓郭，先世以甥承
舅嗣，冒姓李，后复姓仍曰郭李。少习贾，继鬻古书籍，久之知慕正学，
讲行古冠昏礼，人非笑不顾也。刊先儒讲学书数种，未成遭乱，版毁尤
善筹划"②。郭李生彬是一个贾而好儒式的人物，为三原县著名乡绅。

郭李生彬的上书内容可能打动了刘蓉，刘蓉派西安知府去调查：

嗣闻三原富绅甚愿出资襄事，顾以向来水程为日过少，颇怀较
计之心，而泾阳士民又执旧日规额，不为通融之计。本部院复檄西
安吕守亲诣龙洞渠，相度工程，传集各邑绅民会商，酌议以泾阳受
水旧章月得二十一日七时，而三原仅得二日一时，两相比絜，盈绌
悬殊。因拟于泾、高、醴三县受水各斗日时中均匀节缩，每时扣出
一刻，按照志载日时积算，每月约共匀出三十六时以畀三原，仍令
减水各斗水老、农民，俟开浚后水源畅旺之际，按时加倍灌溉，则
时刻虽减于前，获利且增于旧。其处置甚费苦心，实昭公允。乃闻
该士民等颇存意见，多怀顾虑。③

西安府知府召集了"各邑绅民会商酌议"，初步拟定从泾阳、三原、
高陵三县各斗受水时间中均匀节缩，每时扣出一刻，每月约匀出三十六
时来给三原，以换取三原富绅出资修渠。但是，对于这一方案泾阳"士
民颇存意见"。

————————

① 光绪《三原县志》卷三《田赋志》，《中国地方志集成·陕西府县志辑（8）》，第
543 页。

② 光绪《三原县志》卷六《人物志》，《中国地方志集成·陕西府县志辑（8）》，第
599 页。

③ （清）刘蓉：《劝谕泾阳诸县士民条约》，《养晦堂文·诗集》卷一〇，参见沈云龙主编
《近代中国史料丛刊一辑》（382），第745—746 页。

刘蓉为此十分焦急，传集泾阳籍五品衔光禄寺署正干荣祖（应为于荣祖）、候选教谕吴乙东、举人徐韦佩，候选州吏目姚履亨、候选巡检何光焕、候选典史怡立诚等人，来官署亲自开导①。这几个人是泾阳著名乡绅，在泾阳县有很大影响。于荣祖，"王桥镇人，光禄寺署正，居近白渠，谙于水利，值修淤必资助，为乡里倡。光绪三年捐助赈银，六千八百余两，议叙朝议大夫，子天锡承其业"②。于荣祖出身于泾阳四大富商之首的王桥于家，王桥镇（百谷镇）在回民起义中被回军攻破，于家在王桥的产业受到影响毫无疑问。吴乙东为泾阳县安吴堡人，安吴堡吴家是著名的商人家族，他由廪贡生授岐山县教谕，后任城固教谕，好学深思，持躬谦谨，没有豪侈浮靡的习惯，曾拓修安吴堡。咸同年间，渭北连年荒歉，乙东先后捐赈银两万余两，并帮办泾阳赈务，始终不以为劳③。徐韦佩，字认菴，徐法绩之孙，他"幼承家学，秉性笃实，入庠旋膺乡荐"，由于徐法绩为左宗棠恩师，徐韦佩后来得到左宗棠礼遇，"初左文襄公为诸生，乡试卷已黜，时法绩为考官，从房落卷中搜得之，叹为奇才，遂获隽。及文襄西征，求法绩之后，得韦佩，载与俱西，恩礼之隆，幕客不能比"④。候选州吏目姚履亨不知是否出自泾阳社树姚家，无法确证。候选典史怡立诚，可能来自泾阳成村怡家，与同治光绪间泾阳著名乡绅怡立方似为同辈兄弟。关于候选巡检何光焕，所存资料无载。

换句话说，陕西巡抚刘蓉想改变泾阳、三原的龙洞渠用水时间，必须要和于荣祖、吴乙东、徐韦佩等这些泾阳著名乡绅商谈，因为他们是泾阳龙洞渠利益的维护者。刘蓉当时劝导他们的内容，估计就是他所写的《劝谕泾阳诸县士民条约》，并让他们把其分发到龙洞灌区属县。

《劝谕泾阳诸县士民条约》中列有五条劝诫，第一条讲：

---

① （清）刘蓉：《劝谕泾阳诸县士民条约》，《养晦堂文·诗集》卷一〇，参见沈云龙主编《近代中国史料丛刊一辑》（382），第745—746页。

② 宣统《重修泾阳县志》卷一四《列传》，《中国地方志集成·陕西府县志辑（7）》，第580页。

③ 参见宣统《重修泾阳县志》卷一四《列传》，《中国地方志集成·陕西府县志辑（7）》，第580页；另参见《泾阳乡土志》，清末稿本，《陕西省图书馆藏稀见方志丛刊》第5册，北京图书馆出版社2006年版，第559页。

④ 宣统《重修泾阳县志》卷一二《列传》，《中国地方志集成·陕西府县志辑（7）》，第547页。

龙洞一渠既属泾阳、三原、高陵、醴泉四县公共之利，若论一视同仁之道，即应将四县水田亩数多寡通同计算，以渠水盈绌按数均匀分摊，乃为平均公溥之良法。今既经昔人定有规额，载自志书，自未便骤议更张。惟泾阳一邑受水较多，三原一邑受水太少，彼此相去悬殊，不得不量为斟酌。查泾阳当日所以得水较多之由，大都亦因当时修渠经费捐派较重之故，积时累日遂成定规，初亦非有弱肉强食兼取吞并之弊也。今当渠堤溃决，督工修葺之始，惟有劝谕三原富绅多捐经费，以图渠功经久巩固之规，劝谕泾阳士民酌减水程，俾复旧章，每月六日之额，庶期哀多益寡、稍存称物平施之意。至泾阳上限白公斗之东，另有钱（铁）眼①成村，每月自初二日起至十九日寅时四刻止灌地二十一顷六百亩有奇，此斗既不在各斗轮流分灌之列，独常川受水十八日之多。查其地在高陵、三原两邑上游，旧志未载起自何时，又不载十九日寅时以后如何封开，万一该处居民截渠上流，暗施诡计，则高、原有分灌之虚名，无受水之实际，尤非公允平恕之道，似应将此铁眼酌量更置，以绝弊窦，而示大公。②

前章第二节已分析过三原分水时间演变与泾渠兴修之关系，刘蓉显然承认泾阳、三原分水时刻多少是历史积累形成的，泾阳用水时刻多有合理性。但是，现在要重修龙洞渠，三原富绅愿意出修建经费，那么泾阳减少一点用水时间，恢复康熙"古制"是没有不妥的。刘蓉还认为，泾阳县成村斗经常做手脚使下游三原、高陵两县灌区无水可用，因此铁眼成村斗要酌量更置，以杜绝弊端漏洞，而显示整体利益的公正。

第二条内容是劝导泾阳、三原民众间在分水上要互让，他说：

本部院忝抚秦中，凡泾阳、三原、高陵、醴泉百姓均系子民，

---

① "钱眼"为"铁眼"之误。
② （清）刘蓉：《劝谕泾阳诸县士民条约》，《养晦堂文·诗集》卷一〇，参见沈云龙主编《近代中国史料丛刊一辑》（382），文海出版社1966年版，第747—749页。

自然一体相待，岂有畛域之分，岂有厚于三原薄于泾阳诸邑之理？
而今苦劝该士民等将渠水分润三原，实因前日水程规额多寡太不均
平之故。……本部院自愧为民父母，未能稍尽厥职。今劝谕该士民
等将水利分润三原，亦是一片公心，并无厚薄。试为设身处地，使
该士民等改隶三原，水程过少，岂能不望泾阳分润，以此比絜而论，
则人心便是己心，三原之心便是泾阳之心，祇要从此推出，便自廓
然大公，共敦仁厚之风，遂成礼让之俗。①

在第三条中，他说：

福善祸淫乃天地间自然之理，凡存心忠厚公平者，必致福庆，
居心刻薄私小者，必罹祸殃，此乃天道之常，非同后世阴骘果报之
说。今我泾阳、三原、高陵、醴泉之民，罹回逆之祸者十居六七，
当日殷实富厚各家，所有资财、衣物、房屋诸产，约值数万金或数
十万金者，今皆化为灰烬，荡然无存……可见一家独有之产，且有
不能执据管业之时，该士民等尚欲执当日规额，争此数时数刻之水，
较短竞长，毋乃未之思乎？比类而观，亦见其无达识矣。②

第四条，刘蓉从顺天意角度，来劝导龙洞渠灌区民众，他说：

秦中自遭逆回之乱，地方残破，民气凋敝，固不待言矣。今夏
雨泽愆期，尤虞艰食。幸自五月以后，时需甘霖，吾民乃慰有秋之
望。然而泾阳、三原、高陵、醴泉诸县，竟未得同沾霡霂。入冬初
来，各府州县遍布祥霙，独泾阳、三原、高陵仍未得雪，醴泉亦祇
得二寸有余。……若天地不肯福人，不肯养人，夏无雨，冬无雪，
祇藉此区区一渠之水，究能灌溉几何？③

---

① （清）刘蓉：《劝谕泾阳诸县士民条约》，《养晦堂文·诗集》卷一〇，参见沈云龙主编
《近代中国史料丛刊一辑》（382），文海出版社1966年版，第749—751页。
② 同上书，第752—753页。
③ 同上书，第753—755页。

第五条，刘氏从厚风俗的角度来劝说：

秦中风俗俭啬，而愿朴驯良，实为东南各省所不逮。乃今受祸之惨，死亡之多，反视东南诸省为尤酷。揆诸报应之常，殆有不可解者。逮本部院莅任日久，检阅各州县刑名案牍，溯其起衅之由，或为三五百钱，以及一千八百，些须之事，乖争斗殴，以致酿成人命者十常七八，甚至一家父子兄弟伯叔期功之亲，争财竞产，以尺布斗粟之故，亦至乖逆伦理，伤残骨肉。于是抚膺太息，知我秦民所以遘此大厄酷于他省者，端在是矣。……本部院忝抚此邦，亟思挽回世教而自愧德薄学疏，诚意不至，惧终无以感孚士民。所冀各府厅州县守丞牧令，悉以化民励俗为心，随时训饬，随事开导。并望在籍贤士大夫、举贡生监、乡老耆民，交相劝谕，务先义而后利，勿徇私而废公，庶几力挽颓风，潜消厄运，仍复前日教化之懿。此则本部院区区一念之忱，所属望于我士民，非独为渠水一事言之，亦不独为泾阳诸县之人言之者也。①

刘蓉的这五条劝说内容，以龙洞渠分水时间调整为切入点，剖析陕西回变之所以发生的社会风习，阐述了他在关乎民生的水利问题上的一种价值观，这一价值主要表现为儒家的理念。刘蓉对自己的劝说抱有信心："以上各条词意虽属浅近，然所以反复开导，推明人情物理利害祸福之故实，亦剀切详尽。仰该绅等即速分赴各乡，持札劝谕，并随处邀同各乡士绅，共将札内所闻各项情事，逐条解记，务使家喻户晓，共悉本院所以反复劝谕之意。勿复坚持私见，仍持向来水程规额，更相争竞，延误要工。庶渠工得以趁早兴修，彼此踊跃奋勉，以人事济天时之穷，即来岁田亩灌溉，亦可均沾实惠，以期共享丰亨之乐。本部院不胜盼望，殷勤之至。"②

无须怀疑刘蓉在龙洞渠分水变革上的道德热忱。但是，要真正理解

① （清）刘蓉：《劝谕泾阳诸县士民条约》，《养晦堂文·诗集》卷一〇，参见沈云龙主编《近代中国史料丛刊一辑》（382），文海出版社1966年版，第755—758页。
② 同上书，第758—759页。

同治四年刘蓉的龙洞渠分水改革，还需回到渭北区域社会的视角来看，尤其要回到陕西回民起义对泾阳、三原社会结构冲击所造成的变化来看。正如上本节第一部分所阐述的，泾阳县由于县城在回变中被攻破，人财损失惨重，在渭北地位下降；而三原县因县城得以保全，绅商的财力尚存，地位上升。因此，郭李生彬分水改革的提出，反映的是渭北泾阳、三原两县在回民起义后实力的此消彼长，是县际权势转化的产物。

宣统《重修泾阳县志》提及同治间分水时刻改革时讲，"邻封乘其凋敝之后，挟当道威力，改易灌田旧章"①，上句中的"当道"，指时任陕西巡抚刘蓉，"邻封"指三原县。

为什么三原县能借助刘蓉的"威力"呢？其一，这与三原县绅商在镇压回民起义中表现积极，得到刘蓉认可有关。同治元年渭北回变初始，三原绅商就捐银成立"同德局"募乡勇守城，清兵到三原驻扎后其"供亿日繁"，三原撤掉"同德局"成立"防堵总局"，以筹办军储，三原绅商为此筹集白银近三十万两②。此事在后来刘蓉的奏疏中亦提及，不过未提的是三原县富室，"缘逆回初起之时，任事者无以赡军，辄借富室之银以充饷而给之票，每票以百两五十两为率，积多至三四十万金"③。同治三年（1864），三原县乡绅杨克恭等上奏成立"官柜"：

> 事缘原邑差徭，向系藉资民力，三十里各甲分年输值，谓之现年。照各甲粮单大小起运，其中不无偏累，民已难堪，况经兵燹凋残更甚，田庐芜没，人烟稀少，加以雨泽不时，鼠兔为灾，间有禾苗损伤殆尽，如更责派差徭，势必逃散四方，委填沟壑，且以待毙之灾黎，使之供役，情亦不忍。然西陲逆回尚未殄灭，大兵过境，正需供给，又流差冲繁，应接不暇，若不设法筹办，不免贻误公务。某等前奉钧谕，妥商筹支，兹会集公议，惟有设立官柜一法。自买

---

① 宣统《重修泾阳县志》卷一二《列传》，《中国地方志集成·陕西府县志辑（7）》，第525页。

② 光绪《三原县志》卷八《杂记》，《中国地方志集成·陕西府县志辑（8）》，第649页。

③ （清）刘蓉：《陈陕省凋敝情形疏》，《刘蓉集》（一），杨坚校点，岳麓书社2008年版，第280页。

车马备用，不累民，不误公，庶为两便。①

刘蓉对三原乡绅的上奏批示，"据禀各条均属妥协，仰布、案（按）二司转饬遵照"②。三原县乡绅这种急朝廷之难的举动，给刘蓉留下深刻印象。如同治四年（1865）十一月，刘蓉上疏朝廷要求赏给三原县乡绅刘映菁匾额，他说：

> 臣查三原县兵燹之余，民多贫苦，该绅刘映菁独力捐银二万四千两，作为牛种籽粒赈恤之资，实属好义急公。查刘映菁先捐道衔，赏戴花翎……职衔业已无可复加。可否仰恳天恩，赏给匾额，以示宠异，而资观感。③

而提出龙洞渠分水时刻变革的郭李生彬就是三原县这些活跃的乡绅中的一位，"乱后邑中修城、屯田、防练、赈恤诸务，深赖其（郭李生彬）力"④。

其二，有可能与时任三原县知县唐正恩有关。关于唐正恩，光绪《三原县志》记载，"字需亭，巴州（人），刑部主事。请叛产房屋拨归书院，以资膏火，性慈良而少明决。然守余公减耗未尝变"⑤。"守余公减耗未尝变"句中"余公"为余庚阳，前节对其有详述。唐正恩是刘蓉较为看重之人，刘氏于同治四年七月十六日上奏中说：

> 前蒙圣恩允将唐正恩，仍留陕省，适值三原县出缺之际，该处地处冲繁，迭遭回患，凋敝特甚，抚绥为难。据藩、臬两司具详拣委唐正恩前往署理。该员宅心仁厚，办事恳挚，到任以来，务崇俭

① 光绪《三原县志》卷八《杂记》，《中国地方志集成·陕西府县志辑（8）》，第654页。
② 同上。
③ （清）刘蓉：《请赏给绅士刘映菁匾》，《刘蓉集》（一），杨坚校点，岳麓书社2008年版，第391页。
④ 光绪《三原县志》卷六《人物志》，《中国地方志集成·陕西府县志辑（8）》，第599页。
⑤ 光绪《三原县志》卷五《官师志》，《中国地方志集成·陕西府县志辑（8）》，第567页。

约，清厘积牍，日坐堂皇，据禀规画地方利弊事宜，俱有条理，以故人心允洽，舆论咸孚。兹复与泾阳会修龙洞渠。该渠泉水额灌泾阳、三原、高陵、醴泉四县民田六百六十余顷，年久淹塞，工程浩大，非得实心任事、不辞劳悴之员，难期经理尽善。而且需费繁巨，筹款艰难，非有诚心爱民、不规私利之意，难期踊跃从公。现经该员与泾阳县分认劝捐，延请公正绅耆商画办理。事关数县水利，正在吃紧之际，若遽改委他员，将致有误要公。臣于接准部文之后，与藩、臬两司筹商再三，当此吏治颓败、民气凋残之时，求能尽心民事、裨益地方之官，实不易得。唐正恩前任陕西知县，政声夙著；现署三原县事，众志悉孚。臣何敢避嫌缄默，不为地方择人，破格陈请？①

从刘氏上奏的时间来看，龙洞渠兴修在同治四年已经开始。在刘蓉看来，唐正恩"宅心仁厚，办事恳挚"，适合经理龙洞渠兴修事务。得到刘蓉赏识的三原县知县唐正恩很可能"挟当道威力"。

三原官绅能影响到陕西巡抚刘蓉，这是实力的表现。虽然刘蓉满怀信心，但他想改变泾阳、三原龙洞渠分水时间的努力还是归于失败。宣统《重修泾阳县志》对此事的记载："同治四年巡抚刘典，以堰经乱倾颓，饬查勘，筹捐兴修，议更水则，卒以知县黄传绅五难之说而止，于是灌田仍照旧章。"② 同治四年（1866）陕西巡抚为刘蓉③，因此宣统《重修泾阳县志》所记"同治四年（陕西）巡抚刘典"当为刘蓉之误记。泾阳知县黄传绅"五难之说"的内容：

查城内之渠其在铺户门外者，大都石版盖面，饬役抬验，系用砖砌，宽不盈尺，深亦不等，有在街道者，有在房屋内者，今欲加宽，概须另改，所费不赀，即经费有著，城内渠长千有余丈，加宽

---

① （清）刘蓉：《请准知县唐正恩仍留陕省补用疏》，《刘蓉集》（一），杨坚校点，岳麓书社2008年版，第300页。

② 宣统《重修泾阳县志》卷四《水利志》，《中国地方志集成·陕西府县志辑（7）》，第465页。

③ 陆宝千：《刘蓉年谱》，"中研院"近代史研究所1979年版，第219—280页。

安得如盖面宽石，此一难也。查入城水道上系炮台城脚穿四寸余小孔，上面覆以巨石，今改大斗，此处自应加宽。窃恐大雨时，行入渠水势冲塌堪虞，此二难也。傍城外水堤十余丈，从前本系起两傍之土筑成，其近城处高至丈余，今欲加宽，非增至十数倍不能及，官渠之宽所增十数倍，宽之土必取之他处，实难搬运，且官渠旧堤，目前放水且多冲坏。今若新筑，更难保其无虞，此三难也。自张家园至龙王庙一带，渠之两岸多系坟茔，其东面且系深堑，欲再加宽而不能，此四难也。且铁眼成村至城，路径仅十里，渠则随湾就曲，计长十五六里有余。渠之两旁，非民田即坟墓，即能重价买作渠身，此项地粮每年应归何人交纳，渠身设有损坏，近在泾邑，应归何人修理，此皆不能不为之豫计，此五难也。①

黄传绅的"五难之说"讲泾阳修渠之难，因为实际修渠牵涉石料、土的搬运、地形、渠身买地等方面难题，这些问题解决的难度又似乎超过了出资问题。也就是说，只要地处龙洞渠上游的泾阳县不愿意配合，即便得到陕西巡抚刘蓉的支持，三原县也无能为力。

而光绪《三原县志》卷三对刘蓉在龙洞渠用水变革上的失败也有记载：

同治五年，巡抚湘乡刘公札饬泾、原修浚龙洞渠，两县各捐赀兴工，旧以渠坏亦由泾民盗截不至原者，几二十年。时邑人县丞郭李生彬上书抚宪，备陈利弊，仍请复康熙年间六日水期，即经府宪亲勘酌定，每月初八日□时承水，十三日□时止，并除泾阳成村铁眼长流之害，又议储银生息，以备岁修。而仍格于忌者不行。②

光绪《三原县志》所记刘蓉札饬时间为"同治五年"，与宣统《泾

① 宣统《重修泾阳县志》卷四《水利志》，《中国地方志集成·陕西府县志辑（7）》，第465页。
② 光绪《三原县志》卷三《田赋志》，《中国地方志集成·陕西府县志辑（8）》，第543页。

阳县志》"同治四年"不同。"而仍格于忌者不行"的表述说明，在三原县官绅看来，刘蓉在龙洞渠用水时间上变革的失败，是由于泾阳县官绅的掣肘。而在泾阳士绅看来，三原县提出改变用水时间的主张，是企图借助"当道"的权势而得到自己的利益，宣统《重修泾阳县志》中时任泾阳知县黄传绅的小传则说明了这一点：

> 黄传绅，字搢斯，四川秀山（人），拔贡。同治四年署任，慈祥明允，勤政爱民。筹修白渠水利，邻封乘其凋敝之后，挟当道威力，改易灌田旧章，震撼危疑，几不可测。传绅委曲将事务，得其情，既而据理直争，且以五难之议陈之，卒莫能夺。①

宣统《重修泾阳县志》中这段对黄传绅的记述，表达了泾阳县官绅对黄传绅在官场情势不利的情况下，成功维护泾阳县龙洞渠灌区利益所作出的努力的表彰。

虽然刘蓉在泾阳、三原两县在龙洞渠上分水时间上的变革失败了，但是，龙洞渠的修浚照常进行，由泾阳县知县黄传绅委托于荣祖进行：

> 兵燹后，白渠淤塞，知县黄传绅思议浚修，而苦于费用浩繁，召荣祖商之。荣祖独任其事，毫无难色，传绅即以渠事委之，果克期告竣。传绅欲摊捐民间以偿荣祖，不许，遂给谕奖之。②

三原县由于遭到泾阳县在龙洞渠分水时间变革这件事上的反对，事实上已经无法染指龙洞渠修浚的主要工程（修浚的主要工程在泾阳县境内），这由郭李生彬的记述可以看出一丝端倪，"上宪委修岳庙及龙洞渠，悉能条陈利弊得失"③，这则史料记载了郭李氏在龙洞渠上"悉能条陈利

---

① 宣统《重修泾阳县志》卷一二《列传》，《中国地方志集成·陕西府县志辑（7）》，第525页。

② 《泾阳乡土志》，《陕西省图书馆藏稀见方志丛刊》第五册，北京图书馆出版社2006年版，第560页。

③ 光绪《三原县志》卷六《人物志》，《中国地方志集成·陕西府县志辑（8）》，第599页。

弊得失"，却没有记载他在龙洞渠修浚上的实际作为。

第二节　陕西回民起义后龙洞渠的兴修及乡绅治理

从历史资料记载来看，除了同治四年（1865）刘蓉倡修龙洞渠，晚清龙洞渠兴修还有数次。

同治六年（1867），左宗棠率军出陕镇压回民起义，奏刘典留陕。同治七年（1868）清廷命刘典署理陕西巡抚督办军务。刘典上奏说：

> 未垦之地，泾阳、三原、高陵为多，固由人民逃亡，亦因无水灌注，不能种植。龙洞渠湮塞，前抚臣刘蓉修治未竟。臣筹款开浚，加筑隄防，不日即可蒇事。①

刘典上奏提及刘蓉在修治龙洞渠上的失败，他修浚龙洞渠时间在同治八年（1869），"溯自陕省军兴，渠道报湮，民田致失灌溉，曾经前署抚臣刘典，于同治八年筹款修理"②。亦是在同治八年（1869），"内阁学士袁保恒拟复广惠故渠，栽椿灌铁砌石筑坝，捍泾入渠，经营逾年，迄无成效"③。

同治八年的陕西巡抚刘典与内阁学士袁保恒在龙洞渠行动可能为一回事：巡抚刘典筹款倡修，而袁保恒现场负责，因为刘典的上奏说要"筹款开浚，加筑隄防"，袁保恒努力的中心任务在筑坝引泾入渠，亦可以说是"加筑堤防"。同治八年袁保恒在"筑坝"引泾水方面没有成功，"（袁保恒）屯田泾上，拟复广惠，又开新渠，后复在王御史渠口，栽椿安置筒车，经营年余，迄无成效"，民国初年泾阳人高锡三对此事评价道："按袁公新渠，在惠民桥西北，暗穿堰道，横断郑渠，斜穿旁岗，东入白渠，泾河日低，渠口高仰，郑白不能引，袁公引之，所谓居今之世，

---

① 宋伯鲁等：《续修陕西通志稿》卷六五，民国二十三年（1934）铅印本，第9页。

② 冯誉骥：《修复渠工请照旧开支岁修银两疏》，葛士濬《清经世文续编》卷九九，清光绪石印本。

③ 宣统《重修泾阳县志》卷四《水利志》，《中国地方志集成·陕西府县志辑（7）》，第465页。

反古之道，宜其无效也。"① 袁保恒应该说是颇具雄心，自"断泾疏泉"后袁保恒是第一个付诸行动引泾的。

光绪初期，三原县知县焦云龙在其任上修浚龙洞渠，"修郑白、龙洞二渠以兴水利，清丈地亩，招集流亡，给牛种并安家费四十千，以开荒地广农业"②。光绪七年（1881），陕西巡抚冯誉骥委派西安清军水利同知王㮣"驻工督催"修龙洞渠，"于光绪七年十月初八日兴工，至十二月初七日，官工、民工概行完竣，当即按期放水，各该县俱已受水"③。光绪十一年（1885），泾阳知县涂官俊兴修龙洞渠。涂官俊去世后，陕西巡抚升允在上奏中请求表彰他在修龙洞渠上的贡献："龙洞渠者，泾邑之美利也。自泾回乱，屡筹巨款兴修，水源弗畅，该故员（涂官俊）持精戢志，力任其艰，独挑泉议，开浚梯子崖，而全渠通畅，水势较前增 2/3，而所费较前不及 1/10，远近惊以为神，至今犹食其利。"④ 光绪十三年（1887）陕西布政使李用清捐廉七百两，以泾阳县丞温其镛⑤监工在龙洞渠筑堰疏淤。

光绪二十四年（1898），陕西巡抚魏光焘派军队修筑龙洞渠石土各渠，这是晚清最大一次兴修龙洞渠，魏光焘为此撰写了碑文：

> 丙申，予奉命来抚是邦，习知此渠未尽厥利，思复旧绩而益民生也。商之李乡垣方伯，筹提库帑，得请于朝。乃分檄各营，并力挑汰，塞者通之，淤者去之。修复截渡山水各石桥，以防沙石；开张家山大龙王庙后等处新土渠三道，截取山水，使不横冲，以保渠

---

① 高锡三：《泾渠志稿》，民国二十四年（1935）铅印本，第 10 页。

② 焦振沧编：《焦雨田先生年谱》，据民国二十五年（1936）铅印本影印，《北京图书馆藏珍本年谱丛刊》（175），北京图书馆出版社 1999 年版，第 565 页。

③ 冯誉骥：《修复渠工请照旧开支岁修银两疏》，葛士濬《清经世文续编》卷九九，清光绪石印本。

④ 《陕抚升允奏已故泾阳知县涂官俊政绩请付史馆立传疏》，柏堃辑《泾献文存·外编》卷一，民国十四年（1925）铅印本，第 6—7 页。

⑤ 温其镛，清直隶交河监生。光绪十一年（1885）任泾阳县丞。时龙洞渠地下暗渠一段淤塞崩塌，百姓害怕洞中毒蛇怪虫，他率先进入洞内，淤塞顽石得以清理。工程结束，将剩余银两交差徭局。服丧离泾阳前，还捐俸助牛痘局（泾阳县县志编纂委员会：《泾阳县志》，陕西人民出版社 2001 年版，第 791 页）。

岸。复派员督集民夫，分修泾、原、高、醴四县民渠，以广利导。

工将浚而大雨，自六月至于十月不止，泾水屡漫，渠道复壅——盖由原修之琼珠、倒流二石堤低下；而中渠井逼近泾水，井口空虚，泥沙易入。乃命加高二堤，封闭井口，以防泾水倒灌。又勘明大、二、三龙眼，内有石渠，上有流泉，——即明广惠渠引泾入渠旧道；四龙眼内旧有石堤，遏绝泾水。乃浚大、二、三龙眼，以出长流之泉，而益固四龙眼之堤。复修石囷，收鸣玉泉入渠，以益水源。除新淤、葺颓圮，益浚支渠，并复高陵废渠，拮据经营，事以粗集，增溉地十万亩。

乃就地长筹经费，以资岁修；立各县渠总，以专责成；设公所于社树海角寺，以便会议；酌定章程，以垂久远。每年夏秋由泾阳水利县丞会率泾阳渠总，就近督同额设水夫，按月三旬，勤刈渠中水草；九月之望，各县渠总会集公所，勘验渠道及各渡水石桥、截水土渠。遇有微工，随时修理，只许动用息银；工程较大则先行核实估计，禀候批准，酌提存本，工竣造报。盖予为渠计长久者如此。后之君子，诚能倡率地方，益筹经费，俾非有大工不再动用国帑；稽查现章，俾勿废坠，更因时补救广所未及。使渠之利被诸万民，贻诸后世，是则予之厚望也。

是役始于戊戌三月，竣于己亥春莫，共用帑四千九百九十余两。首其事者为严道金清，董其成者为贺丞培芳，督其工者为谭总兵琪详、龚参将炳奎、刘参将琦、萧游击世禧。时任泾阳者则张令凤岐，三原则欧令炳琳，高陵则徐令锡献，醴泉则张令树穀。始终襄其事者则于绅天锡。[①]

此次修浚有个特点，就是士兵参加官渠的修筑，"上年从新修浚，派营勇以治官渠，集民夫以治民渠"，之所以要动员军队参加修渠，魏光焘认为"关辅地本上腴，兵燹后人民寥落，元气凋残，水利未尽兴复……

---

① （清）魏光焘：《龙洞渠记》，白尔恒、［法］蓝克利、［法］魏丕信编著《沟洫佚闻杂录》，中华书局 2003 年版，第 209—211 页。

小民殚于兴作，公家限于财力"①。修渠十分辛苦，"凿险缒幽，篝火探穴，撮土拳石，率须筐负絙接以出运，达于高岸，峭壁之外，用工极钜，为役尤苦"，故光绪二十五年七月魏光焘上奏请求朝廷奖励龙洞渠出力员绅②。魏光焘碑文里讲，兴修前龙洞渠仅灌溉三万九千余亩，此次兴修的结果是增灌溉地十万亩，应该说效果大著，不过，这说法并不可靠，宣统《重修泾阳县志》卷四记载："二十四年巡抚魏光焘派队修筑石土各渠，计二千六百余丈，收鸣玉泉水入渠，筑堤丈二三尺，未几，冲决如故。"③ 应该说，魏光焘此次龙洞渠兴修最大遗产，就是设立各县"渠总"及设"公所"于社树海角寺。各县设立"渠总"及整个灌区设立"公所"，目的显然在于增强龙洞渠各县灌区及整个灌区在一些事务上的宏观协调，这是乾隆末期撤销专管龙洞渠水利通判后的一大变化。不像水利通判是由王朝官员出任，各县"渠总"一般由乡绅担任，他们聚集在"公所"商议灌区的事宜，龙洞渠日常事物管理的乡绅治理色彩十分明显。虽然没有资料表明此次龙洞渠兴修中"始终襄其事"的泾阳著名乡绅于天锡担任泾阳"渠总"，但于氏在之后的龙洞渠常修及日常管理中的作用显著，如宣统《重修泾阳县志》卷四记载："筹抽皮坊在渠洗皮一张，纳银三厘，每年约得银四百余两，委监渠于绅天锡经理生息，为岁修费。"④

魏光焘兴修之后，龙洞渠大的兴修还有几次。光绪二十七年（1901）六月，暴雨坏龙洞渠堰，泾阳县知县雷天裕进行修浚⑤。雷天裕在光绪末年三任泾阳知县⑥，任上对龙洞渠兴修十分重视，光绪三十四年（1908）他向陕西巡抚禀报"龙洞渠赵家桥石坡工程完竣，动用工料银数计泾阳市平一千五百四十余两"，得到陕西巡抚的批准⑦。

---

① 《宫中档光绪朝奏折》第 13 辑，故宫博物院 1974 年版，第 100—101 页。

② 同上。

③ 宣统《重修泾阳县志》卷四《水利志》，《中国地方志集成·陕西府县志辑（7）》，第 465 页。

④ 同上。

⑤ 同上。

⑥ 同上书，第 494—495 页。

⑦ 《陕西官报》光绪戊申（1908）六月下旬，参见《清末官报汇编》第 44 册，全国图书馆文献缩微复制中心 2006 年版，第 22160 页。

光绪末年有英国传教士郭崇礼打算分英国赈灾银一半，用来修堤以引泾水入渠，没有结果①。光绪三十四年（1908）七月暴雨损坏龙洞渠灌区惠民桥石坡，署泾阳县知县杨宜瀚动工进行修复。宣统二年（1910）秋，泾水涨，渠复壅淤，泾阳县知县刘懋官筹款兴修②。

综上所述，陕西回民起义后对龙洞渠水利兴修密度可谓空前，这种努力值得肯定，但由于修渠技术未有突破等因素，其效果并不乐观，颇具雄心的袁保恒就是一个典型例子。从陕西布政使李用清捐廉七百两、泾阳筹抽皮坊税银为岁修费等记载来看，龙洞渠修浚资金短缺似乎是一个困扰问题，樊增祥在清末任陕西按察使时曾判泾阳县知县的"劣幕"，"扣束修八十金，发交龙洞渠充公"③，此事也间接说明龙洞渠修浚经费不足。不过，与嘉庆、道光年间相比，陕西回民起义后官方对龙洞渠兴修还是重视了很多，主修者不少为省级官员，在几次兴修中也动用公帑。光绪二十四年（1898）陕西巡抚魏光焘大修龙洞渠之后，设立各县"渠总"并在泾阳社树成立"公所"，这是龙洞渠管理上的一大变化，表明乡绅在龙洞渠的日常事务中的作用进一步加强。

第三节　陕西回民起义后清峪河水利的重建及纠纷

自明末清初就聚讼不断的清峪河灌区，在晚清时期依然纠纷不断，尤其泾阳县所属源澄渠与三原县所属八复渠关于"三十日水"的争夺成为纠纷的焦点，同治八年（1866）和光绪五年（1879）官方裁定的结果前后不同，使渠系之间关于"三十日水"纠纷至民国初仍然存在。而且，光绪五年（1879）裁定重新开启了木涨渠与八复渠的矛盾。

同治八年（1866）陕西巡抚刘典裁定为：将三十日之水，作为源澄渠渠长修筑渠堰雇觅人工之资。这一判定是根据道光二十年（1840）源

---

① 宣统《重修泾阳县志》卷四《水利志》，《中国地方志集成·陕西府县志辑（7）》，第465页。
② 同上。
③ （清）樊增祥：《樊山政书》，那思陆、孙家红点校，中华书局2007年版，第92页。

澄渠水册作出的①。道光二十年《清峪河源澄渠水册序》说，三十日水
"利夫难以分受，除为渠长老人修筑渠堰雇觅人工之资"②。不过，由嘉庆
九年（1804）岳瀚屏记述来看，源澄渠三十日水虽按惯例归渠长支配，
而事实上，当时源澄渠的三十日水被八复渠夺走了③。那么道光二十年
（1840）的源澄渠水册记录有可能遵照了被八复渠夺走之前的惯例，而并
非三十日水的实际情形。刘典的裁定遵照了清中期的一种惯例。

光绪五年（1879），八复渠状告源澄渠夺走三十日润渠之水，纠纷又
起，当时护理陕西巡抚王思沂④及陕西布政使司作出裁定：

> 三原县八复渠大建三十日之水，仍归八复润渠旧章，请示饬遵
> 一案，奉批如详办理。即转泾阳、三原二县一体遵照，刊刻立碑，
> 以垂久远。经此次定章之后，如有强横之人，截霸水程，偷买偷卖，
> 侵吞渔利等弊，即由巡水之县丞严拿送县，详请究办，以儆效尤。⑤

"三十日水归八复润渠"这一裁定的前期工作，由陕西巡抚委派的候
补知县侯鸣珂、署理泾阳县知县万家霖、代理三原县知县张守峤完成。
他们三人会勘八复渠、调查水利前后情形、研读碑记等后认为，"泾、三
两县清峪河水，向分五道，各按日时分斗受水灌田，每遇大建三十一日
昼夜之水，作为八复行程润渠之资，历来年久"，主要根据为明万历四十
五年及清嘉庆年间断案碑记；而同治八年巡抚刘典查勘判定，所依据为
源澄渠水册，该水册"事在道光二十年，且系泾阳县印册，既无断案，

① 《八复水夺回三十日水碑记》，刘屏山编纂《清峪河各渠记事簿》，1929—1933 年稿抄
本。参考白尔恒、[法]蓝克利、[法]魏丕信编著《沟洫佚闻杂录》，中华书局 2003 年版，第
105 页。

② 《清峪河源澄渠水册序》，刘屏山编纂《清峪河各渠记事簿》，1929—1933 年稿抄本。参
考白尔恒、[法]蓝克利、[法]魏丕信编著《沟洫佚闻杂录》，中华书局 2003 年版，第 90 页。

③ （清）岳瀚屏：《清峪河源澄渠始末记》，刘屏山编纂《清峪河各渠记事簿》，1929—
1933 年稿抄本。

④ 《八复水夺回三十日水碑记》只说护理巡抚王某，王某应为王思沂，参见宋伯鲁等《续
修陕西通志稿》卷五七，民国二十三年（1934）铅印本，第 24 页。

⑤ 《八复水夺回三十日水碑记》，刘屏山编纂《清峪河各渠记事簿》，1929—1933 年稿
抄本。参考白尔恒、[法]蓝克利、[法]魏丕信编著《沟洫佚闻杂录》，中华书局 2003 年版，
第 104—105 页。

又无碑记，事本含混"，当时木涨渠"水户"马丙照等"朦聪兴讼"，刘典委派处理官员宫守等，"未能查明旧日断案碑记，只执源澄渠所呈水册，遂将三十一日八复行程润渠之水，定为渠长老人修渠之用"[①]。他们三人在会禀中为八复渠作了辩护：每月三十日这一天，不是每个月都有，倘若此月没有三十日，修渠资金从何而出？这是很荒谬的[②]。

同治八年，刘典就清峪河水利还有一个裁定，《八复水夺回三十日水碑记》没有明确指出，就是木涨渠可以用八复渠漏水，为什么这么说呢？因为侯鸣珂、万家霖、张守峤三人指责木涨渠利夫马丙照等"朦聪兴讼"，按照正常逻辑木涨渠利夫不会为源澄渠的利益而作"朦聪兴讼"的事，也就是说同治八年裁定让木涨渠获得了用八复渠八日漏水的权利。而在同治八年之前的清嘉庆年间的木涨渠与八复渠之间的关于"浮水"的兴讼中，木涨渠没有获得成功：当时木涨渠利夫认为自己有用八复渠八日浮水的权利，于是"劫堰平渠"使八复渠用水大受影响，因而发生纠纷，嘉庆十一年陕西巡抚派"清军大尹叶"及泾阳县知县王某、三原县知县程某等到清峪河下五渠口，最后裁定木涨渠没有用八复渠八日浮水的权利[③]。

显然，侯鸣珂、万家霖、张守峤三人在调查中很清楚清嘉庆年间这场纠纷及结果，然而他们也注意到了木涨有用浮水的旧例，此旧例载在康熙《三原县志》："每月初一日至初八日，毛坊、源澄、工进诸渠尽闭，五渠截全河而东所流，既壮，不无溢漏之水，木涨渠接其下，故有八日夜浮水。"[④] 他们三人决定用一个折中的办法，即拟定将三十这一天的十二时水，分四时归木涨，留八时给八复渠，他们的建议被否决："未免迁就了事，亦非持平之断，应即遵照宪示，毋庸置议。除会议申明旧章等五条，事属可行，均准照办外，其大建三十一日之水，即仍照旧章，以

① 《八复水夺回三十日水碑记》，刘屏山编纂《清峪河各渠记事簿》，1929—1933 年稿抄本。

② 同上。

③ 《重定八复全河水利记》，参见宋伯鲁等《续修陕西通志稿》卷五七，民国二十三年（1934）铅印本，第 24 页。

④ 康熙《三原县志》卷一《地理志》，康熙四十三年（1704）、五十三年（1714）增补刻本，第 10 页 a。

作八复行程润渠之用。"① 这一裁定结果损害了木涨渠的利益，实际上重新开启此后的木涨渠与八复渠之间的纠纷。

光绪五年（1879）关于三十日水归属裁定，有利于三原县八复渠。到了光绪七年（1881），三原县知县焦云龙、三原县水利县丞屠兆麟与八复渠民众刊碑三方，上刻光绪五年的裁定，立泾阳、三原二县及鲁桥镇街道，并将侯鸣珂、万家霖、张守峤暨泾原二县会禀议定的水渠章程刻于碑阴，希望各渠永远遵守这一裁定结果及执行章程。

刻于碑阴的章程共六条，对清峪河灌区的秩序作了详细规定。

第一条为"由明旧章，以便遵守也"。讲灌溉的时间及规则：毛坊、工进、源澄、下五、"沐涨"五渠，每月初九日子时起，齐开渠口，分受清河之水浇灌地亩，至二十九日戌时止，将各渠封闭。然后，八复渠于每月初一日子时起受水，由下五渠道，顺流七十余里，浇灌张、唐、小眭、留官等里地亩，至初八日满时停止，将渠口封闭。又轮至毛坊各渠，同前浇用②。

第二条为"严定水程，仍以复旧章也"。该条重复强调灌溉时间和规则，再次明确如果月有三十日，就将三十日作八复渠行程润渠之用，指出泾阳民"捏八复为八浮"的说法"名义实无所取"③。

第三条为"严加稽查，以便弹压也"。讲灌溉秩序的维护。各渠受水灌溉，立法本极周密，"近因年久，率多不由旧章，或恃强截霸，或取巧偷窃，甚有私卖私买，徇情渔利等弊"④。因此规定：每当各渠受水之期，如每月二十九、三十及次月初一日，系各渠交与八复受水之日，每月初八、初九，系八复交与各渠受水之日，三原、泾阳两县丞务必先期会合，各带差役八名亲赴渠口，督率各渠长交接启闭，均照时日安排不准稍有挪移；倘有敢抗违者立即重责枷号，并随时稽查，如有截霸偷窃、私卖

---

① 《八复水夺回三十日水碑记》，刘屏山编纂《清峪河各渠记事簿》，1929—1933 年稿抄本。参考白尔恒、[法] 蓝克利、[法] 魏丕信编著《沟洫佚闻杂录》，中华书局 2003 年版，第106 页。

② 《八复水夺回三十日水碑·碑阴》，刘屏山编纂《清峪河各渠记事簿》，1929—1933 年稿抄本。

③ 同上。

④ 同上。

私买等徇情各弊，亦要立即分别惩究①。

第四条为"明定科条，以便惩儆也"。规定对各渠滋弊惩罚：其一"截水之弊"，指上游受水之时已满，应交下游，或未及受水之时，图先灌用而截水，犯者即依照县志所载龙洞县定章，每亩罚麦五斗。其二"偷水之弊"，指上游受水未满时刻，被下游渠私挖渠口，引水浇地，犯者即照旧章，每亩罚麦五斗。其三"卖水之弊"，指将此斗此渠应受之水，私自卖于彼斗彼渠，得钱肥己者，犯者即照得钱多寡，加倍追缴充公。其四"情水"，指将本渠应受之水，或因水已敷用让于他人浇地，此虽系彼此通融情理上讲得通，但究系私相授受，易滋流弊。犯者即照旧章，每亩罚麦五斗②。对于以上滋弊，有犯必惩，由三原、泾阳两县丞执行，照章追缴并牒县存储，以备挑修渠道之资。并将罚数、用数若干，由两县丞牒县，核明、榜示鲁桥镇，一体周知。倘若县丞有从中侵渔及差役格外苛索情弊，并准该渠长禀于两县知县，核究舞弊县丞及差役③。

第五条为"合力修浚，以免淤塞也"。讲修渠经费问题，认为源澄渠将三十日水留为渠长雇觅、修筑人工之费，是"将众人浇地之利，致令一人卖钱，独揽其利，不惟上下其手，流弊滋多"④。以后凡遇修筑时，所有经费，即照各渠受水之大户利夫等，按地亩多少均匀摊派，以示公允而免推卸责任⑤。

第六条为"另筹薪水，以资办公也"。讲两县丞及差役下乡经费问题："两县丞每月下乡稽查两次，动经旬日，夫马等费，差役口食，既不能枵腹从公，若令该县丞各自捐廉俸，役工无几，未免过于苦累。"⑥最后规定："由两县每月各筹给薪水工食钱拾贰串文，庶该员等办公有资，亦必踊跃任事。倘此外设于渠工另有婪索及差役讹诈各情，即由两县查明，据实禀揭，不得瞻徇。"⑦

---

①　《八复水夺回三十日水碑·碑阴》，刘屏山编纂《清峪河各渠记事簿》，1929—1933年稿抄本。

②　同上。
③　同上。
④　同上。
⑤　同上。
⑥　同上。
⑦　同上。

六条章程对清峪河水利秩序进行了构建，由于清峪河灌区跨泾阳、三原两县境，章程突出了泾阳、三原两县丞的作用。

光绪五年（1879）的裁定，八复渠的利益得到保证，源澄渠、木涨渠的利益有一定损害。刘屏山认为：光绪五年的裁定是在八复渠有灌溉利益的房吏作了手脚后的结果，刘典当年判案是查清楚判的，只是因为八复渠灌区内有不少人为"上宪房吏"，他们亲近上宪，上宪以此等细事付之刑名师爷批复，而他们又亲近师爷，从而产生舞弊。在此过程中，八复利夫只拿出有利于自己"胜事"，而将其他"各渠得胜之事，置之不理"①。刘屏山这一看法来自前人，刘屏山出生于 1883 年②，光绪五年（1879）时他尚未出生。但是，刘屏山的这一说法仍有意义，说明光绪五年裁定的背后，仍然有八复渠的权势力量在起作用。

到了光绪二十六年（1900），渭北大旱，九月清峪河各渠用水趋于紧张。此时郭毓生出头，不惜牺牲性命，以死相抵，率领源澄、木涨两渠各利夫用水漫地，播种麦豆田地不少，所收获的粮食救了源澄、木涨两渠不少人。郭毓生这样做的理由为：根据李瀛修的康熙《三原县志》记载，木涨渠可用漏眼浮水；另外根据同治八年（1869）刘抚帅判案与源澄渠水册的序言，源澄、木涨有用三十日水的裁定以及木涨渠有九月用全河水的惯例③。关于郭毓生其他情况，现存资料涉及极少，他是源澄渠人还是木涨渠人？也无从知晓。不过，郭毓生带领源澄渠和木涨渠利夫破坏光绪五年（1879）的裁定，说明在光绪五年裁定中受损的源澄渠和木涨渠在此时由于利益而形成了联盟。不过八复渠势力很大，郭毓生被抓进班所，光绪二十七年（1901），因身体有疾死于咸宁县班所④。

这一争讼一直延续到民国初年。民国二年（1913），刘玉山"又援《三原县志》欲用漏眼浮水，引刘抚帅判案及告示，用三十日水，用九月

---

① 刘屏山：《八复水夺回三十日水碑记·批注》，刘屏山编纂《清峪河各渠记事簿》，1929—1933 年稿抄本。

② 白尔恒、［法］蓝克利、［法］魏丕信编著《沟洫佚闻杂录》，中华书局 2003 年版，第 49 页。

③ 刘屏山：《源澄木涨与八复兴讼》，刘屏山编纂《清峪河各渠记事簿》，1929—1933 年稿抄本。

④ 同上。

全河水"①，刘氏这一主张代表了木涨渠的利益，他是木涨渠灌区人无疑。刘玉山将他的诉求"先投禀于王桥头水利委员，并递禀于三原县公署及省都督兼民政长"②。随即纠纷又起，八复渠人控告刘玉山，以郭毓生案为例，将玉山管押三原"代质所"，并追缴光绪二十六年判罚木涨渠钱一千五百串文③。为什么要管押刘玉山？因为他带领木涨渠利夫决了八复渠堰放水。此时，木涨渠众利夫推周心安出头，在省行政公署投呈，大都督兼民政长批令泾原两县知事查明秉公处断④。为什么要泾阳县和三原县两知事处断呢？因为这涉及两县灌区的纠纷，由此推断刘玉山本人为木涨渠泾阳灌区的人。而在泾阳、三原两知事判案时，泾阳县知事顾士林为了维护泾阳县人的人身安全，避免郭毓生的悲剧，他强制判令木涨渠出钱二百串文，在峪口村北买地与八复修渠，再不得决堰放水，使三原县知事及八复渠利夫无可奈何⑤。民国二年讼终之后，木涨代表周新菴、李义龙与八复代表孙汉青、郑西能商谈，八复渠允准木涨用漏眼浮水，但不得决偷盗放水，双方书立合同以和平方式平息争讼⑥。

　　总之，陕西回民起义后，清峪河灌区的水利秩序进行了重建。关于"三十日"水的争夺同治八年刘典的裁定遵循了一种传统，而光绪五年的裁定又遵循了另一种传统。光绪五年的裁定重新开启了木涨渠与八复渠之间的用水矛盾，在清末民初的清峪河水利纠纷中，木涨渠与源澄渠形成某种利益联盟，对抗八复渠。

本章小结

　　渭北的回军离开后，同治四年（1865）龙洞渠水利的重建被提了出来，时任陕西巡抚刘蓉认为，之前分水时间安排不合理，倡导泾阳县给

---

　　①　刘屏山：《源澄木涨与八复兴讼》，刘屏山编纂《清峪河各渠记事簿》，1929—1933 年稿抄本。

　　②　同上。

　　③　同上。

　　④　同上。

　　⑤　同上。

　　⑥　同上。

三原县让出一些用水时间，而龙洞渠修浚的费用由三原县富绅承担。要理解刘蓉提出龙洞渠分水时间上的变革，必须回到当时渭北区域社会环境，要注意到分水之争背后呈现的是陕西回民起义给泾阳、三原地方精英冲击所引起的社会结构变化，这种变化的产生是由于泾阳县城被攻下来等因素，泾阳地方精英的衰落较三原为巨，分水时间变革的提出反映了区域社会的这一变迁。但是，刘蓉的分水时间变革由于当时泾阳知县黄传绅以实施难度太大的现实理由及泾阳乡绅事实上不合作等因素，而归于失败，泾阳官绅在这场博弈中维护了地方利益。

刘蓉倡修龙洞渠失败之后，官方对龙洞渠的兴修并未中断。同治八年内阁学士袁保恒屯田泾阳，欲进行引泾，由于方法不当未成功。光绪二十四年（1898），陕西巡抚魏光焘派军队修筑龙洞渠石土各渠，并立灌区各县"渠总"及在泾阳社树设立"公所"。各县"渠总"及"公所"之设立，其目的在增强龙洞渠各县灌区及整体在一些事务上的协调，这是晚清龙洞渠管理的大变化，带有转型色彩。在这一转型中，乡绅在龙洞渠日常管理中的作用越来越突出。

晚清渭北清峪河水利的纠纷，源于该时期官方前后裁定的不一致。光绪五年的裁定，八复渠的利益得到保证，损害了源澄渠与木涨渠的利益。因此，源澄渠与木涨渠结成渠系联盟，与八复渠进行对抗。从刘屏山的记述来看，光绪五年（1879）水利纠纷裁定的背后，有权势干预的因素。

第 四 章

渭北水利的近代转型

上章述及在陕西回民起义后，渭北引泾水利已经有人提及并践行。到了民国初期，"引泾"不断被提出，在 20 世纪 20 年代军阀政治下，渭北成立"渭北水利工程局"，负责引泾，但没有成功，在 20 世纪 30 年代初，在陕西空前旱灾的情况下，却完成了引泾水利工程——泾惠渠。泾惠渠的成功修筑，本身就演绎着渭北水利的近代转型。本章重点研究引泾水利——泾惠渠是如何修成的，即这件对渭北当地有重大影响的水利事业做成的机制是什么，并在此基础上探讨渭北泾渠管理的近代转型。本章第一节将首先研究民国初期军阀政治下引泾水利工程为何不能成功。

第一节 民国军阀政治下的引泾水利开发及其困境

一 民国初期郭希仁的引泾努力

郭希仁（1881—1923）是民国初年引泾水利事业的提倡者和支持者①。郭为陕西临潼人，1909 年任陕西同盟会会长，为陕西辛亥革命时期重要领导人，辛亥革命后不久离职。1913 年郭希仁游历欧洲，特别注意水利，当时李仪祉在德国准备学习铁路工程，他对仪祉说，"与其学他艺，不如学水利，吾乡之郑白渠，废弛久矣，曷弗于吾辈手俾复之"，仪祉因此而改学水利②。

---

① 关于郭希仁与民国初期陕西水利的关系，曹梦麟、李淑贤、曹东在《陕西辛亥起义后的郭希仁》（《陕西史志》2004 年第 5 期，第 50—51 页）一文中曾述及郭希仁在辛亥革命后任陕西水利分局局长时在陕西水利上的一些事迹。

② 李仪祉：《李仪祉全集》，中华丛书委员会 1967 年印行，第 824 页。

1916 年陕西水利分局成立，管理全省水利行政及水利工务事宜，主事者为郭希仁。1917 年 5 月 3 日，郭希仁被任命为陕西水利分局局长。9月初，渭北骤降大雨，泾水泛滥，冲毁龙洞渠倒流泉石堤、水磨桥北石栏杆、琼珠洞、打鼓洞、野狐哨眼等五处石堤，石沙淤泥壅塞渠道长1800 余丈①。10 月 30 日，郭希仁亲赴泾阳县考察龙洞渠，并带测量人员进行勘测，当年郭氏对此事有日记记载："编《水利考证》，水利局组织已略有端倪。赴谲河、申家堰、寇家堰查勘水利，又赴泾阳王桥头看龙洞渠工程，白渠原无引泾，民元党自新拟凿长洞穿张家山引泾，已测过，但未存案。余来时特约测量局员，住此另测。虽财政艰难，作为远图也。"② 显然在郭看来，引泾是"远图"，是解决龙洞渠水利的根本，但限于财政，疏淤工程为当务之急。

对于引泾的想法，郭希仁并不甘心放弃，写信给泾阳名人杨蕙③商讨此事，郭的去信可能已经失存。杨蕙在回信中谈及晚清民国初年引泾水利现状，阐述他对泾渠水利看法，共列举了三条。第一条杨蕙说：

> 郑渠故道能否规复？如能规复，估计工程需费几何？郑渠故道即白渠所行之道，不过郑渠流长入洛，白渠流短入渭耳。……至如引水则在水多，水多则在引泾，引泾则须筑堰……如是则旱仍难济，利仍不普，无已则惟有开吊儿嘴。……如欲一劳永逸，则须如前年党自新使人测量定议于张家山前凿洞，由张家沟引水至赵家桥入渠，似可永无冲崩之患，闻当时估工大约在十五万金上下。若无此钜费，则舍吊儿嘴再无良法。开吊儿嘴创始于明三原人王思印，部议又不决，知县袁化中始建专用泉水议。彼时但忧石渠难开，不能容，今有炸药，不愁开渠。故敝友魏筱峰日诚在张翔初都督时，曾上一书，

① 陕西省地方志编纂委员会编：《陕西省志·水利志》，陕西人民出版社 1999 年版，第28 页。

② 杨克恒辑：《郭希仁先生年谱》，参见《陕西文史资料》第 22 辑，陕西人民出版社 1989年版，第 39—40 页。

③ 杨蕙（1845—1918），字凤轩，号泾上耕夫，泾阳桥底镇人。清光绪十四年（1888）中举。受刘古愚影响，主张实业，重视教育，死后泾阳县城建有"杨公祠"（《泾阳县志》，陕西人民出版社 2001 年版，第 794 页）。

即请开吊儿嘴。……所需经费，较开张家山当能省三之一二矣。①

第一句"郑渠故道能否规复？如能规复，估计工程需费几何"，这应该是郭希仁来信中的疑问。杨蕙认为，龙洞渠要恢复郑白渠的辉煌，必然要引泾水，引泾水要筑堰，筑堰就要加宽明广惠渠，但这样的效果并不好，不如打开吊儿嘴。显然，经过晚清西学东渐到了民国初期，开吊儿嘴引泾水之议又被时人提了出来，"故敝友魏筱峰日诚在张翔初都督时，曾上一书，即请开吊儿嘴"。杨氏认为打开吊儿嘴有石堤冲崩之患，不如在张家山前凿洞由张家沟引泾水至赵家桥入渠，这样"似可永无冲崩之患"。杨蕙估算张家山前凿洞的方法需花费十五万两银，而打开吊儿嘴方法较凿洞于张家山，经费能省 1/3 到 2/3。在杨蕙回郭希仁信的第二条中，杨氏认为，堵塞泉水漏孔增加龙洞渠灌溉水源十分重要②。在第三条中，杨氏讲到淘淤泥疏泉增水的重要性③。

1917 年，郭希仁给友人的书信中说，"希仁数年来感吾陕频遭荒旱，拟大兴水利，以为根本永久之计而苦无把握。据在欧游时留心观察，并会以平日所想，于水利总义总法，略有端绪。若得大力提倡，普遍开办，三十年后，庶可使西北荒旱之患，而各种实业之缘水利以兴者，亦可次第发达。及长水利局，调查泾谷口，疏浚草滩河渠，修申店潏河渠、莫陵庙坝河堤、沙河仓堤坝、闫家滩浐河堤，补治商县府君庙丹河堤、长武胡家河渠，立法设计，奖励不遗余力。乃遭逢世变，兵火不息，民穷财尽，未能大有所为耳！"④ 在此书信中，郭希仁将水利振兴计划无法实施的原因归于"遭逢世变，兵火不息，民穷财尽"，郭氏并未因此而放弃振兴陕西水利事业之梦想。

1918 年，渭北的陕西靖国军与西安的陈树藩势力在军事上形成对垒，郭希仁以陕西辛亥革命元老身份，有三原之行，欲对两者之间的矛盾进

---

① 杨蕙：《覆郭希仁书》，见柏堃《泾献文存》卷二，民国十四年（1925）铅印本，第24—25 页。

② 同上书，第 25 页。

③ 同上。

④ 杨克恒辑：《郭希仁先生年谱》，参见《陕西文史资料》第 22 辑，陕西人民出版社 1989年版，第 40 页。

行调解，留住三原四十余天，由于西安与渭北之间的军事政治势力对立几乎水火不容，他的调节惨败。然而，在双方激烈对垒之际，郭希仁以陕西省水利局局长身份，派人在渭北勘测泾谷吊儿嘴及附近地形，并将勘测形成略图送往在南京河海工程专门学校任教的李仪祉求教，准备实施引泾工程。李仪祉回信表示，极力赞同兴办引泾水利，但原测图太粗，且资料短缺无法满足规划设计需要，引泾工程不能草率行事①。

　　1922 年，肺病危重的郭希仁力邀李仪祉回陕接任水利局长，接续他的引泾事业。1923 年，郭希仁病逝。李仪祉在 1932 年泾惠渠一期工程修成后撰文《泾惠渠之首功郭希仁》，高度评价郭希仁在泾惠渠兴修上的首倡之功，文称：

> 　　陕西泾惠渠凿成矣。而无人不知首其功者，乃郭希仁也。……此后希仁时与余通函询及所学，谆谆以勿忘水利相告。著有《水利谭》。陈树藩、刘镇华相续督陕，希仁任教育厅长，提携后进不遗余力。而笃守礼教，为新潮流所诟病。后又任陕西水利局长，曰：余守此位以待能者也。派人施测泾河钓儿觜，寄金陵嘱设计，虽简略，实为引泾首次之测量。民十一年召余归，胡笠僧亦遣李仲山来金陵就促，余即应之。至陕，希仁病肺已深，不能言，以笔书曰："余以支离之身，勉守此位以相待也，勉成大事，余无恨矣。"未及一月而逝，余感之而恸，汲泾干之泉以祭。今泾惠渠告成矣，得告慰于先贤。固多方协助之力也，而余不敢忘希仁。②

　　郭希仁是民国初期渭北引泾水利的主要提倡者，所以李仪祉才有这么高的评价。更重要的是，他影响了李仪祉，而李氏将深刻影响近代陕西水利乃至全国水利。

---

　　①　此说据叶遇春等编《泾惠渠志》(三秦出版社 1991 年版，第 17 页)的《大事记》；另一说法为 1919 年，参见李仪祉《陕西渭北水利工程局引泾第一期报告书》(《李仪祉全集》，中华丛书委员会 1967 年印行，第 244 页)。

　　②　李仪祉：《李仪祉全集》，中华丛书委员会 1967 年印行，第 824 页。

二　军阀政治下的引泾水利

辛亥革命后，陕西的人事战事就纷争不断。由于革命时新军建制完全打破，哥老会在新军中的"舵把子"成为最有实力人物，西安成为哥老会的天下，同盟会会员张奚若后来回忆，"到了西安之后，最感到意外的是除了张凤翙之外，所有要位都在不识字的哥老会人手中"①。1913 年 4 月，陕西都督张凤翙率卫队，把哥老会头子、陕西辛亥革命时副统领万炳南等击毙，并展开对西安及省内各地哥老会的镇压②。1914 年，袁世凯借"白朗"起事，派亲信陆建章率军入陕，张凤翙改封扬威将军，兵权被夺。1915 年，陆建章在陕西镇压国民党及进步人士，引起渭河南北陕军反对，纷起反抗。1916 年 5 月，陈树藩率军逐陆建章出陕，袁世凯死后，陈树藩依附段祺瑞督陕。1917 年，陈树藩暗开烟禁筹捐以扩军，限制党人活动并夺去革命党人李根源省长职务。同年 12 月，高峻、耿直等率先起事反对陈树藩③。

随即渭北三原等地革命党人酝酿反对陈树藩，1918 年 1 月，三原战事爆发：

> 三原为陕省商业中心，地距省仅泾渭之隔，树藩甚不愿胡（景翼）部屯留，因令其旅长曾继贤带同团长严锡龙来原驻防，而假胡为剿匪司令名义，令尽率部东击高（峻）耿（直）。时胡军之在三原者为张义安之备补营兵，不满三百。曾、严甚轻之，迫令开拔。腊月十三日夜大雨雪，曾、严军均围炉不设备，张义安先使董振五等伪为查城者，分缴各城门曾、严卫兵枪，又于各要隘巷口派兵布置，断绝曾、严各部交通，乃向曾之旅部、严之团部，四面攻击，战事竟一日两夜悉解缴其军装，曾、严缒城遁去，至十五日平明始定。

① 中国人民政治协商会议文史资料研究委员会：《辛亥革命回忆录》第一集，中华书局 1961 年版，第 154 页。

② 孙志亮、马林安、陈国庆：《陕西近代史稿》，西北大学出版社 1992 年版，第 298—299 页。

③ 参见李振民主编《陕西通史·民国卷》，陕西师范大学出版社 1997 年版，第 39—47 页。

而曹世英率部至自耀县，胡景翼亦自富平，相继乃共树陕西靖国
军旗。①

在三原首先树靖国军旗帜的为胡景翼部张义安。胡景翼（1892—
1925），字笠僧，陕西富平人，同盟会会员，辛亥革命时参加陕西耀州起
义。1913 年讨袁失败亡命日本，加入孙中山重组的中华革命党，奉命回
陕组织倒袁力量，胡加入陕军陈树藩部，由连长升至团长，其部多革命
党人②。1916 年，在陈树藩率军驱逐陆建章在陕势力时，胡景翼立下大
功，成为当时陕西军界重要人物。反对陈树藩的陕西靖国军旗帜在三原
树立后，从耀县率部来三原的曹世英与胡景翼互争雄长、意见不一，靖
国军遂分为左右翼，各称总司令，与陈树藩军对抗。1918 年 6 月，于右
任由沪归陕，被共推为陕西靖国军总司令。由此在陕西形成以渭北三原
为中心的靖国军，与以西安为中心依附段祺瑞的陈树藩势力之间的对垒
之势，20 世纪 20 年代前中期的渭北引泾水利就是在这样的军事政治环境
下开始的。

幼时在泾阳县生长、后在三原读书的靖国军司令于右任③，对渭北水
利十分热心。1920 年渭北大旱，于氏委任高又明、王五臣、高锡三监修
龙洞渠之鸣玉泉④。

泾阳人高锡三对龙洞渠水利颇有研究，他认为，鸣玉泉是漏卮，不
是大家通常认为的泉水，处理方法应该内塞不应外围，当时地方掌权者
没人相信他。高锡三并没有气馁，他用试验方法向人们证明其看法的正
确，然而由于款项不足，龙洞渠修浚工程无法展开。由于旱灾缘故，此
时渭北有人重提开吊儿嘴引泾之议，高锡三与高又明商量后，用泥沙摹
塑吊儿嘴与龙洞渠上下形势，在泥沙摹塑上标明"吊儿嘴之易开、龙洞

---

① 陕西革命先烈褒恤委员会：《西北革命史征稿》（上），周谷城主编《民国丛书》第 2 编
第 77 册，上海书店出版社 1990 年版，第 106—107 页。
② 参见章谷宜整理《胡景翼日记·编辑说明》，江苏古籍出版社 1993 年版，第 1 页。
③ 于右任祖籍泾阳县斗口村，幼年丧母，父在外经商，右任由伯母抚养，伯母为泾阳县杨
府村人，右任曾随伯母在杨府村生活，11 岁时伯母送其到三原县城上学读书，著籍三原，后人
遂以三原人目之。参见于右任所著《我的青年时期》《泾原故旧记》等，于右任先生百年诞辰纪
念筹备委员会《于右任先生文集》，台北"国史馆"1978 年版，第 360—371 页。
④ 高锡三：《泾渠志稿》，民国二十四年（1935）铅印本，第 18 页。

渠之宜修"，将其置三原县善堂让大家看，引起了众人对开吊儿嘴引泾的关注①。此时恰好渭北有一笔赈款需要处理。原来 1920 年渭北饥荒时，三原县组织陕西义赈总会，向中外募赈，赈后尚余款十四万多，应派分渭北十一县，然而饥荒已过。这时渭北绅商中有人说，与其分散此款，不如以其谋兴水利，作为长久救荒之策。于是渭北绅商开会商量，把这笔赈款作为开吊儿嘴引泾的预备费②。在此氛围下，1921 年陕西靖国军总司令于右任等，倡修渭北引泾水利，设立"渭北水利委员会"，举李仲三为会长③。

　　"渭北水利委员会"的成立在陕西靖国军解体之前，此时 1919 年 9 月因劝说旧部被陈树藩软禁的胡景翼于 1920 年 7 月已返回三原靖国军本部。胡景翼的软禁及获释与当时陕西及北方政局相关：胡氏之所以被陈树藩软禁，源于陕西靖国军与陈氏势力之间的斗争；而陈树藩之所以释放胡氏是因为北方政局的演变，1920 年 7 月，直系军阀联合奉系军阀扳倒皖系军阀，依附于皖系的陈树藩使出释放胡景翼等手段，以求保住自己在陕西的统治地位④。1921 年 7 月，直系军阀吴佩孚部阎相文、冯玉祥率军进入陕西，阎正式就任陕西督军。8 月 22 日，阎相文自杀，27 日冯玉祥接任陕西督军。冯玉祥督陕后，加紧对靖国军收编，胡景翼等鉴于靖国军兵力已衰，主张接受冯玉祥改编，而靖国军司令于右任坚决反对。1921 年 9 月 19—21 日，胡景翼在三原召开渭北 15 县国民代表会议，说明改编缘由，25 日通电取消陕西靖国军。10 月，胡景翼部被直系冯玉祥改编为暂编陕西陆军第一师。1922 年 1 月 17 日，胡景翼部包围陕西靖国军总司令部，焚毁文书查封办公室，于右任此前已出走⑤。

---

①　高锡三《泾渠志稿》，民国二十四年（1935）铅印本，第 18—19 页。

②　参见李仪祉《李仪祉全集》，中华丛书委员会 1967 年印行，第 244 页；高锡三《泾渠志稿》，民国二十四年（1935）铅印本，第 18—19 页。

③　参见叶遇春等编《泾惠渠志》，三秦出版社 1991 年版，第 17 页；蔡屏藩《陕西革命纪要》，章谷宜整理《胡景翼日记·附录一》，江苏古籍出版社 1993 年版，第 335 页。

④　参见李振民主编《陕西通史·民国卷》，陕西师范大学出版社 1997 年版，第 82 页。

⑤　同上书，第 83—85 页。又参见陕西省委党校党史教研室《新民主主义革命时期陕西大事记述》，陕西人民出版社 1980 年版，第 22—24 页；蒋铁生编著《冯玉祥年谱》，齐鲁书社 2003 年版，第 55 页；陕西文史资料委员会编《冯玉祥在陕西》，陕西人民出版社 1988 年版，第 289 页。

　　于右任走后，"渭北水利工程局"成立，名誉总董为胡景翼、总董为田玉洁①。胡景翼、田玉洁为当时渭北三原、泾阳的军事势力的掌控者，负责"渭北水利工程局"事务的为总办李仲三，拟聘李仪祉为总工程师，但仪祉当时并不在渭北，在南京河海工程专门学校任教。1922 年春，时任陕西省省长的刘镇华发电促请李仪祉回陕就任水利局长②。刘镇华（1883—1956），字雪亚，为同盟会会员，参加 1911 年河南辛亥革命。随后到陕西投入秦陇复汉军东路大都督张钫部下，后建镇嵩军，初依附陈树藩为陕西省省长，后背叛陈转而依附直系的阎相文、冯玉祥③。1922 年 4 月 19 日，陕西督军冯玉祥奉令率部出陕参加直奉战争。冯临行前给胡景翼写信说，我要离开陕西与张作霖作战，你若要争权夺利，可与刘镇华打，不然你和我同来。胡景翼复电冯玉祥表示愿意跟随参加讨奉战争④。冯玉祥走后，刘镇华兼任督军，其镇嵩军成为陕西最大的军事派系。胡景翼出陕后，渭北事务则交给其部下田玉洁。此时，西安与渭北虽然在靖国军解体后表面同一，实则仍属于两个不同的军事势力：西安及陕西大部属于刘镇华的势力范围，渭北泾阳、三原等为胡景翼部的势力范围。

　　1922 年夏，渭北水利工程局总办李仲三去南京，邀请李仪祉返陕出任引泾水利工程师。随即李仪祉回陕出任省水利局局长，兼陕西渭北水利工程局总工程师。10 月 22 日，陕西省水利局组成实地测量队，分为陆水二队，开始进行渭北地形及泾河深谷测量，李仪祉指导测量队工作，该项工作持续至 1924 年 8 月。在测量及思考基础上，从 1922 年至 1924 年，李仪祉完成一系列关于引泾的论著：1922 年，写出《引泾论》《再论引泾》；1923 年，完成《考察龙洞渠报告》《陕西渭北水利工程局引泾第一期报告书》；1924 年，写作《勘察泾谷报告书》《陕西渭北水利工程

　　① 叶遇春等编：《泾惠渠志》，三秦出版社 1991 年版，第 17 页。

　　② 李仪祉：《陕西渭北水利工程局引泾第一期报告书》，《李仪祉全集》，中华丛书委员会 1967 年印行，第 245 页。

　　③ 参见王成斌等主编《民国高级将领列传》第 2 集，解放军出版社 1999 年第 2 版，第 73—79 页。

　　④ 陕西文史资料委员会编：《冯玉祥在陕西》，陕西人民出版社 1988 年版，第 383—384 页。

局引泾第二期报告书》《引泾第一期工程计划大纲》《我之引泾水利工程进行计划》等①。

李仪祉对引泾水利工程的设想和规划十分宏大。1921 年 10 月，出任陕西水利局局长之前，他回陕时曾在渭北各界欢迎会上就引泾水利发表演讲。他说，古代的水利建设无科学研究，今日幸有科学之资，借欧美之成法，可以仿效。他认为，引泾水利工程需先凿山洞，并筑成强固有力不漏水高堰一座，且设计如"汪洋一大湖"般的水库，如此可超过郑国渠灌溉四万顷达到五六万顷。他估计要完成这样的工程需要四五百万元以上②。在 1924 年《陕西渭北水利工程局引泾第二期报告书》中，李仪祉提出了引泾工程两个计划，即甲种计划、乙种计划。在甲种计划里，设计拦河大堰高达 466.5 米，拦河大堰引水洞口位于吊儿嘴山洞之下，断以引水石渠，再下注于赵家桥附近之淀沙池，并有木梳湾水库的设计。乙种计划虽没甲种计划宏大，但拦河堰高度也达 448.5 米，没有水库的设计。他估计工费：甲种计划约 1943950 元，乙种计划约 1781670 元③。

方案有了，技术似乎也不成问题，经费成为引泾水利的最大困难。李仪祉指导的渭北地形及泾河深谷测量的勘测费，用的就是华洋义赈会赈灾余款，该款由华洋义赈会保管。华洋义赈会《民国十三年度赈务报告书》中提到，1923 年给渭北水利局拨赈洋一万五千元，用于陕西泾阳县吊儿嘴测量山岭河道水渠及机器经费等，委办人为李宜之（李仪祉）与李仲三④。现在问题是，按李仪祉估算甲种计划需要经费约 1943950 元、乙种计划约 1781670 元，如此巨大的经费该如何筹措？

---

①　参见李仪祉《李仪祉全集》，中华丛书委员会 1967 年印行；李仪祉《李仪祉水利论著选集》，水利电力出版社 1988 年版。

②　李仪祉：《答渭北各界欢迎会演讲水利》，《李仪祉全集》，中华丛书委员会 1967 年印行，第 223—227 页。

③　李仪祉：《陕西渭北水利工程局引泾第二期报告书》，《李仪祉全集》，中华丛书委员会 1967 年印行，第 271—292 页。

④　华洋义赈救灾总会：《民国十三年度赈务报告书》，《民国赈灾史料续编》第 5 册，国家图书馆出版社 2009 年版，第 150 页。

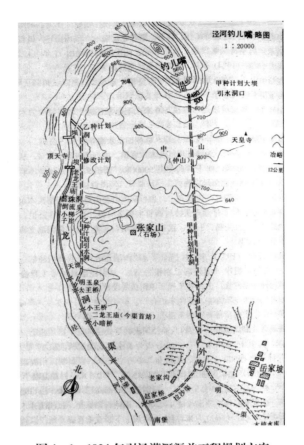

图4—1 1924年引泾灌溉渠首工程规划方案

资料来源：叶遇春主编《泾惠渠志》，三秦出版社1991年版，第110页。

1924年，李仪祉有一个讲话，谈到筹措经费问题，筹措经费有三个来源：第一是地方人民方面的。他曾经屡次用渭北当地语言演讲，并开董事会商讨筹款的办法，但是没有效果。第二是政府方面的。陕西刘镇华省长累次表示此项工程必须办，但是若省政府负筹款责任，必须由省政府经办，"若对公立机关，便碍难负责"。第三是"外人"方面的。他与华洋义赈总会、亚洲建业公司"累次浃洽"，而且他们也派员来此勘察，对于这项水利都表示热心赞助，但是需要条件①。刘镇华所说"公立

---

① 李仪祉：《我之引泾水利工程进行计划》，《李仪祉水利论著选集》，水利电力出版社1988年版，第255—256页。

机关"指渭北水利工程局。

在李仪祉的分类里，华洋义赈总会、亚洲建业公司是"外人"，他说
"外人"的条件是：第一，陕西须自己能筹款至少一半；第二，外方借来
之款须有确实担保；第三，此项借款须经本省省议会通过，本省长官签
名负完全责任①。由李氏这一说法，可知当时引泾工程曾考虑用借款的方
式完成，并且已经付诸行动。亚洲建业公司可能是个在中国的美国公司，
李仪祉与其总经理约定在上海磋商合作条件，该总经理说他不久要回美
国，可以开始在美国募款。华洋义赈总会方面也给刘镇华省长发公函，
请刘省长把需要的条款办妥后，派员到北京磋商借款②。"外人"可以借
款帮助引泾工程，但需要条件，其中最重要的条件为：若借款，必须陕
西省行政长官，同他们办理借款的手续③。在军阀混战的年代，地方军政
长官为实权人物，外人的要求有其道理。

"外人"的借款条件看似简单，却涉及引泾水利主办权之争。1922 年
成立的渭北水利工程局设有董事会，是一个地方筹措水利事业的"公立
机关"，由李仲三任总办掌控，若省政府筹款兴修，势必要负责及主导引
泾水利工程，这是李仲三所不愿看到的，他有自己的想法，即由国家设
立专局。李仪祉在渭北水利工程局董事会上说：

> 本省筹款，省政府亦必须事业由省政府经办，始肯负责。这样
> 说起来，渭北水利工程局是公立的，省政府当然不能负责了。诸位
> 董事先生能自己想出一个不靠政府筹款的法子，我们便可独立去做。
> 如不然，请下一转语。省长的意思是要将此事交陕西水利局去办。
> 但是水利工程局总办李仲三很不赞成。李总办的意思，是要设一专
> 局，属国立的，由大总统任命替办，也未尝不是一种办法。但协想
> 现在的中央政府无钱无人，多少国立的水利机关如全国水利局，何
> 尝能作一件事。如导淮、如治运、如治江、如太湖水利、如吴淞商

① 李仪祉：《我之引泾水利工程进行计划》，《李仪祉水利论著选集》，水利电力出版社
1988 年版，第 256 页。
② 同上。
③ 同上。

埠、如葫芦岛商埠等，那一样给做前去呢？独独的放一位大员，扩大范围，一事办不动，反不如本省作主踏实去办得好。①

魏丕信在《军阀和国民党时期陕西省的灌溉工程与政治》一文中注意到李仪祉在董事会上的这篇讲话，他说，"渭北水利委员会和渭北工程局均由当地名人李仲三主管，下面我们将看到他成为李仪祉的助手，后来又成为李仪祉的反对派"②，魏对李仲三与李仪祉在渭北水利工程上关系的判断并不准确，李仲三不是渭北当地人，他为陕西潼关寺角营人，在陕西辛亥革命中做出较大贡献：

> 李君仲三，陕之潼关人。省师范生，因闹风潮辍学。举动粗豪，面目黎黑，党中同人咸呼之为黑旋风李逵。此次自告奋勇赴金水沟联络严飞龙，受尽艰苦，及至省，到高等学堂见郭某时，报告经过毕，脱衣指示伤痕，犹在青肿……暑假方过，革命运动风云日紧，革命空气弥漫全国，在陕同志亦加紧工作。八月中旬，武汉起义，陕西本拟于中秋节起事，因有一部分联络欠妥，改至九月初一，遂令武汉捷足先登矣！迨陕军政府成立后，即委李仲三为东路招讨使，在同州开会，李遣员招严，严闻李命，紧急招集徒党，不数日，即率领千余健儿直赴同州，静候调遣，李点验毕，发给枪支，训练数日，即随井勿幕、陈柏生等渡河进取河东，所过城镇，望风披靡，未及兼旬，河东即下。③

当时，李仲三与渭北军事政治集团掌控者胡景翼的关系十分密切，用李仲三后来说法为"我与胡景翼在辛亥革命时在陕西成为莫逆之交，

① 李仪祉：《我之引泾水利工程进行计划》，《李仪祉水利论著选集》，水利电力出版社1988年版，第257页。
② ［法］魏丕信：《军阀和国民党时期陕西省的灌溉工程与政治》，《法国汉学》第9辑，中华书局2004年版，第287页。
③ 《李仲三》，杜元载主编《革命人物志》第10集，中国国民党中央委员会党史委员会1972年版，第33—34页。

结为同盟兄弟"①，而引泾水利所在地泾阳县、三原县在 20 世纪 20 年代的绝大部分时间属于胡景翼及其部下田玉洁的势力范围。

由陕西省省政府主导引泾工程，李仲三不愿意，李仲三背后的渭北政治军事势力也不会答应，因为从政治格局而言，从陕西靖国军起，渭北与西安分属不同的政治势力，对抗的成分大于合作。因此，1924 年渭北引泾水利的困境不只是经费问题，事实上牵扯引泾水利主办权之争，其后面是陕西地方上不同政治军事集团的角力。而李仪祉的想法——"华洋义赈会所存引泾专款尚有数万，再请省长拨给今年本省附加赈款，便可以在今冬开工。待水利公债通过省议会后，即可一面在外商量借款。明年起公债便可源源而发，工程自可接济不断"②，在军阀政治格局下很难落实。

1924 年秋，李仲三被胡景翼邀请到顺德（河北省邢台县），作为胡的全权代表与冯玉祥洽谈推翻曹锟政权事宜，此后再未返回渭北③。虽然李仲三离去，但渭北泾阳等地仍被胡景翼部田玉洁所控制，李仲三影响或未立即消失。田玉洁（？—1928），字润初，陕西富平县人，清末为渭北"刀客"，辛亥革命时加入胡景翼领导的"秦陇复汉军"，率富平民军起义。田玉洁"幼习拳技，善手臂数十人，不能当"④，后在军队作战勇敢，为胡景翼得力部下。靖国军在三原起事后，田玉洁参加了对陈树藩军的作战，成为泾阳、三原地方秩序的维护者。《西北革命史征稿》对田玉洁的记载见下：

　　靖国军之初起也，玉洁适有疾，因使其营副兼一连连长王俊生率全营随张义安渡河作战，而陈树藩使其将曾继贤、樊老二等率两旅来攻三原，迫至城下，玉洁与岳维峻率兵一营击却之，追击于泾

_____

① 李仲三：《国民军倒曹之真相》，《文史资料精选》第 4 册，中国文史出版社 1990 年版，第 177 页。

② 李仪祉：《我之引泾水利工程进行计划》，《李仪祉水利论著选集》，水利电力出版社 1988 年版，第 258 页。

③ 李仲三：《首都革命前后的回忆》，全国政协文史资料委员会编《文史资料存稿选编》第 17 辑，中国文史出版社 2002 年版，第 120—129 页。

④ 陕西革命先烈褒恤委员会：《西北革命史征稿》（中），周谷城主编《民国丛书》第 2 编第 77 册，上海书店出版社 1990 年版，第 147 页。

阳之汉堤洞,曾樊溃走,遂进克泾阳。于右任归陕总戎政,(田)任为泾、原警备司令。当是时主客各军逾十一省之多,兵匪庞杂,民不聊生,独泾阳一隅商旅通行,闾阎安堵。他县流亡避乱者,咸往依之,号为乐土,泾阳驻军之名由是大著。及南北议和,使节往来,莫不先出其途,资保护焉。十一年,胡景翼率军出关,使玉洁以陕军第二旅旅长兼渭北剿匪总司令留守泾、原。①

上文对田玉洁等在泾阳、三原的表现不无夸张,现代《泾阳县志》对田玉洁在泾阳的表现有一番不同表述:

> (田玉洁)一生主要活动在本县,始终将本县作为大本营而加以控制,从1919年上半年到1928年春,先后委任七任县长,号令皆出自田玉洁本人,县长形同虚设。随着地位不断变迁,日趋腐化堕落,贪财好色,鱼肉乡民,曾在县城造士街大兴土木,营造豪华公馆,陆续纳妾三人,靠搜刮来的财富过着骄奢淫逸的生活。所重用的官佐大多为富平同乡,他们一面在军中大吃空额,中饱私囊;一面又勾结地方劣绅,倡种鸦片,勒受烟捐,聚财放贷,私印钞票,巧取豪夺,聚敛无已。②

尽管对田玉洁的看法不同,不过可以肯定,20世纪20年代中期引泾水利所在地泾阳县环境实在糟糕:曾经的辛亥革命参加者田玉洁在泾阳驻军,对百姓横征暴敛;县境内鸦片泛滥;泾阳县城还遭受镇嵩军、国民第一军两次围城的惨烈经历③。

在这样的渭北区域政治环境及陕西军事政治格局环境下,李仪祉对渭北水利作为十分有限。1923年,李仪祉曾从西安的督军刘镇华那里申请到两万元,委派泾阳乡绅高锡三、岳介藩、李仁甫等人对龙洞渠进行

① 陕西革命先烈褒恤委员会:《西北革命史征稿》(中),周谷城主编《民国丛书》第2编第77册,上海书店出版社1990年版,第148页。
② 泾阳县县志编纂委员会:《泾阳县志》,陕西人民出版社2001年版,第795页。
③ 王兴林:《民国十八年年馑》,《泾阳文史资料》第3辑,1987年,第81页。

了修理①。

1925 年陕局变动，先是 4 月，胡景翼率国民二军大破出陕的刘镇华、憨玉琨军队于豫西，7 月，孙岳、李云龙率部收复西安。该年，李仪祉赴京、津、沪、宁等处筹措引泾工款。1926 年 4 月，刘镇华军队返陕开始围攻西安，西安城被围 8 月之久，惨绝人寰。这年 6 月，刘镇华别部攻三原，8 月麻振武率部与刘镇华军合力围三原，10 月三原之围才解。1927 年李仪祉因时局未定，见引泾无望，遂东去上海②。

第二节　泾惠渠的修建

20 世纪 30 年代初，在渭北遭受巨大旱灾情况下，泾惠渠成功修筑，这是一个了不起的成就，1937 年 8 月，上海中华书局出版的葛绥成编辑的《初中本国地理》第 2 册，就将泾惠渠选入陕西省一章，足见其影响之大③。对于泾惠渠成功修筑的功绩所属，魏丕信注意到有两种截然不同的说法：1949 年（还有 1948 年一些相关资料）以后大量介绍泾惠渠建设的中文资料里，将泾惠渠成功修筑归于李仪祉、杨虎城等；另一种为当时西文资料声称的泾惠渠完全是由西方工程师设计、由西方基金资助的项目④。面对两种截然不同的说法，魏丕信利用美国胡佛研究院所藏的"塔德档案"，对泾惠渠修筑过程作了精深的研究，认为西方工程师作用最为关键⑤。本节笔者将从当时中文报纸、期刊等资料入手，尝试通过构建泾惠渠成功修建的历史过程，揭示渭北泾渠水利的近代转型是如何发生与进行的。

20 世纪 20 年代末 30 年代初的陕西旱灾，给关中民众带来深重的苦难，由于旱灾是从 1929 年开始大面积暴发，关中民众称其为"民国十八

---

① 高锡三：《泾渠志稿》，民国二十四年（1935）铅印本，第 1、19、20 页。

② 胡步川：《李仪祉先生年谱》，《陕西文史资料》第 11 辑，陕西人民出版社 1982 年版，第 110 页。

③ 葛绥成编：《初中本国地理》第 2 册，上海中华书局 1937 年版，第 84 页。

④ ［法］魏丕信：《军阀和国民党时期陕西省的灌溉工程与政治》，《法国汉学》第 9 辑，中华书局 2004 年版，第 272—282 页。

⑤ 同上书，第 268—311 页。

年年馑"①。1929年9月25日《大公报》："西北此次旱荒，实为前所未有，而西北灾区，尤以陕西为极重，统计受灾地方，将及八十余县，被灾民众，已逾七百余万，多年兵灾甫息，荒灾继续迫临，死者已矣，其仅存者，多已失旧业，无家可归。"②

渭北地区也不例外。泾阳县有龙洞渠、清峪河及冶峪河水利灌溉，但占全县可耕地面积5%不到，绝大部分农田靠天吃饭，"一九二八年天没落透雨，麦子除小块水田外，没有种上；接着连续三年，久旱少雨；其中一九二九年冬虽降厚雪，但因当年麦种薄种少施，实无大益，灾民冻饿交迫，反面加重了灾情的剧烈性"，此次旱灾"比光绪三次年馑面积还大，持续时间更长，全县（泾阳）两年三料无收获，赤地无垠，饿殍遍野"③。

在大旱饥荒之年，此前屡议的引泾水利工程又被提了起来，"十七年后，陕省旱灾形成，饥馑渐至，至十八年而愈甚，各界苦救荒无术，于是提议兴办水利者渐多，引泾导渭，各说纷起"④。1929年，陕西省政府设引泾监督公署，聘法人裴杜尔为工程师，并以曾随李仪祉测划泾渠的段惠诚为工程股股长及副监督。陕西省政府打算拨赈面五千袋，洋十万元，以工代赈，进行引泾工程。在引泾实施过程中，地方不靖匪患骚扰，赈面、款项到达渭北工地十分困难。法国工程师裴杜尔，在测老龙王庙及泾水口北深潭时"几罹险"，后"以费艰不耐辞去"，此次引泾计划失败⑤。

1929年引泾失败后，遂改为修浚龙洞渠，当时技术人员李要勤、郭文卿等"盛夏测量，征工淘淤，挖泥，改曲流，塞渗漏，轰渠石障"，龙

① 安少梅、王建军认为，1929年陕西旱灾主要是由当时社会环境和人为因素所造成。（安少梅、王建军：《陕西"民国十八年年馑"巨灾的人祸因素分析》，《西安文理学院学报》2008年第4期，第47—50页）此处笔者主要梳理和分析引泾工程启动与1929年陕西旱灾的关系。

② 《陕省灾赈善后办法实施草案》，《大公报》1929年9月25日第7版。

③ 王兴林：《民国十八年年馑》，《泾阳文史资料》第3辑，1987年，第81—88页。

④ 段惠诚：《陕省兴修水利之回忆》，陕西省水利局编印《李仪祉先生逝世十周年纪念刊》，1948年，第21页。

⑤ 同上书，第21—22页。

洞渠水量因而大增，日可多灌百余亩①。但是这一灌溉效果，在大灾面前显得微小。

在陕西1928年大灾形成的时候，华洋义赈会②就已经有所关注，该会《十七年度工程报告》中说，"河南、陕西、甘肃、察哈尔、山东等省，被灾既重，防灾如赈，尤宜兼筹并顾，又绥远、山西、陕西等省之灌溉工程，现已在计划之中"③。报告虽未明讲计划中的陕西灌溉工程为引泾水利，但下面的材料可以清楚地说明这一点，该会《民国十八年度赈务报告书》中记载"扣去渭北渠工专款及借款注销52000.00（元）"④，可说明该会1928年在陕西的灌溉工程为渭北引泾水利，专款可能投入1929年的引泾筹措及龙洞渠修浚工程。

1930年夏，陕西的旱灾越来越严重。华洋义赈会派美国人贝克等到陕西省视察，办西兰等路工赈等事宜。7月12日，贝克等人与陕西省华洋义赈会分会长康寄遥等人，在青年会英国人路思处集议。据参加这次会议的段惠诚回忆，外籍有贝克、安立森、路思、丁神甫，陕西省籍有

① 段惠诚：《陕省兴修水利之回忆》，陕西省水利局编印《李仪祉先生逝世十周年纪念刊》，1948年，第22页。
② 近年研究华洋义赈会论著不少：如蔡勤禹从宏观角度对华洋义赈会进行了研究，他认为，华洋义赈会是一个民间救灾组织，其成长与发展不仅反映了民国社会组织的成长环境、结构变化、功能演进及阻力障碍等问题，而且凸显了现代化进程中民间组织的角色、地位乃至市民社会成长的兴衰跌宕和社会公共领域的起伏变迁（蔡勤禹：《民间组织与灾荒救治——民国华洋义赈会研究》，商务印书馆2005年版，第1—2页）。此外还有：薛毅、章鼎《章元善与华洋义赈会》，中国文史出版社2002年版；刘招成《华洋义赈会的农村赈灾思想及其实践》，《中国农史》2003年第3期，第56—61页；薛毅《华洋义赈会与民国合作事业略论》，《武汉大学学报》2003年第6期，第665—672页；薛毅《华洋义赈会述论》，《中国经济史研究》2005年第3期，第25—34页；蔡勤禹、侯德彤《二三十年代华洋义赈会的信用合作试验》，《中国农史》2005年第1期，第79—87页；杨琪、徐林《试论华洋义赈会的工赈赈灾》，《北方论丛》2005年第2期，第98—102页；陈意新《农村合作运动与中国现代农业金融的困窘——以华洋义赈会为中心的研究》，《南京大学学报》2005年第3期，第75—85页；薛毅《中国华洋义赈救灾总会研究》，武汉大学出版社，2008；蔡勤禹《传教士在近代中国的救灾思想与实践——以华洋义赈会为例》，《学术研究》2009年第4期，第110—114页；等等。在已有华洋义赈会的研究中，关于华洋义赈会与泾惠渠修筑的关系鲜有深论，甚至有不少常识性错误，如华洋义赈会聘请李仪祉主持修建泾惠渠（薛毅：《中国华洋义赈救灾总会研究》，武汉大学出版社2008年版，第255页）。
③ 《（华洋义赈会）十七年度工程报告》，《大公报》1929年12月7日第3版。
④ 华洋义赈救灾总会：《民国十八年度赈务报告书》，《民国赈灾史料续编》第5册，国家图书馆出版社2009年版，第321页。

康寄遥、张午中、贺仲范及段本人。在会前，康寄遥与张午中商量，"修土路必难见效，应以修渠救旱为主"；在会上康、张提出工赈看法，所提意见获通过①。8 月，贝克返陕，23 日又集会于路思处，商定视察泾河吊儿嘴、龙洞渠等处。28 日，贝克决定前往泾谷勘察，随行者有安立森、陆尔康、李仲华及段惠诚，过泾阳县时，该县县长邵鸿基等人陪同，龙洞渠渠绅姚介方随往。1948 年，段惠诚记有此次去泾渠渠首的回忆：

> 往王桥，沿途斩蒿披棘，与县长共为之，昔日富庶之区，道路已无辙迹，修治前行，到镇甚晚，盖途中下汽车已七十余次，粮不足，县长亲出觅之，行数村仅得粗面五斤，地方艰苦，从可知矣，次日经赵家沟，岳家坡等村，庐舍为墟，大异昔时，仅留衰迈者三四人，其病饿毙者，无力掩埋，则就窑室封之而渠，视之酸鼻，闻之堕泪，同来各人，感触深矣。②

贝克考察完返回时过泾阳、三原，受到两县各界民众盛会欢迎。9 月3 日，贝克等人决议勘测兴修泾渠，7 日在省城会晤陕西省吴秘书长，再携安立森多人前往泾谷进行设计，随即开始引泾工程建设。开工伊始，华洋义赈会工程师安立森以修泾渠水利人才缺乏，约集李赋林、张献三、傅健斋、傅岳生、魏凤舞等陕方技术人员，加以美国籍品克尔、奥瑞德等人，组成一个技术团队。由于饥荒之年，地方不靖，工程的秩序由当地民团 30 余人担当。10 月，工程大兴，正在规划南干渠时，中原大战失败的冯玉祥部撤退，渭北人心惶惶，安立森"商留工次未果，遂返省任事"，此时引泾工程中断。11 月 5 日，中央派军进入陕西省，渭北秩序渐复③。上句中段惠诚对中央派军入陕时间的记忆有小小误差，其实在 11月 3 日，归顺蒋介石并代表中央军的杨虎城部已经入陕，并且杨虎城该日在西安就任陕西省政府主席，受到陕西父老欢迎④。由上可知，在杨虎

---

① 段惠诚：《陕省兴修水利之回忆》，陕西省水利局编印《李仪祉先生逝世十周年纪念刊》，1948 年，第 22 页。
② 同上。
③ 同上书，第 23 页。
④ 《杨虎城入城之日大受故乡父老之欢迎》，《大公报》1930 年 11 月 8 日第 3 版。

城到陕之前，后来命名为泾惠渠的工程已经开始。

可是，引泾工程没有地方政府支持是不可能继续的，此时接管陕西事务的渭北人杨虎城的态度尤为重要。1930 年 11 月 8 日，杨虎城宣布治陕方针，第六条为"兴办水利"①。11 月 16 日，由杨虎城主持，召集泾、原、高、临、醴五县民众开会，成立"水利协进会"，筹备引泾工程②。同时，杨邀请李仪祉返陕出任建设厅厅长，并任陕省府委员，主持陕西水利③。李仪祉立即向段惠诚询问引泾工程状况。也就是说，在李仪祉返回陕西之前，引泾工程已在华洋义赈会组织运作下开始了。段惠诚后来回忆：

> （1930 年 11 月）十八日随先生（李仪祉）迎谒于院长（于右任）于东关，又同往八仙菴东教堂，应约晤安立森，商工程进行办法，研讨先后实施计划，及约订分工合作各事，历时甚久，此即王桥以上归华洋义赈会施工续办，而王桥以下干支各渠桥闸等，由地方担任筹办之始也。④

经过李仪祉与安立森初步协商，后经陕西省政府与华洋义赈会正式确定，引泾水利工程为陕西省政府与华洋义赈会合作项目。工程分为两个部分：第一部分渠口工程，由华洋义赈会负责实施。该会组成陕西渭北引泾工程处，以美国人塔德为总工程师，挪威人安立森为常驻工程师；第二部分平原上的修渠工程，由陕西省政府负责实施。陕西省政府成立渭北水利工程处，以李仪祉为总工程师，孙绍宗为副总工程师⑤。

此后不久，李仪祉在《大公报》上发文介绍和宣传引泾工程。李氏认为，陕西饥荒的形成与关中水利的废弛有关系，如果他之前倡导的引

---

① 《杨虎城宣布治陕方针》，《大公报》1930 年 11 月 11 日第 3 版。

② 叶遇春：《泾惠渠志》，三秦出版社 1991 年版，第 18 页。

③ 据在杨虎城手下工作并时任陕西财政厅厅长李志刚回忆，作为水利专家的李仪祉对杨虎城决心办桑梓水利事业极为赞许，故而回到陕西，而杨虎城对受他邀请归陕的李仪祉非常尊重。参见文思主编《我所知道的杨虎城》，中国文史出版社 2003 年版，第 40—47 页。

④ 段惠诚：《陕省兴修水利之回忆》，陕西省水利局编印《李仪祉先生逝世十周年纪念刊》，1948 年，第 24 页。

⑤ 《泾惠渠》，民国二十一年（1932）铅印本，第 22—23 页。

泾水利修成的话，"可令二百万人，不至饿死"①。他还指出，陕西饥荒的形成与军阀混战极其苛刻统治有关，1926 年以后冯玉祥部"数十万兵仰食关中"，加上 1930 年的"中原大战"，"陕民在极恶地狱中。……于是陕民饿毙者二百余万人，流亡者不计其数"②。而随着中原大战的结束，代表中央军的渭北人杨虎城入陕执政，此时的李仪祉认为，陕西有了推进引泾工程的政治环境。事实上，杨虎城主陕政期间对兴办桑梓水利事业十分重视③。

1930 年 12 月 7 日，吊儿嘴龙洞渠引泾水利工程举行开工典礼，典礼由华洋义赈会主办，柬邀各界观礼，朱庆澜等特往参与④。由华洋义赈会主办开工典礼，说明华洋义赈会在泾惠渠一期工程中的主导作用，杨虎城在开工典礼上的讲话也印证这一点："刚才听各位先生说，引泾开渠，因兄弟赞助，方能够有今日的开工。这话在兄弟觉得非常惭愧。因兴办陕西水利，是陕西省政府应负的责任。现省政府没力量，转请华洋义赈会办理，真有点说不过去。"⑤ 朱庆澜参加是因为当时积极参与陕灾救助，他当时的身份是华北慈善联合会会长⑥。朱氏当时可能代表华北慈善联合会允诺向工程捐助物资。在此前后，美国檀香山华侨表示捐助十四万元，在泾河上筑一长坝⑦。此坝后来命名檀香山坝。1930 年 12 月中旬，引泾工程处从河北唐山购买洋灰，但运输极其困难，铁道部批准免费运输，而且财政部允诺对工程材料免税⑧。

1930 年 12 月 19 日，陕西省政府召集建设、财政、民众三厅厅长，及泾阳、三原、鄠县、醴泉、临潼五县官绅，开引泾水利工程会议，并

① 李仪祉：《陕西水利工程之急要》，《大公报》1930 年 12 月 2 日第 3 版。
② 同上。
③ 据在杨虎城手下工作并时任陕西财政厅长李志刚回忆：杨时常在省政府的政务会议上说陕西的问题是"水"的问题，杨对筹措经费兴办水利十分热心。参见文思主编《我所知道的杨虎城》，中国文史出版社 2003 年版，第 47 页。
④ 《引泾工程昨行开工礼》，《大公报》1930 年 12 月 8 日第 4 版。
⑤ 贾自新编著：《杨虎城年谱》，中国文史出版社 2007 年版，第 163 页。
⑥ 陶菊卿：《朱庆澜先生赈灾纪实》，《中华文史资料文库》（社会民情编）第 20 卷，中国文史出版社 1996 年版，第 526—528 页。
⑦ 《陕省建设之始》，《大公报》1930 年 12 月 9 日第 4 版。
⑧ 《引泾工程材料免费免税运输》，《大公报》1930 年 12 月 18 日第 4 版。

通过了李仪祉的提案。李仪祉的提案内容：引泾经费除由华洋义赈会担任之五十万元外，另发水利公债五十万元，以引泾所灌水田，无息担保，八五折，实收四十二万五千元。省府募集一半，泾原鄠醴临五县，按所灌田数分任一半①。李仪祉水利公债的提案执行效果可能大打折扣，李氏后来说，泾惠渠"第一期工程合计为款一百二十万四千余元；其后又继之四十二万一千余元，总计全工共糜款一百六十二万五千余元，一不出于受惠诸县"②。

1931 年，为协调两部分工程顺利进行，成立以陕西省政府及华洋义赈会合组的渭北水利工程委员会，以颜惠庆、杨虎城为名誉委员，李协、孙绍宗、李百龄、塔德为委员，李赋林为干事③。这种合作，华洋义赈会似乎并不认以为真，"上项渠工虽由陕省府及本会分部工作，但为表现合作起见，复由陕省府渭北水利工程处与本会引泾工程处，合组渭北水利工程委员会"④。

修泾渠的劳力采用以工代赈方法。1932 年出版由杨虎城题名《泾惠渠》的一本小册子，收有华洋义赈会工程师安立森的一篇文章，提及泾渠修建中的用工情形：

一九三〇年陕西饥馑，达于极点。……若以工代赈使渭北工程能于一九三〇年各季即行起始，以全活人数之众，奚止数千。……继饥民数百人自扶风武功等处至，乃即于是年十月间开始裁湾引直上游渠工。……及夏正已过，一九三一年二月之间工人增加甚众。下游工程亦于本年春开始，历春令至夏获土工人数，平均三千人。加以石渠桥工及转运等事之工人，惟职员不在其内，每日不下五千人。五月之终以农作正忙，土工人数顿减。所存惟石工桥工

---

① 《欲富秦必先引泾》，《大公报》1930 年 12 月 23 日第 4 版。
② 李仪祉：《泾惠渠碑跋》，参见白尔恒、［法］蓝克利、［法］魏丕信编著《沟洫佚闻杂录》，中华书局 2003 年版，第 217 页。
③ ［挪威］安立森：《恢复泾渠为救荒要策》，参见《泾惠渠》，民国二十一年（1932）铅印本，第 22—23 页。
④ 华洋义赈救灾总会：《民国二十年度赈务报告书》，《民国赈灾史料续编》第 5 册，国家图书馆出版社 2009 年版，第 344 页。

耳。……八九月间，工人渐返工堤。但值秋收已届，种麦在即，工人又去而事田亩矣。……农事告竣，工人又麇集。历一九三一冬季至一九三二春季，工人甚多。[1]

此文出自安立森之手可能性不大，尤其文中有"夏正"这样的提法，估计是有人代笔表达其意思。在安氏的描述中，修泾渠的工人，即来自关中的农民，其数量会受农作种收影响而不断变化，而这可能影响了工程的进度。1931 年 1 月塔德曾在一封给贝克的信中埋怨安立森招工不足[2]。

为保证修渠工人数量的稳定，1931 年 10 月 20 日，陕西省政府决议通过《引泾征工规程》和征工人数，共定五县征工 5000 名，其中泾阳 1660 名，三原 1110 名，高陵 1380 名，临潼 550 名，醴泉 300 名。挖渠、筑堤等土方工程，均以征工任之，征工期间自本年 11 月 1 日起至次年 3 月底止，各县县长秉承省政府命令征集额定工人，由渭北水利委员会派员接收[3]。华洋义赈会与陕西省政府合组的渭北水利委员会接收修渠工人，说明工程上下部存在着一定的协调。

渭北水利工程委员会下设的工程处，负责修渠具体组织和管理，通常工程处会把工程分为小部分，由包工头承包去做。1987 年 4 月，参加过泾惠渠一期工程的张克敬回忆，"我们是早上工晚回窑（民工们住临时窑洞），饭食不好，总是'两米面'（小米粥内煮一些面条），有一天回家取衣服，我妈说我黑瘦黑瘦的。后来才知道是一个姓毛的包工头黑了良心，贪污民工的伙食钱，后来被上级人把他开销了"[4]。由于陕西正值空前旱灾，修泾渠具有救灾的性质，克扣伙食钱的毛包工头显然超越了底线，所以只能走人。

引泾工程还在修建的时候，就已经在深刻改变着渭北社会。在这些

① ［挪威］安立森：《恢复泾渠为救荒要策》，参见《泾惠渠》，民国二十一年（1932）铅印本，第 22—23 页。
② ［法］魏丕信：《军阀和国民党时期陕西省的灌溉工程与政治》，《法国汉学》第 9 辑，中华书局 2004 年版，第 304 页。
③ 叶遇春：《泾惠渠志》，三秦出版社 1991 年版，第 19 页。
④ 白尔恒等编纂：《泾阳水利志（送审稿）》上册，未刊油印本 1989 年，第 88 页。

以工代赈的修渠工里面，一些曾为土匪的人也加入了进来，到过泾惠渠工地的著名报人张季鸾记载："我又问过洋工程师爱俪森（安立森）道：附近有无土匪？他说：现在已经没有土匪，因为土匪做了工。并举出一例，现有一工人，就是附近几县内的一个匪首。他说名字给我听，我忘记了。"[1] 华洋义赈会工程师安立森认为，引泾工程使附近村民大受其惠，"工程起始时，农田仅有小部耕种，村舍大半空虚，耕牛罕见。及今则田地耕耘者甚广，村舍充盈，人无菜色，牲畜亦多，盗贼顿熄"[2]。1932 年6 月，张季鸾撰文惊叹道：

> 有一种极有兴趣的事实，愿附带叙述几句。就是：地方小股匪盗，从不劫掠泾惠渠工程人员！陕省这两年，本无大股土匪，但零股劫路者，自不能全无，而渠工人员，从未受害。工程处的旗帜徽章，居然有保险之效！工程人员，有遇劫者，但问明之后，仍然交还。余甥李赋林，在工程处办事，一次在途中遇匪，他将携带的数十元，取出给匪，但经问明系工程人员之后，几个匪在数十步外集议了一下，仍然把钱还给他，道歉而去。这是李赋林亲口告诉我的。还有汽车被劫，到次晨送还；和村中夜间来匪，抢掠牛驴，而工程处人安卧终宵，不受骚扰的事实。[3]

李赋林是李仪祉的侄子，而张季鸾与李仪祉是同学，故张氏有以"余甥"称呼赋林。

华洋义赈会负责泾渠第一部分渠口工程，修渠方案的选择也就掌握在华洋义赈会的现场工程师安立森手中。1930 年 9 月安立森在给塔德一封报告中认为，李仪祉最初的方案（建一个高坝、一条长 2.6 千米的隧道以及两个灌溉渠）开支将会过于庞大，技术上也过于困难，而李仪祉十分重视的水库，则用不了 25—30 年的时间就会被淤泥填满，因此利用

---

① 季鸾：《归秦杂记》（二），《大公报》1932 年 6 月 18 日第 3 版。
② 《泾惠渠》，民国二十一年（1932）铅印本，第 22—23 页。
③ 季鸾：《归秦杂记》（二），《大公报》1932 年 6 月 18 日第 3 版。

自然河流而不需要水库蓄水才是更加合理的方案①。显然安立森自己的设计获得实施。李仪祉在 1931 年撰文中对工程计划更改作了解释：

> 此次合作所用计划，与予前订计划异者。前订计划，凿山腹洞工长，舍沿河旧石渠之途，令所引泾水，与泉水分流，泾水入洞处在今洞口上游二公里处，地势高，泾水引出，有淀水池，有二外库，可以澄清，可以储蓄，故其初步灌溉，可望一万二千顷。此次计划，引水较低，凿洞段，沿旧石渠，泉水河水不分，无澄清及储蓄可能，故其灌溉，只限于五千顷。……至改革计划之原因无他，工款有限，而望速成耳。②

在这篇文章的结尾，李仪祉写道，泾河水库将继续测勘，作为引泾第二步之计划③。这说明，李仪祉与安立森之间就工程方案的选择，尤其在水库问题上是有分歧的。既然华洋义赈会负责上部工程，即渠口工程，李仪祉也不好说什么。不过，不从工程款有限而论，有可能安立森是对的而李仪祉是错的，水库的设置需要考虑淤积的问题，尤其对于以含沙著称的泾水而言，"泾水一石，其泥数斗"。安立森改变李仪祉方案的做法为他以后带来麻烦④。

华洋义赈会负责完成的泾惠渠一期工程有：（1）拦河堰。顶长 68 米，顶宽 4 米；（2）引水洞，洞长 359 米，洞口明渠长 25 米。这一工程费凿石工 7223 立方米、黄炸药 6200 磅、火药 10500 磅、雷管 17000 个、不透水药线 40000 英尺；（3）拓宽旧渠。完成 1520 米长的石渠拓宽，由宽不足 2.5 米拓宽至 6 米；完成长 6150 米土渠拓宽，取土量 400000 立方

---

① ［法］魏丕信：《军阀和国民党时期陕西省的灌溉工程与政治》，《法国汉学》第 9 辑，中华书局 2004 年版，第 302 页。

② 李仪祉：《引泾水利工程之前因与其进行之近况》，《李仪祉水利论著选集》，水利电力出版社 1988 年版，第 300 页。

③ 同上。

④ 安立森此后在 1933 年 5 月被绑架，似乎与改变设计方案有关。参见董玉祥《苗家祥烈士勇拘安立森》，《泾阳史话续集》，1996，第 175 页。

米；（4）桥梁工程。包括新造、改建共 11 座①。尤其拦河堰、引水洞及凿石渠，难度非常大，是整个泾惠渠工程的关键。华洋义赈会的《民国二十年度赈务报告书》指出，该渠其中最困难的工作有二：其一，是在接近挡水坝之上游山腹之间开掘长一千五百英尺之引水洞；其二，开凿石渠。此外，在泾河上两山间，横筑洋灰挡水坝一座十分关键，因为每经暴雨，河水猛涨易冲毁故也。为了完成这些工作，本会"曾由美国购入轻便汽压机一具及打钻机四架，专作凿石工程之用"，而且"由张家口及河南西部等处，雇来经验丰富之石工多人，以补打钻机之不足"②。1987 徐元富回忆印证了华洋义赈会从外省雇石工："（民国）十八年家里缺吃，我待不住，进北山到旬邑逃过荒。二十年回来，看见正在修大渠，修渠的人多是庄稼汉；修桥修斗门的却是外省人多，说话口音很杂。"③

一期工程中，陕西省政府负责完成的为分水工程，所修渠道为土渠，主要完成总干渠、南北两干渠及第三支渠④。修土渠亦不容易，孙绍宗说，最大的困难是修渠所需的砖石，不得已只有拆取破旧庙宇，因此与当地民众纠纷屡起，虽然如此艰难但工程还是在不断推进⑤。

1932 年 4 月 6 日，在引泾第一期工程即将建成之际，在李仪祉的提议下，陕西省政府委员会谈话会议公定所修泾渠命名为"泾惠渠"。1932年 5—6 月，《西安日报》屡次刊出《陕西泾惠渠放水典礼筹备委员会启事》，为泾惠渠一期工程完工造势。1932 年 6 月，李仪祉在泾惠渠放水典礼筹委会欢迎来宾大会上讲话，作为筹委会主席的他说，陕西在这几年来，荒旱连年，农村经济破产，以致流落灾民日益加多，中外各慈善家及各慈善团体，除设法救济以外，并作了许多以工代赈的建设事业，而以引泾工程为最大。⑥ 李仪祉的讲话表达了泾惠渠建设之所以进行，依赖

① 陕西泾惠渠管理局编印：《泾惠渠报告书》，民国二十三年（1934）十二月，第5—7页。

② 华洋义赈救灾总会：《民国二十年度赈务报告书》，《民国赈灾史料续编》第5册，国家图书馆出版社2009年版，第365页。

③ 白尔恒等编纂：《泾阳水利志（送审稿）》上册，未刊油印本1989年，第88页。

④ 陕西泾惠渠管理局编印：《泾惠渠报告书》，民国二十三年（1934）十二月，第8—9页。

⑤ 孙绍宗：《泾惠渠引泾工程之详情》，《西安日报》1932年6月5日第3版。

⑥ 《泾惠渠放水典礼筹委会昨举行欢迎来宾大会》，《西安日报》1932年6月20日第3版。

的是中外慈善团体，当然最主要的指华洋义赈会。

1932 年 6 月 20 日，在泾惠渠渠首张家山举行了盛大的放水典礼，参加者有：国民党中央代表吴稚晖，行政院代表褚民谊，华洋义赈会会长艾德敷，总工程师塔德，朱子桥，以及各机关来宾、民众数千人。放水前举行大会，由李仪祉主持，首先他解释了陕西省主席杨虎城因病不能出席大会，不过杨主席要讲的话已印出，仪祉对来宾表示感谢①。在现有的不少论著中，都提及了杨虎城参加了放水典礼，这是一个史实的错误②。杨虎城的讲话内容刊登在 1932 年 6 月 20 日《西安日报》特刊上，他在这篇《陕西泾惠渠放水典礼宣言》中，回顾了泾渠的辉煌历史，强调了李仪祉先期倡导引泾的贡献，指出一期泾惠渠的成功原因为"中西合力，筚路褴缕以从事之"，而华洋义赈会会长艾德敷实主其政③。这篇讲话可以和 1934 年 12 月杨虎城的《泾惠渠颂并序》碑文放在一起读，后文中虽然不否认华洋义赈会在建设及筹款方面的作用，但对泾惠渠成功的叙述是从陕西地方的视野来看，那就是"郭（希仁）胡（景翼）倡始，李（仪祉）主维新"④。

接着塔德、吴稚晖、储民谊、朱子桥（朱庆澜）、艾德敷、陈福田（檀香山华侨代表）等依次讲话。随后举行放水仪式，由吴稚晖开启闸门，并剪闸门前彩带⑤。这个放水典礼的讲话排序以及剪彩值得注意。李仪祉主持，本来杨虎城要首先发言，却因病不能出席，下来华洋义赈会总工程师塔德讲话，下来吴稚晖、储民谊分别代表中央及行政院讲话，再下来是华北慈善联合会会长朱子桥，因为之前有塔德讲话，华洋义赈会会长艾德敷排在朱之后，捐建檀香山大坝的华侨代表陈福田也讲了话。剪彩由当时中央代表吴稚晖完成，因为他代表着国家最高权力对工程的认可。

---

① 《泾惠渠放水盛典昨日闭幕》，《西安日报》1932 年 6 月 21 日第 3 版。
② 参见［法］魏丕信《军阀和国民党时期陕西省的灌溉工程与政治》，《法国汉学》第 9 辑，中华书局 2004 年版，第 274 页；叶遇春《泾惠渠志》，三秦出版社 1991 年版，第116 页。
③ 杨虎城：《陕西泾惠渠放水典礼宣言》，《西安日报》1932 年 6 月 20 日特刊。
④ 杨虎城：《泾惠渠颂并序》，参见白尔恒、［法］蓝克利、［法］魏丕信编著《沟洫佚闻杂录》，中华书局 2003 年版，第 213—214 页。
⑤ 《泾惠渠放水盛典昨日闭幕》，《西安日报》1932 年 6 月 21 日第 3 版。

华洋义赈会的贝克虽没在放水典礼上讲话，但他发表了祝词：

> 予谨致祝凡有赐有功于渭北水利工程者，得目睹成功于今日，快何如之！予谨致祝杨虎城主席，以其全力维护治安，使绝大工程不致愆期，而底于成。予谨祝于塔德先生、李协先生、安立森先生、陆尔康先生，及一切工程师致力于此伟业者。予谨致祝于华洋义赈总会，及其分会，捐输巨款，得有成绩。予谨致祝于凡捐助工款，本其婆心得展鸿猷。予谨致祝于渭北农夫永沾润泽。①

贝克通过"谨致祝"的方式，事实上表达了他对泾惠渠一期工程缘何成功的看法，这是中外人士，多方合作的结果，作为华洋义赈会成员他也强调了该会的作用。

泾、原、高、临、醴五县民众也有祝词，他们认为，泾惠渠一期工程的成功，是由于杨虎城主席拨巨款，李仪祉主办，聘请安立森、孙绍宗为工程师的结果②。这一看法其实当时在渭北很流行。在泾惠渠举行放水典礼之前，泾阳县乡绅邓霖生等人参观了泾惠渠，邓撰文认为泾惠渠修建是因为"吾陕政府能于旱荒甫减、公帑奇绌之时，毅然决然以五十万巨款，责成李君宜之兴此引泾巨工"的结果③。邓氏代表诸多渭北乡绅的看法。由此来看，魏丕信所观察到的，即1949年（还有1948年一些相关资料）以后中文资料将泾惠渠成功修筑归于李仪祉、杨虎城④，这一说法并不严密，其实从泾惠渠工程还在进行的时候，渭北的绅民就是这样认为的。

华洋义赈会完成了其负责的泾惠渠第一部分工程，然而陕西省政府承担的第二部分工程由于经费不足却无法完成。华洋义赈会1932年的年度报告对此表示担忧：本会花费巨款，原来期望陕西民众可以利用渠水灌溉农田，减少荒旱灾因。可惜陕西省政府担任兴修部分，因经费支绌

---

① ［美］贝克：《祝词》，《西安日报》1932年6月20日特刊。
② 《泾原高临醴五县民众祝词》，《西安日报》1932年6月20日特刊。
③ 邓霖生：《泾惠渠参观记》，《西安日报》1932年6月6日第3版。
④ ［法］魏丕信：《军阀和国民党时期陕西省的灌溉工程与政治》，《法国汉学》第9辑，中华书局2002年版，第272—282页。

之故无法完工，致使农民不能充分享用水利。本会虽然想帮助陕西省政府完成第二部工程，但是"世界经济凋敝，国外募捐既属匪易，而本会所任他处工程甚多，赈款尤极竭蹶，事与愿违，爱莫能助"，如此下去，"行见两年以来之辛苦经营及七十余万之巨额工款几等虚掷"①。

1932 年 10 月月底，听到美国华灾协会会长白树人即将访陕，渭北五县民众对其抱有厚望，拟等白到陕后，请求捐款完成泾惠渠第二步工程②。11 月 11 日，白树人到达西安，与李仪祉见面，他们协商续办泾惠渠工程，即二期工程，估计需要四十余万元，由华洋义赈会与陕西省府分担③。白树人在与李仪祉的会商中可能有某种允诺，当时陕西省即由政务会议决议，拨款 19 万元。但是白树人走了之后，事情陷入了停顿。1933 年 3 月，华洋义赈会派季履义来陕查灾。3 月 31 日《大公报》报道：季氏目睹陕灾惨状，认为泾惠渠二期半数工款恐怕陕西省政府都无力担任，此间有"华侨"促请季氏转恳华洋义赈会总会，全数担任，以完成此项不朽事业。现闻华洋义振会已接受此项建议，允担任此项工程费，以完成第二期工程④。

随即，华洋义赈会去函指责《大公报》3 月 31 日关于"华洋义赈会继续资助完成泾惠渠二期工程"报道失实⑤。该函清楚地表达了华洋义赈会对继续完成泾惠渠二期工程无能为力，所持观点与该会 1932 年的年度报告相同。华洋义赈会的这一解释从道理上完全讲得通。1932 年 11 月 5 日《大公报》发表的社评，就对当时中国政府的无能进行反思："近年如民生渠、泾惠渠（一期）之完成，在一种意义上，实表现我国之无能。何则？此两渠者，为西北区域空前之新事业，然究之所费几何？每渠工费，百万元左右而已。然政府不能全任，人民不堪自筹，必仰赖赈捐，求及海外，而后兴工焉，可耻甚矣。西北固贫甚，然晋绥陕甘一年之各种税收，合计要亦有数千万之钜，渠工所用，数十分之一耳！而假令无

① 华洋义赈救灾总会：《民国二十一年度赈务报告书》，《民国赈灾史料续编》第 5 册，国家图书馆出版社 2009 年版，第 438—439 页。
② 《白树仁今晨飞并》，《大公报》1932 年 11 月 1 日第 4 版。
③ 《完成泾惠渠工程》，《大公报》1932 年 11 月 12 日第 4 版。
④ 《华洋义赈会决完成泾惠渠二期工程》，《大公报》1933 年 3 月 31 日第 6 版。
⑤ 《泾惠渠第二期工程陕省府无力完成》，《大公报》1933 年 4 月 9 日第 6 版。

华洋义赈会之捐款或贷款，则事实上竟不能成，可痛甚矣！"①

不过，华洋义赈会在解释之后的态度发生了转变，转变原因是当时有不少陕西省及中西人士去函华洋义赈会，催促其完成泾惠渠二期工程，义赈会感到了压力②。1933 年 4 月中旬，华洋义赈会决定将所筹陕赈款四万九千余元，"悉数拨充续修泾惠渠平原上各支渠之用"，并打算派工程师塔德及安立森前往陕省，与陕当局接洽兴工事宜。华洋义赈会同时呼吁：泾惠渠二期工程渠工全部预计需款约二十万元，除已筹得之四万九千余元外，尚须十五万元左右，尚无眉目，此仍待社会之援助者③。

随后，华洋义赈会组织第一工程队到达陕省，当即开工。1933 年 5月 6 日，华洋义赈会工程师安立森、全绍周视察泾惠渠支渠工程之际，突遭绑架，工程进行因而顿受挫折。"安立森被绑架"事件引起了各方关注，杨虎城派团长杨竹荪带兵包围绑架者，安立森、全绍周两工程师得到机会逃脱④。

泾惠渠二期工程从 1932 年 6 月开始，到 1934 年年底止，除华洋义赈会负责部分的二期工程，复建的陕西省水利局及 1934 年年初成立的泾惠渠管理局，在二期工程中起领导作用。李仪祉招门人水利工程师刘钟瑞来陕，参与泾惠渠二期工程建设。在此期间，上海华洋义赈会、全国经济委员会等对泾惠渠二期工程进行资助，其中上海华洋义赈会捐款共计46000. 00 元⑤，全国经济委员会提供款项 248300. 00 元⑥，后者是泾惠渠二期工程经费的最大提供方。

下面根据华洋义赈救灾总会《民国二十一年度赈务报告书》以及1934 年陕西泾惠渠管理局编印《泾惠渠报告书》的相关内容，对泾惠渠修建中经费来源进行排序。

华洋义赈会在整个泾惠渠工程中的花费：二期实际投入工程费为

---

① 《白树仁君游西北感言》，《大公报》1932 年 11 月 5 日第 2 版。
② 《华洋义赈会筹划完成泾惠渠工，兴筑各支渠》，《大公报》1933 年 4 月 19 日第 6 版。
③ 同上。
④ 《安利森全绍周均脱险》，《西北文化日报》，1933 年 5 月 25 日第 1 版；《全绍周语记者被架情形及脱险经过》，《西北文化日报》1933 年 5 月 26 日第 5 版。
⑤ 陕西泾惠渠管理局编印：《泾惠渠报告书》，民国二十三年（1934）十二月，第 16—18 页。
⑥ 同上。

89523.62 元[1]，一期工程中华洋义赈会的拨款为 536635.12 元[2]，总计达626158.74，该款项里面包括其代募的檀香山华侨捐建大坝的款项14500.00 元[3]，居第 1 位。陕西省政府方在整个泾惠渠工程的花费：一期工程下部工费为 488643.59 元[4]，拨给一期工程上部款 52000.00 元[5]，以及二期工程工费为 37268 元[6]，总计达 577911.59，居第 2 位。全国经济委员会投入 248300.00 元，为第 3 位。华北慈善联合会捐款 85500.00元[7]，该会会长朱子桥的二万袋水泥捐献其价值包括在内，居第 4 位。上海华洋义赈会捐款 46000.00 元，[8] 居第 5 位。在上面的统计中，一期工程中的陕西赈务账款 38431.49 元，[9] 没有归入陕西省政府出资部分。此外还有一些零星小款，不好分类，未计入。

以上梳理了泾惠渠修建的过程及其经费来源，虽然无意分出高下，但不得不承认华洋义赈会的作用相当突出。同时，从以上梳理分析来看，若要离开杨虎城、李仪祉等许许多多人所营造、维护的引泾的区域社会环境，华洋义赈会的引泾工程亦是寸步难行，何况李仪祉等人本身就是泾惠渠工程的参与者。

在一个大旱饥荒的特殊年代，奇迹般地完成了一个恢复伟大传统的引泾工程，这个工程主要是由慈善救济组织——华洋义赈会与陕西省政

① 陕西泾惠渠管理局编印：《泾惠渠报告书》，民国二十三年（1934）十二月，第16—18 页。

② 华洋义赈救灾总会：《民国二十一年度赈务报告书》，《民国赈灾史料续编》第 5 册，国家图书馆出版社 2009 年版，第 507 页。

③ 同上书，第457 页。

④ 陕西泾惠渠管理局编印：《泾惠渠报告书》，民国二十三年（1934）十二月，第16—18 页。

⑤ 华洋义赈救灾总会：《民国二十一年度赈务报告书》，《民国赈灾史料续编》第 5 册，国家图书馆出版社 2009 年版，第 507 页。

⑥ 陕西泾惠渠管理局编印：《泾惠渠报告书》，民国二十三年（1934）十二月，第16—18 页。

⑦ 华洋义赈救灾总会：《民国二十一年度赈务报告书》，《民国赈灾史料续编》第 5 册，国家图书馆出版社 2009 年版，第 507 页。

⑧ 陕西泾惠渠管理局编印：《泾惠渠报告书》，民国二十三年（1934）十二月，第16—18 页。

⑨ 华洋义赈救灾总会：《民国二十一年度赈务报告书》，《民国赈灾史料续编》第 5 册，国家图书馆出版社 2009 年版，第 507 页。

府合作推动的，是在中外人士以及渭北地方民众广泛参与下完成的。作为华洋义赈会人士，贝克、塔德、艾德敷、安立森、全绍周、季履义、康寄遥等人名字不应遗忘，尤其是优秀的现场工程师安立森。作为陕西省这一方，李仪祉、杨虎城是当之无愧的英雄，当然也不能忘记参与具体工作的许许多多普通民众。此外还有全国经济委员会、华北慈善联合会、上海华洋义赈会、檀香山华侨、朱庆澜等的支持。泾惠渠是多年酝酿，在特殊时代的政治及区域环境下完成的，在笔者看来泾惠渠的成功本身就代表着渭北水利的近代转型，不过这是一种非常规转型，泾惠渠之后的其他陕西灌溉工程，再也无法像泾惠渠这般引起如此多的中外人士及团体的参与及关注。

第三节　泾渠管理的近代转型

魏丕信等在《沟洫佚闻杂录》的序言中指出，陕西水利自 20 世纪 30 年代开启"以工程师与技术人员为主导的水利资源治理渐渐地取代了以地方士绅为中心的旧水利秩序"[1]，这一看法实在精彩。本节从分析渭北水利从龙洞渠遵循"旧章"管理到泾惠渠新式管理入手，指出渭北泾渠管理这一转变的意义不止于此。

一　民国初期龙洞渠的管理

上章第二节已经分析清光绪后期龙洞渠乡绅治理色彩十分浓厚，下面来看民国初期龙洞渠管理状况。

辛亥革命后，官方对龙洞渠的管理一度废弛，"清代设水利县丞两员，分驻上下游，上游驻泾阳木梳湾，下游驻三原县城，专司其事，并由省年发岁修费五百两，人存政举，其利甚薄，后因上游衙署倾圮，官因移驻泾阳城内，然犹经理渠事也！辛亥革命以后，裁去斯缺，法制遂湮"[2]。

---

① 白尔恒、［法］蓝克利、［法］魏丕信编著：《沟洫佚闻杂录·序言》，中华书局 2003 年版，第 39—40 页。

② 叶遇春主编：《泾惠渠志》，三秦出版社 1991 年版，第 86 页。

1914 年 12 月，全国水利局制定的《各省水利委员会组织条例》获得批准通过①，在此条例的规定下，1916 年陕西水利分局成立，主管全省水利行政及水利工务事宜，主事者郭希仁。1917 年 11 月，郭希仁委任于天赐、姚秉圭（姚介方）为龙洞渠渠工局正副局总，所有龙洞渠一切工程事项，应会同正副局总并秉承泾阳县知事悉心筹议，妥速办理，以维水利，而厚民生②。郭希仁这一委任使乡绅在龙洞渠兴修中的重要性上升。

1918 年，胡景翼等在渭北三原举起靖国军旗帜，与西安的陈树藩对抗。1921 年，陕西靖国军总司令于右任等倡议兴修渭北水利，成立"渭北水利委员会"，举李仲三为会长。1922 年胡景翼等成立"渭北水利工程局"，筹划引泾工程。

1922—1923 年，为了加强对龙洞渠的宏观管理，渭北四县制定并颁布《龙洞渠管理局泾、原、高、醴四县水利通章》③ （以下简称《通章》），现存《通章》条款由民国时期泾阳乡绅刘屏山抄录，成为分析当时龙洞渠管理的重要文本。《通章》制定、颁布的时间约在 1922—1923 年，为什么这么说？《通章》第一章第一条说："引泾工程未成，现时龙洞渠水量有限，旧章陵夷，争水构讼，层见叠现，急宜暂定规则，调剂分配。俟大功告竣，水量充裕，再另立法程，以广灌溉。"④ "引泾工程未成"说明引泾的筹划已经开始，引泾的具体筹划是在 1922 年下半年李仪祉返陕后开始的。而"现时龙洞渠水量有限，旧章陵夷，争水构讼，层见叠现"则说明《通章》的制定是为了应对 20 世纪 20 年代初渭北的旱灾所造成的水源有限、争讼迭出的局面。

《通章》对管理机构规定：设龙洞渠管理局，设主任一人，统管全渠事务。三原、高陵两县仍按旧例设各自县龙洞渠水利局。泾阳、醴泉两

---

① 《中华民国法令大全》，上海商务印书馆印行，民国四年（1915）十二月增补再版，第 154—156 页。

② 参见陕西省地方志编纂委员会编《陕西省志·水利志》，陕西人民出版社 1999 年版，第 28 页；叶遇春主编《泾惠渠志》，三秦出版社 1991 年版，第 17 页。

③ 《龙洞渠管理局泾、原、高、醴四县水利通章》，白尔恒、［法］蓝克利、［法］魏丕信编著《沟洫佚闻杂录》，中华书局 2003 年版，第 50—53 页。

④ 同上书，第 50—51 页。

县的龙洞渠水利局附于龙洞渠管理局下，而且二县境内渠务由管理局主任兼辖。四县各举渠绅二人，醴泉县可推举一人，渠绅宜与管理局主任和衷共济，遵守定章，以维护渠务①。

龙洞渠管理局应办的事项有：甲，监督水利章程之实行；乙，调处用水之纷争；丙，保护及修理上源官渠；丁，暂促民渠之修治；戊，保存龙洞渠官产及基金；己，指挥水夫沿上源官渠种树②。

各县龙洞渠水利局应办的事项有：甲，管理开闭堵口事宜；乙，调查各县境内渠身有无壅遏破坏，报告管理局；丙，调查用水人民有无违章，妨害渠务等情，报告管理局；丁，劝导人民沿渠种树③。

龙洞渠管理局主任的职权有：甲，奉行龙洞渠管理局应办各事项；乙，处罚违章者以相当之罚款；丙，招集各县渠绅，会议龙洞渠要务；丁，征收划归龙洞渠各项官款及水利罚款④。

各县渠绅的职权为：甲，各县龙洞渠水利局的应办事项通常由其渠绅兼辖；乙，对于龙洞渠事务有建议之权；丙，有推举管理局主任之权；丁，有辅助管理局主任使行职权之义务；戊，有清查管理财政之权⑤。

以上《通章》对龙洞渠管理局的组成结构、管理权限都有明确的规定，设主任一人，各县举渠绅二人，醴泉县一人也行，各县渠绅有推举管理局主任权力，颇具"民主"。1923 年 9 月，泾阳县素有声望的乡绅姚介方成为龙洞渠管理局主任⑥。由姚介方出任主任，此时于天赐可能已经去世或太老。由龙洞渠水利灌溉地亩最多的泾阳县人姚介方出任主任，反映了龙洞渠灌区各县在用水上的实力对比。

龙洞渠管理局设立的主要任务是维持旧有灌溉的秩序，即对所谓"旧日规程习惯"奉行⑦，这由《通章》第二章"水程"相关内容可以印

---

① 《龙洞渠管理局泾、原、高、醴四县水利通章》，白尔恒、［法］蓝克利、［法］魏丕信编著《沟洫佚闻杂录》，中华书局 2003 年版，第 51 页。

② 同上。

③ 同上。

④ 同上。

⑤ 同上。

⑥ 叶遇春主编：《泾惠渠志》，三秦出版社 1991 年版，第 18 页。

⑦ 《龙洞渠管理局泾、原、高、醴四县水利通章》，白尔恒、［法］蓝克利、［法］魏丕信编著《沟洫佚闻杂录》，中华书局 2003 年版，第 51 页。

证：其一，三限闸三原水程，每月从阴历初十日初刻，水至三限闸上，十二日卯尽时止；其二，彭城闸高陵水程，每月从阴历初四寅时初刻起，初七日子时六刻止。① 高陵县水程与道光年间所形成的规则有细微差别，三原水程与道光年间的水程相比有缩减，但幅度不大②。

《通章》对用水秩序有规定：各斗用水时刻遵循旧章，自下而上，由管理局定制水签，签上烙印戳记，每斗到了开斗期，由各斗长或值月利夫执签为凭，点香计时，监视开斗。每斗用水时刻到期，缴签于上斗的斗长或值月利夫，上斗用完，再交于再上一斗，周而复始；各斗内地亩用水时间的分配，由各斗长自己处理，或者按泾阳县利夫名下贴夫的旧规③。

《通章》对官渠、民渠的维护作了规定。对于官渠的规定有：其一，龙洞渠管理局筹措每年的岁修费，作为老龙王庙下、王屋一斗上官渠的维护；其二，官渠损坏后若修理经费数额巨大，岁修费不够，申请省署及陕西水利分局拨款；其三，各县境内官渠，由各县行政公署及水利局筹款修理④。涉及民渠的规定有：其一，各民渠管理制度，如泾阳之水老、值月利夫，三原之堵长等悉仍其旧；其二，各县民渠，由各斗水老、堵长，督同利夫负责修理疏浚⑤。

《通章》对"官产"的管理有规定：其一，对于龙洞渠以前基金、地产，需查清存案；其二，罚款收入归管理局经理；其三，王桥头十月会征收税项由管理局经理；其四，无论官民渠，两岸树木悉归龙洞渠公有，由管理局及各县龙洞渠水利局分划管理⑥。《通章》规定：龙洞渠每年收

① 《龙洞渠管理局泾、原、高、醴四县水利通章》，白尔恒、［法］蓝克利、［法］魏丕信编著《沟洫佚闻杂录》，中华书局2003年版，第52页。

② 根据道光年间蒋湘南所纂《后泾渠志》记载：三原县每月初十日未时在泾阳县三限口开闸放水，至十一日卯时受水起，至十三日卯时尽止；高陵县每月初四日寅时初刻，至初七日寅时一刻止。参见道光《重修泾阳县志·后泾渠志》，《中国地方志集成·陕西府县志辑（7）》，第383—392页。

③ 《龙洞渠管理局泾、原、高、醴四县水利通章》，白尔恒、［法］蓝克利、［法］魏丕信编著《沟洫佚闻杂录》，中华书局2003年版，第52页。

④ 同上。

⑤ 同上书，第51、52页。

⑥ 同上书，第52页。

入，须呈报省署及陕西水利分局报销一次，并咨交四县县署及各县渠绅查核①。这说明龙洞渠的管理虽由地方乡绅执行，但龙洞渠的财产有不少属于"官产"，其管理不能脱离"官方"及民间之监督。

《通章》规定龙洞渠管理局对以下情况拥有罚款权：其一，上斗占下斗开斗时期过一小时者，罚洋十元，违时更多者加倍处罚；其二，不修支渠、故意失水者，按水所流地亩面积，每亩罚三元；其三，无签私自开斗灌地者、打斗口者及私开斗口者，各罚洋五元以上至十元以下；其四，每逢开斗灌田，由支渠开口浇地者以及私行开渠不遵正渠者，所灌地亩，每亩罚洋三元以上至五元以下；其五，强霸他人水程者，罚洋十元；其六，本斗之水浇外斗者，每亩罚洋三元以上至五元以下；其七，私伐渠岸树木者，按树的大小，每树一株罚洋十元以下一元以上，树充公②。对于种种罚款的实施，如果没有争执，由龙洞渠管理局主任直接执行；若有争执，交由渠绅会议评断，交管理局主任施行③。

泾、原、高、醴四县龙洞渠管理局之所以设立，是希冀解决之前由各县官绅各自管理的地方本位，欲超越县域而加强整体的协调，尽管它所维护的为旧有灌溉秩序，但就宏观管理而言，已经呈现出某种转型。龙洞渠管理局主任不是由官僚出任而由乡绅出任，主任之下人员由各县灌区的渠绅组成而非科层下的职员，体现出浓厚的自治色彩，符合当时陕西及渭北区域历史环境。1920 年 8 月，作为陕西人的陈树藩首先提出陕人治陕的"自治运动"，以维护自己在陕的统治。1921 年 7 月，陈树藩被逐后，"自治运动"又被刘镇华所继承。1922 年 3 月，长安、临潼、咸阳等县相继成立了自治机构。7 月，刘镇华亲自主持省参议会，并勒令各州、县按期筹办，当时关中不少县纷纷成立自治讲习所，至 1923 年 8 月，陕西许多县都相继成立自治会、参议会和县议会等一套自治机关④。虽然渭北三原、泾阳一带为胡景翼部所控制，但自从 1921 年 9 月陕西靖国军

① 《龙洞渠管理局泾、原、高、醴四县水利通章》，白尔恒、[法]蓝克利、[法]魏丕信编著《沟洫佚闻杂录》，中华书局 2003 年版，第 52 页。
② 同上书，第 52—53 页。
③ 同上。
④ 陕西省委党校党史教研室：《新民主主义革命时期陕西大事记述》，陕西人民出版社1980 年版，第 10—12 页。

解体后，陕西在表面上还是统一的，"自治运动"对渭北不能说没有影响。事实上，渭北三原在靖国军时代，就成立"陕西省临时参议会"，凡靖国军区域内的一切重大事宜，均须参议会讨论①，"自治"的色彩并不比西安的陈树藩、刘镇华所提倡的弱。龙洞渠管理局的成立及运行似乎受到"自治运动"的影响。

对于龙洞渠管理局实际运行情况，由于留下资料极少，很难判断。由刘屏山的记述，直到 1928 年，泾原高醴龙洞水利管理局主任姚介方还在承担职责②。

二 泾惠渠的管理

华洋义赈会主导的泾惠渠一期工程甫成，管理权就移交到陕西省政府手中③。利用现代科学修成的泾惠渠是一个巨型系统，而之前清末龙洞渠官绅管理的松散性以及 20 世纪 20 年代泾原高醴四县龙洞渠管理局的乡绅治理，显然不足以应对新的形势，对此做出杰出贡献的是李仪祉等人。

1932 年 6 月，随着泾惠渠一期工程顺利完工，身为陕西省建设厅厅长的李仪祉发表《泾惠渠管理管见》《泾惠渠管理章程拟议》，对泾惠渠的管理提出一系列建议。例如，李仪祉认为，新的管理组织以农民为主体，由于工程浩大必由官力主持，政府设官，居于监督指导之地位，为一"完善有力之组织"④。又例如，李仪祉讲，新的机构要超越地方利益，要努力达到"水利之理想"，并将其概括为五点：欲求水量配剂之均匀；欲求灌溉面积之最广；欲求水在田间效用之极佳；欲求人民经济之日趋

---

① 三原县志编纂委员会：《三原县志》，陕西人民出版社 2001 年版，第 23—24 页。
② 刘屏山记载："民国纪元后十七年，天道亢旱，各河渠民众紧水灌田，以致争水兴讼……遂禀于泾阳县政府。县长批委泾原高醴龙洞水利管理局主任姚介方来鲁镇调查。"（白尔恒、[法] 蓝克利、[法] 魏丕信编著《沟洫佚闻杂录》，中华书局 2003 年版，第 119 页）
③ 华洋义赈会《民国二十一年度赈务报告书》指出："该渠（泾惠渠）性质原与萨托渠及石蘆渠不同。本会担任兴修部分既已完成，自放水典礼举行后，即于六月二十八日正式移交陕省府接管，关于水利机关之组织，陕省府会于六月二十七日来函邀请本会担任顾问一席。"参见华洋义赈救灾总会《民国二十一年度赈务报告书》，《民国赈灾史料续编》第 5 册，国家图书馆出版社 2009 年版，第 438 页。
④ 李仪祉：《泾惠渠管理管见》，《李仪祉水利论著选集》，水利电力出版社 1988 年版，第 316—317 页。

富裕；欲求各项工程之垂于永久①。1932 年 6 月，泾惠渠陕方副总工程师、李仪祉的助手孙绍宗，对泾惠渠的管理也提出看法，"将来全渠管理机关，须完全由公家主持，地方上团体，不可使之干预，以免纠纷，而杜流弊"②。

1934 年 1 月，泾惠渠管理局在泾阳县城正式设立，第一任局长孙绍宗，泾惠渠管理局直属陕西省水利局领导。

相比龙洞渠的管理，1932—1949 年的泾惠渠实行了新型管理，堪称渭北水利近代管理转型的典范，表现在以下几个方面。

第一，新型层级管理。

20 世纪 20 年代的龙洞渠管理，其上有龙洞渠管理局，设有主任及各县渠绅，在民间灌溉系统有水老（泾阳、高陵称水老）或堵长（三原称堵长）、斗长、值月利夫等，基本上是一个分层管理的系统③。泾惠渠实行的也是层级管理，那么其与之前龙洞渠层级管理相比有何不同？一言以蔽之，泾惠渠是一个专业管理机构与群众灌水组织相结合的新型分层管理系统。

泾惠渠是一个大型水利系统。在上层，由泾惠渠管理局这一新型机构进行管理，泾惠渠管理局归陕西省水利局管辖，相比晚清民国初期的龙洞渠由灌区属县的官方管理，泾渠系统的管辖权上移省直机构，超越渭北地方。

在泾惠渠管理局组建方面，李仪祉主张专业化，"管理局设局长一人，由陕西省政府委任之，局长须以深具水利工程经验之工程师（工科大学毕业，服务水利工程至少五年以上）充之，不合资格者，不得被委"④。1932 年 6 月，张季鸾归陕曾到过泾惠渠工地，与李仪祉会过面，他记道，泾惠渠"现在的重大问题，是完工以后的管理，李君仪祉，现

①　李仪祉：《泾惠渠管理管见》，《李仪祉水利论著选集》，水利电力出版社 1988 年版，第 316—317 页。

②　孙绍宗：《泾惠渠工程之经过详情》，《西北文化日报》1932 年 6 月 7 日，第 3 版。

③　《龙洞渠管理局泾、原、高、醴四县水利通章》，参考白尔恒、[法] 蓝克利、[法] 魏丕信编著《沟洫佚闻杂录》，中华书局 2003 年版，第 51—53 页。

④　李仪祉：《泾惠渠管理章程拟议》，《李仪祉水利论著选集》，水利电力出版社 1988 年版，第 321 页。

在已拟订专章……管理机关，完全由工程人员组织"①。

事实上，整个民国时期，确实是按李仪祉对泾惠渠管理局局长人选的看法，由"深具水利工程经验之工程师"担任，即由接受过近代水利工程科学的专业人士出任局长：第一任局长孙绍宗，为南京河海工程专校毕业生，学习水利；第二任刘秉璜局长也毕业于南京河海工程专校；第三任局长张寿荫毕业于清华大学土木工程系，熟悉水利工程②。1947年的数据，泾惠渠全渠有职员三十五人、测工十人、渠工八十人③。队伍十分精干，专业化色彩强。

泾惠渠有三个干渠、八个支渠，干渠有总干渠、北干渠、南干渠，支渠从第一支渠至第八支渠，这是一个庞大系统，为了便于管理，除泾惠渠管理局设于泾阳外，后在张家山、社树、刘解、汉堤洞、泾阳、三原、磨子桥、仁村、高陵等处分设管理处，常驻管理人员。在一些重要的或较远处所，如高陵县等处，架设电话，以便指挥。张家山管理处位于渠首，职司操纵总闸及测量河渠水文，其他各管理处则分管各渠分水闸，并办理农田一切用水事宜④。

张季鸾说，李仪祉在拟订泾惠渠管理专章时参考"古制"建立一种完密的管理方法⑤，这个"古制"，应该主要指泾惠渠之前已经长久存在的民间管理模式，即水老（堵长）、斗长、利夫这一形式。不过，泾惠渠管理局对其进行了"转换"：泾惠渠每渠分若干段，每段设水老一人；每段辖斗若干，每斗设斗长一人；每斗辖村庄若干，每村设渠保一人，司该村水量之分配事宜。这是一个严格的水老、斗长、渠保三级管理模式，与20世纪20年代龙洞渠松散的水老、斗长、利夫设置不可同日而语⑥。1947年的数据，泾惠渠全渠有水老六十七人，斗长三百二十五人，渠保

---

① 季鸾：《归秦杂记》（二），《大公报》1932年6月18日，第3版。
② 陕西省编制委员会：《民国时期陕西省行政机构沿革》，陕西人民出版社1991年版，第227页。
③ 行政院新闻局：《泾惠渠》，1947，第16—17页。
④ 同上。
⑤ 季鸾：《归秦杂记》（二），《大公报》1932年6月18日，第3版。
⑥ 由《龙洞渠管理局泾、原、高、醴四县水利通章》来看，水老直接指挥利夫，水老与斗长之间关系模糊。参考白尔恒、［法］蓝克利、［法］魏丕信编著《沟洫佚闻杂录》，中华书局2003年版，第51—53页。

一千八百余人①。

在一般情况下，泾惠渠八条支渠可同时供水，给水灌溉采取专业管理机构与群众组织相接合方式，分层管理在给水灌溉中的操作：泾惠渠管理局根据各干、支渠的灌溉面积，按比例配水，规定全灌区开斗时间。在一条干渠或支渠内，管理局编制的由下而上放水次序、放水时间表，由各管理处派人掌握开关干支渠闸门及斗门，管理处给水老、斗夫按计划发用水通知书，据以用水。斗长按斗内各村灌溉面积，通知各村渠保，组织用水户，由下而上，先左后右，依次灌溉②。

泾惠渠层级管理中，有加强对水利基层人员控制的趋势。对水老的任职资格，以前泾渠章程中并没有规定，而在泾惠渠管理中对水老有了资格规定，即由阖斗人民公举斗内年高有德者为之，水老之资格须：（甲）年在四十岁以上者；（乙）有相当田产，以农为业者；（丙）不吸鸦片私德完善者；（丁）未受刑事处分者；（戊）凡曾任官吏军士者，不得被举③。

而且，陕西省水利局官方，在泾惠渠运行伊始，就试图在一定程度上控制水老、斗夫，表现在要给泾惠渠灌区各县水老、斗夫发津贴，并以公务员优待。1934年《陕西水利月刊》刊载了陕西省水利局三条训令。第一条为"训令泾惠渠管理局"，内容为奉陕西省政府令，对泾惠渠呈请的泾惠渠水老、斗夫渠保津贴一事予以同意④。第二条为"训令泾原等五县县政府"，其内容为：

事由 令知，泾惠渠各水老斗夫，已令泾惠渠管理局分别委任，嗣后该县对于各该水老斗夫，应以公务员待遇。

说明 查泾惠渠之管理局：以官民合作为原则，各水老、斗夫，前经呈奉令准，既发津贴，由泾惠渠管理局分别委任，水老、斗夫为管理局组织之一部；嗣后该县对于各该水老、斗夫，统应以公务

---

① 行政院新闻局：《泾惠渠》，1947年，第16—17页。
② 叶遇春主编：《泾惠渠志》，三秦出版社1991年版，第181页。
③ 李仪祉：《泾惠渠管理章程拟议》，《李仪祉水利论著选集》，水利电力出版社1988年版，第318—319页。
④ 《训令泾惠渠管理局》，《陕西水利月刊》第2卷第11册，1934年，第45页。

员待遇。

办法　除分令外，合行令饬，仰该县长即便遵照为要。①

第三条为"训令泾惠渠管理局"，指出，"泾惠渠各水老，斗夫，既经呈准发给津贴，应由该局（泾惠渠管理局）将各水老分别委任"②。这些由民间选举或轮任的水老、斗夫，现在还必须由泾惠渠管理局予以委任，相比之前龙洞渠管理，官方对泾惠渠控制力度大为提升。

第二，科学管理。

1934 年 12 月陕西泾惠渠管理局编印的《泾惠渠报告书》中声称"泾惠渠全部灌溉事业，系以科学方法，引泾水入渠分布灌溉全区，以增加土地生产，为解决吾陕民生问题之捷径"③，这个"科学方法"在泾惠渠管理局看来是追求"用水经济问题"④，即如何追求灌溉面积的最大化。事实上，孙绍宗在 1932 年 6 月已经提出了这个问题，他说：

水量之分配，应以灌溉面积为标准，不能以县界为标准，以浇灌便利为目的，不以浇某县地为目的，要知水之效率与距离，成一有级数之反比例，如在泾阳以西浇地百亩之水，到高陵能浇六十亩，到临潼则只能浇二三十亩而已，故公家本经济之原则，谋产获之增加，以给水利，便多浇顷数，增加水之效率为目的，绝不能限制浇县地之若干也。⑤

这的确是个重要问题，但纯以经济效率考虑又会牵涉县之间的灌溉公平问题，用水分配是个复杂问题。

1934 年 12 月，泾惠渠管理局依照灌溉章程及历来之经验，制定出引用泾水的基本条件：

---

① 《训令泾原等五县县政府》，《陕西水利月刊》第 2 卷第 11 册，1934 年，第 45 页。
② 《训令泾惠渠管理局》，《陕西水利月刊》第 2 卷第 11 册，1934 年，第 46 页。
③ 陕西泾惠渠管理局编印：《泾惠渠报告书》，民国二十三年（1934）十二月，第 25 页。
④ 同上。
⑤ 孙绍宗：《泾惠渠工程之经过详情》，《西北文化日报》1932 年 6 月 7 日第 3 版。

（子）泾河在夏季，河水含沙量在百分之十五时，即开闭引水闸门，拒绝泥水。

（丑）引水入渠后，含沙量在百分之十时，社树分水闸，按十一与五之比例，分配于南干渠及北干渠；若含沙量在百分之十以上时，北干渠即须封闭，使渠水完全归南干渠。

（寅）泥水入北干渠后，至汉堤洞分水闸时，若含沙量在百分之二以下，即按三．五与一．五之比例分配入第三支渠（中白渠）及第一支渠；若泥水含沙量在百分之二以上时，北干渠汉堤洞以下，第一支渠即不能放水，以免渠道淤塞。

（卯）所有断水期间，停止给水之斗口，至渠水恢复常态后，非渠水特别充足，决不补水。①

以上五条虽来自经验，但含沙量的数字化使泾惠渠管理具有精确性，科学管理的思想已体现其中。

此外，泾惠渠管理局还通过科学实验的结果，进行灌溉分水的科学管理。1937 年 6 月开始，泾惠渠管理局进行灌溉试验工作，研求农作物经济灌溉的水量及其适宜的用水时间，"俾泾渠灌溉分水，得有科学之根据"。经过几年试验后得出初步成果：棉麦需水量均以每次一百公厘为最经济，小麦自下种至成熟，以灌水三次最为适宜，其用水时期为播种期（九月），休眠期（十二月）及生长期（三月、四月），至棉花之用水除播种时期（四、五月之交）外，主要灌溉时期为七、八两月，以每二十日灌水一次较为适宜②。

第三，法规化管理。

田东奎认为，近代地方水权立法以陕西省成绩最为突出，该省在全国性水利法颁布以前，就先后颁布了《陕西省水利通则》《陕西省水利注册暂行章程》《陕西省水利注册暂行章程实施细则》《陕西各县旧有民开水利立案办法》《陕西省各渠工业用水简章》《陕西省各渠工业用水管理

① 陕西泾惠渠管理局编印：《泾惠渠报告书》，民国二十三年（1934）十二月，第22—23 页。
② 行政院新闻局：《泾惠渠》，1947 年，第18—19 页。

规则》《陕西省水利局管辖各渠用水浪费处罚规则》《陕西省各渠水费滞纳处分办法》《陕西省各渠灌溉地亩征收水费办法》等法规，初步构建了中国近代水权法律体系①。

陕西省地方水利立法中不少是从泾惠渠开始的。1932 年 6 月，随着泾惠渠一期工程顺利完工，身为陕西省建设厅厅长李仪祉发表《泾惠渠管理管见》《泾惠渠管理章程拟议》。1932 年 8 月，由李仪祉兼掌恢复的陕西省水利局。12 月，陕西省水利局发布《泾惠渠养护及修理章程》《泾惠渠用水权注册暂行章程》《泾惠渠临时灌溉章程》等章程②。

根据笔者统计，自泾惠渠一期工程完成后，通过的有关泾惠渠的法规章程有：《泾惠渠养护及修理章程》（1932）、《泾惠渠用水权注册暂行章程》（1932）、《泾惠渠临时灌溉章程》（1932）、《征收泾惠渠灌溉田地水捐暂行办法》（1933）、《泾惠渠水老会组织章程》（1935）、《泾惠渠斗渠灌溉细则》（1936）、《修正泾惠渠临时引溉章程》（1937）、《泾惠渠管理局汛期人民巡察队规程》（1937）、《修正陕西省泾惠渠管理局暂行组织规程》（1938）、《陕西省泾惠管理局工业用水暂行章程》（1940）、《陕西省泾惠渠灌溉管理暂行章程》（1940）、《修正泾惠渠管理局暂行组织章程》（1940）、《修正泾惠渠临时引灌章程》（1944）、《陕西省泾惠渠灌溉管理规则》（1944）。③

下面以《泾惠渠用水权注册暂行章程》为例，说明该章程出台的背景及实施情形。

1932 年 12 月，陕西省水利局颁布《泾惠渠用水权注册暂行章程》，章程第一条说，本章程依《陕西省水利通则》第五条之规定订定之④。《陕西省水利通则》是 1932 年 7 月 22 日杨虎城主持召开陕西省政府第

---

① 田东奎：《中国近代水权纠纷解决机制研究》，中国政法大学出版社 2006 年版，第 95 页。

② 《泾惠渠养护及修理章程》《泾惠渠用水权注册暂行章程》《泾惠渠临时灌溉章程》，《陕西水利月刊》（创刊号）1932 年 12 月，第 74—81 页。

③ 根据民国时期陕西省水利局编印的《陕西水利月刊》（1—3 卷）、《陕西水利季报》（1—5 卷），以及陕西省地方志编纂委员会编《陕西省志·水利志》（陕西人民出版社 1999 年版）、叶遇春主编《泾惠渠志》（三秦出版社 1991 年版）汇总。

④ 陕西省水利局编印：《陕西水利月刊》（创刊号），1932 年 12 月，第 78 页。

106 次政务会议上修正通过的①。《陕西省水利通则》发布在《陕西水利月刊》创刊号上，其第五条规定为，私人或团体对于公有之水使用时，须向主管机关呈请注册，发给证书，取得用权②。何为"公有之水"？《陕西省水利通则》第三条规定：本省区域内一切地上地下流动静止之水，除凿井窖池塘，得随土地所有权私有外，俱为公有③。

　　遵循《陕西省水利通则》精神而制订并颁布的《泾惠渠用水权注册暂行章程》，将泾惠渠水权明确"公有化"，其想解决的问题之一为收取水费，"耕地每亩一角，园地每亩五角"④，而收水费的依据是土地的面积，这就需要清丈土地。《泾惠渠用水权注册暂行章程》第三条规定，申请注册时要填写申请书，其内容有：申请业户姓名年岁籍贯住址；用水之干支渠及斗口名称；受水地之种类面积及四至；受水地亩距用水斗口之里数。规定主管机关接到申请书，应立时派员查勘，一经勘实，即予注册⑤。泾惠渠建成初放水时，《泾惠渠用水权注册暂行章程》无法实施，当时灌溉亩数由灌区民众自行呈报，但是隐瞒漏报的很多。泾惠渠管理局成立后，1934 年开始实施该章程，组织清丈队，清丈渭北泾、高、原、临、醴地亩，共丈得 590222 亩，随即办理地亩注册，发给用水权证，照实丈亩数正式给水⑥。

三　征收水捐

　　泾惠渠征收水捐的主张是由李仪祉提出的，还在泾惠渠一期工程完成前后，"李君仪祉，现在已拟订专章……大概用水农户，每亩每年征费一元，用作管理扩充之费"⑦。1933 年 6 月，陕西省水利局颁布《订正征收泾惠渠灌溉田地水捐暂行办法》⑧，准备征收水捐。

---

①　贾自新编著：《杨虎城年谱》，中国文史出版社 2007 年版，第 283 页。
②　《陕西省水利通则》，《陕西水利月刊》（创刊号）1932 年 12 月，第 69 页。
③　同上。
④　《泾惠渠用水权注册暂行章程》，《陕西水利月刊》（创刊号）1932 年 12 月，第 78 页。
⑤　同上。
⑥　陕西省水利局编印：《李仪祉先生逝世十周年纪念刊》，1948，第 40 页。
⑦　季鸾：《归秦杂记》（二），《大公报》1932 年 6 月 18 日，第 3 版。
⑧　《订正征收泾惠渠灌溉田地水捐暂行办法》，《陕西水利月刊》第 1 卷第 7 期，1933 年，第 14 页。

　　陕西省水利局打算该年 10 月开始征收，随之渭北泾惠渠灌区因水捐问题引起不小风波。灌区有人指出，水捐为重复征税，因为已经交了水粮，是苛政，阻止水捐实施①。提出这种看法的人应该为之前龙洞渠灌区的人，他们在泾惠渠之前用龙洞渠灌溉，并不交水捐，现在有了泾惠渠，还是照旧用水，为何要交水捐？当时龙洞渠灌区主要为泾阳县，因此，起初泾阳县绅商有一次诉求，即既纳水粮，水捐应全免②。这种看法没有考虑到泾惠渠带来整个系统的变化，以及泾惠渠需要管理和养护的费用，因此泾阳县绅商通过监察委员邵鸿基上书监察院时，其诉求改为请免泾惠渠水粮，加以水捐③。

　　针对泾阳绅商的诉求，陕西省水利局认为，水捐与水粮，性质不同，用途亦异，水粮系国家正赋，水捐乃地方义务，可以并行不悖④。针对泾阳绅商可能或已经提出水地与旱地在纳水粮问题上"取同一致"的建议，陕西省水利局一方坚定认为，无论原来为水地抑或旱地，水捐必须纳，而且为了你们所讲的公允起见，旱地要升科纳水粮⑤。这场争论的结果，水捐应交没有疑义。

　　水捐该不该征的问题解决了，然而因所征水捐的用途也发生了争议。陕西省水利局的最初提案内容：泾惠渠水捐用途以举办全省水利及有关系之事业为原则，并不仅以养护该渠为限⑥。但是，该提案内容遭到行政院第一二七次会议决议的否定，该决议的内容为：泾惠渠水捐用途只限于养渠及分渠之用，至兴办其他水利，所需经费，应另行筹划⑦。陕西省政府及陕西省水利局只好同意。

　　水捐的实际征收并不容易。1933 年 6 月，陕西省水利局颁布《征收泾惠渠灌溉田地水捐暂行办法》，其第三条规定：普通耕地每亩五角，园

---

① 《泾惠渠水捐的释疑》，《陕西水利月刊》第 1 卷第 12 期，1933 年，第 1 页。
② 《呈省政府》，《陕西水利月刊》第 1 卷第 12 期，1933 年，第 21 页。
③ 同上书，第 20 页。
④ 同上书，第 20—21 页。
⑤ 同上书，第 21 页。
⑥ 《呈复省政府》，《陕西水利月刊》第 1 卷第 11 期，1933 年，第 32 页。
⑦ 同上。

地每亩五元①。这个征收额订得有点高。到了 1933 年秋季开始征收时，陕西省水利局不得不"以农民受灾后，瘠苦不堪催科"酌量缓征，1933 年份实收水捐496 元②。1933 年开征后，又以渭北民众在"荒旱之余，财力未复"，呈请陕西省政府核准，将水捐减为每亩三角，1933 年泾惠渠应征98274 元，因"灾后民力未纾"，实征 23260 元③。1934 年，陕西省水利局根据"泾惠渠灌溉地亩，水源供给有时不足，以及泥沙关系，未能全部同等用水"的灌溉情形，将应征水捐为三等，一等每亩五角，二等每亩三角，三等每亩一角④。此后较长时间按此征收标准执行。

用泾惠渠的水要交水捐，这跟泾惠渠之前用龙洞渠水不同，水捐的实行，在最初几年遇到了不小阻力，李仪祉在 1937 年撰写泾惠渠碑文中还强调水费（水捐）的问题，他说：

> （泾惠渠）功成之后，食其利者，又每以水费输纳为争持。此岂重念公益者所应有哉？且水利负担，无论政府管理与人民自管，皆莫能省免。套宁之黄河渠，每亩负担五角至七角；甘肃之水轮灌溉，开办每亩摊至三十元，修理费每年每亩亦三四角。今泾惠渠水费，多者每年每亩五角，少至一角，其有特殊情事，尚可请核减免。政府体念民生，不可谓不至，而仍有未谅解者。庸讵知全省应兴之水利尚有许多，为人民谋安阜，国家谋富庶，皆不能不以次举办，使政府年年耗巨款而无所补益，其将何以为继哉！⑤

泾惠渠水捐之使用没有遵照行政院一二七次会议关于有关泾惠渠水捐用途的决议，而是按照陕西省水利局最初提案，即不以养护该渠为限而以举办全省水利及有关系之事业为原则。1932—1948 年，泾惠渠水费

① 《订正征收泾惠渠灌溉田地水捐暂行办法》，《陕西水利月刊》第 1 卷第 7 期，1933 年，第 14 页。
② 陕西泾惠渠管理局编印：《泾惠渠报告书》，民国二十三年（1934）十二月，第 24 页。
③ 同上。
④ 同上。
⑤ 李仪祉：《泾惠渠碑跋》，参见白尔恒、[法] 蓝克利、[法] 魏丕信编著《沟洫佚闻杂录》，中华书局 2003 年版，第 217 页。

收入不但达到自给有余，而且上交比例较大，支援了陕西其他水利工程的建设。如 1934—1941 年 8 年水费总收入为 2964952.62 元，同期经营管理总支出为 732669.38 元，其中经常费 318208.5 元，事业费 174746.47 元，临时费 239714.37 元，总支出占总收入的 24.17%，结余上缴陕西省水利局的达 75.29%①。

第四节　变革与因循：民国时期的清峪河水利

刘屏山②对民国时期渭北清峪河水利的详细记述，为今人了解清峪河水利的珍贵资料。钞晓鸿在《争夺水权、寻求证据：清至民国时期关中水利文献的传承与编造》一文中，将民国年间刘屏山编纂的《清峪河各渠记事簿》底稿与刘氏此前所纂初稿比较，综合其他地方文献，研究发现，清河沿岸各条渠道明清以来地方志记载的同一渠道名称并不统一，大多只是代号而已。而刘屏山对关键文献进行编造乃至窜改，其最大用意在于树立本渠道的灌溉地位，以之制造舆论或寻求"证据"③。钞晓鸿的研究眼光独到，也提醒笔者利用刘屏山资料时要小心。卢勇等对清末民初清峪河水利用水过程中的作弊行为进行了分类研究④。笔者在本节要做的是，从梳理民国时期清峪河水利入手，分析该时期清峪河水利演变的内在脉络，为民国时期小流域水利如何转型提供一个生动的个案。

一　民国初期对清峪河"私渠"的整治

何为"私渠"？何为"官渠"？清乾嘉年间岳瀚屏下面的记述有助于理解这两个概念：

---

① 叶遇春主编：《泾惠渠志》，三秦出版社 1991 年版，第 244 页。
② 刘屏山（1883—1935），名维藩，"屏山"为其表字，又自号一民、悟觉道人、知津子等，泾阳县刘德村人，为源澄渠渠绅（参见白尔恒、［法］蓝克利、［法］魏丕信编著《沟洫佚闻杂录》，中华书局 2003 年版，第 49 页）。
③ 钞晓鸿：《争夺水权、寻求证据：清至民国时期关中水利文献的传承与编造》，《历史人类学学刊》第 5 卷第 1 期，2007 年 4 月。
④ 卢勇、聂敏、崔宇：《清末民初关中水利用水过程中的作弊行为研究——以清峪河水利研究》，《古今农业》2005 年第 2 期，第 83—87 页。

窃维水利之兴，所以厚民生也，而亦未始不关国用。地本平川，粮仅四升一合六勺，因而增之为五升二合五勺，是为下水（地），每亩受水一分八厘九毫一丝八忽九微；增之为五升五合五勺，是为中水（地），每亩受水一分九厘九毫九丝九忽；增之为五升八合五勺，是为上水（地），每亩受水二分一厘零八丝一忽。象（相）地定水，缘水起赋，水分三等，粮增三额，水之所系，顾不重哉？讵意年经久远，变更百出：有据水擅开渠道者，有全吞不使下流者，更有恃强争霸、以水鬻钱者，始为弊而久成例者，真伪莫辨，枝节愈增。①

所谓的上、中、下三等水地，其上交"国家"的田赋多于不能浇灌的地，通常由"官渠"行水所浇，具有合法性；而"据水擅开渠道者"即"私渠"，也就是官方不认可的渠，"私渠"所灌溉的田地上交的田赋少于水地，不具有合法性。

岳瀚屏对当时清峪河"私渠"横开十分气愤，他界定的"私渠"有四处：其一，荆堰、笆堰二堰，合称毛坊堰。本来该堰只额浇田地一百一十亩、一日只准灌地五亩，现在浇灌不下三五顷；其二，横水镇街子下的私渠，浇地数顷；其三，杨家私渠，所浇多于横水镇私渠；其四，沿河上下游私渠横开，不下十余道，所浇田亩，不下二三十顷②。清峪河上游北山上一些湖广移民，因务稻而截留入清峪河的沟水泉水，影响清峪河水源，对此行为，他认为这是四渠大害③，却没有归入"私渠"的范畴。

岳瀚屏所处的时代，一遇天旱，私渠就霸截，"使点滴不得下流"，四渠④利夫屡此告官处罚，但是用私渠者所获利益非常大，他们"卖草存

---

①　（清）岳瀚屏：《源澄渠及各渠始末记序》，刘屏山编纂《清浊河水利会抄录》，1928 年稿抄本。参考白尔恒、［法］蓝克利、［法］魏丕信编著《沟洫佚闻杂录》，中华书局 2003 年版，第 78 页。

②　（清）岳瀚屏：《清峪河各渠始末记》，刘屏山编纂《清浊河水利会抄录》，1928 年稿抄本。

③　同上。

④　即清峪河下游四渠：工进渠、源澄渠、下五渠（内含八复渠，因为八复渠与下五渠共用一个堰口）、木涨渠。

粟"的钱应付打官司绰绰有余①，因此私渠屡禁不绝。

陕西回民起义后，三原人口减少，地多荒芜，粮无所著。清光绪十四年，三原县知县刘青藜设立"均垦局"，清丈地亩，毛坊渠之前浇地一顷一十亩，经此次清丈，水地增加了四顷多②。这一时期，"私渠"问题似乎不严重。

到了民国初期，"私渠"的问题又趋突出。1913 年，利用私渠灌田的屈克伸请求加水粮，将其地变为水地，当时三原县知事宋子贞，将屈的请求上呈陕西都督兼民政长张凤翙③。屈克伸家田地在三原县屈村，位于杨杜村与杨家河之间，屈村本没有水地，但是屈村人以地居清峪河上游之便，开私渠灌溉将旱地变为水地④。屈克伸就是其中典型。三原县知事宋子贞将屈的请求上呈陕西都督，说明他支持屈克伸的主张。见此情形，源澄渠渠长刘廷俭、工进渠渠长贾永福、下五渠渠长陈忠有、木涨渠⑤渠长郭顺明等，以"润私涸公"等情控告屈克伸，随即泾阳县知事蒙儒香将此控案上呈陕西都督兼民政长张凤翙。张凤翙要求泾阳、三原两知事查明，一起上呈处理始末。张的指令到了三原，此时三原县知事已换人，成为师子敬，师子敬没有支持屈克伸请求，要求屈克伸填毁该渠堰道，以免妨害下游四堰水利⑥。在此事的处理中，清峪河四渠结成同盟，共同对付上游"私渠"灌溉者屈克伸。屈克伸可能最初寻得了三原知事宋子贞的支持，但在泾阳知事及继任三原知事反对下，四渠联盟取得胜利。

陕西靖国军时期，于右任对清峪河川道私渠进行了一次整顿，派人调查地亩以旱作水的无粮者，规定每亩罚洋六元⑦。于右任此次对清峪河上游"私渠"整顿开了一个先例，即明确罚款的数额，此后三原县执行

---

① （清）岳瀚屏：《清峪河各渠始末记》，刘屏山编纂《清浊河水利会抄录》，1928 年稿抄本。

② 刘屏山：《毛坊渠》，刘屏山编纂《清峪河各渠记事簿》，1929—1933 年稿抄本。

③ 同上。

④ 刘屏山：《清峪河流毛坊渠及各私渠记》，刘屏山编纂《清峪河各渠记事簿》，1929—1933 年稿抄本。

⑤ 刘屏山自己的文稿中多用"沐涨渠"的写法，这种写法本身有其赋予的特殊含义，本节在引用刘氏原文时用"沐涨渠"，而在一般叙述中用"木涨渠"。

⑥ 刘屏山：《毛坊渠》，刘屏山编纂《清峪河各渠记事簿》，1929—1933 年稿抄本。

⑦ 同上。

清峪河"私渠"罚款者多以此为据。

1924 年，屈克伸再向省长公署复请加水粮，又经源澄等四渠复控，三原县知事赵引之根据 1913 年"旧案"详复省署，仍令屈克伸填毁私渠堰道，不得妄开渠以妨害下游四渠用水，但对屈氏从宽免罚①。

1929 年，屈克伸又开私渠浇地，四渠与之兴讼。三原水利局主任杨馀三，派员调查数次，核实的水粮地亩不过五顷二十亩零，而所浇无水粮的旱地二千多亩，并将调查所得清峪河上游夹河川道私渠地亩，存有底册②。三原水利局以于右任当年整顿罚款的规定，罚屈克伸一千三百元③。刘屏山在 1929 年判罚屈克伸后，有一种愿望，即"经此次判决从轻处罚以后，如有仍前违犯，以旱作水而妨害下游各渠堰水程者，按照县志及龙洞渠现行罚款第五章内载五项，强霸人家水程者从重加倍科罚，或按照土豪故意强霸人家水程，荒废他人田亩者援法律处以徒刑，庶不失以罚为禁之宗旨矣"④。

刘屏山是一厢情愿，事实上"私渠"问题没这么简单。从开私渠浇地者而言，屡罚屡犯是因为大利之所在，"究因所罚轻，而所得利益丰厚也。况遇旱年，粮食值钱，草以价贵，即卖草储粟，供讼有余"⑤。问题是"私渠"泛滥，地方官员虽有责任去阻止此种行为，以维持水利秩序，但通常这种管理成本会非常大，且于他们自身利益并不紧密，一般没有动力去做。

然而，自从于右任对私渠整顿后规定每亩罚洋六元，由于有了利益，逐渐开启了地方官员对私渠事务的热心和插手⑥。关于清峪河私渠的罚款归属，导致了 1929 年三原县的一场政争，影响了该年清峪河水利"改

---

① 刘屏山：《毛坊渠》，刘屏山编纂《清峪河各渠记事簿》，1929—1933 年稿抄本。

② 同上。

③ 刘屏山：《清峪河流毛坊渠及各私渠记》，刘屏山编纂《清峪河各渠记事簿》，1929—1933 年稿抄本。

④ 刘屏山：《毛坊渠》，刘屏山编纂《清峪河各渠记事簿》，1929—1933 年稿抄本。参考白尔恒、［法］蓝克利、［法］魏丕信编著《沟洫佚闻杂录》，中华书局 2003 年版，第 66 页。

⑤ 刘屏山：《清峪河流毛坊渠及各私渠记》，刘屏山编纂《清峪河各渠记事簿》，1929—1933 年稿抄本。

⑥ 如三原县知事尚卫民曾罚"私渠"灌溉款六千大洋。参见刘屏山《毛坊渠》，刘屏山编纂《清峪河各渠记事簿》，1929—1933 年稿抄本。

革"的走向。

二 1929 年清峪河水利的"改革"

1928 年，渭北大旱，各河渠水量减少，农民灌田用水十分紧张，常为用水发生纠纷。清峪河源澄渠窝子张堡灌区的一些人与工进渠鲁桥镇东街灌区的一些人，系"甥舅姑表之谊"，因争水酿成命案。讼终之后，工进渠渠绅赵清甫有感于此，在鲁桥镇联合志同道合者，打算设立水利机关，目的为："平均水量以与全河各渠，照地亩公分，以息讼端而免酿事，仍使乡党戚世各谊亦然敦睦和好。"[①] 事实上，赵清甫等想对清峪河诸渠用水习惯进行"改革"。赵氏等人将设清峪河水利机关禀于泾阳县政府，县长批委龙洞水利管理局主任姚介方来鲁桥镇调查是否设立水利机关，"当日各渠民众同场，有言未便于民，有言亦便于民。究以款项无出，取之于民为难，以致大众均云取款于民不便为辞，民众遂有不悦之语，始不表同情"[②]。也就是说，设立水利机关并未得到诸渠民众的认可。姚介方将调查状况呈复泾阳县政府之后，泾阳县政府没有回应，1928 年的清峪河水利"改革"设想无果而终。

1929 年，源澄渠长蒋文焕等到三原县政府，控告夹河私渠屈克伸等以旱作水霸截水程[③]，三原县政府委三原县龙洞水利管理局调查呈复，该局主任杨馀三派任白修前往夹河川道查勘地亩，并招集八复、龙洞、木涨、下五、源澄、工进、毛坊等渠各代表进行会议。会议之后，建议成立"泾原清浊两河水利管理局"，附设于三原龙洞渠管理局内，统取名"三原龙洞、泾原清浊两河水利管理局"。1929 年 4 月，"三原龙洞、泾原清浊两河水利管理局"成立，局内分八股：龙洞一股，八复一股，浊河份子一股、木涨一股，下五一股，源澄一股，工进一股，毛坊一股；

---

① 刘屏山:《三原龙洞、泾原清浊两河水利管理局记》，刘屏山编纂《清峪河各渠记事簿》，1929—1933 年稿抄本。参考白尔恒、[法] 蓝克利、[法] 魏丕信编著《沟洫佚闻杂录》，中华书局 2003 年版，第 120 页。

② 刘屏山:《三原龙洞、泾原清浊两河水利管理局记》，刘屏山编纂《清峪河各渠记事簿》，1929—1933 年间稿抄本。

③ 屈克伸家地在三原县屈村，灌溉使用清峪河上游毛坊渠灌区的私渠，并无用清峪河水的权利，毛坊渠灌区属于三原县境，故才有泾阳县源澄渠长蒋文焕到三原县之讼。

主任局长一人，每一股设股长一人，每一渠推举代表二人或一人；又设会计、书记、文牍、调查各员；局首设于三原县东门外玉皇庙内，后移于城隍庙东道院①。

三原龙洞、泾原清浊两河水利管理局成立后，作为源澄渠代表的毛慧生在局内倡言清峪河灌区用水应进行"改革"，来看刘屏山带有感情色彩的记述："慧生惟恐无事，适（实）妙想天开，原欲立功后世，能办人所不办之事，日在三原水利机关，疯言浪语，任嘴胡说，唱（倡）言均水，谓旧日章程不适民国之用，当此革命时代总宜百度维新。"②

毛慧生所谓均水"维新"，就是清峪河四渠，即工进渠、源澄渠、下五渠、木涨渠改变过去同时放水的习惯，四渠灌溉用全河水，除过八复渠的用水时刻，平均每渠用水五天时间。为什么会有如此主张呢？因为1929年正是渭北大旱，加上四渠之上私渠截留，清峪河水到了四渠已经十分微小，所以用全河水比较有效率。

毛慧生的这一"改革"主张在水利局内得到呼应，木涨渠代表李胜堂、八复渠代表张树棠、龙洞渠代表宁中甫、工进渠代表赵清甫等表示赞同③。木涨渠代表为什么赞同呢？因为该渠处在最下游，四渠同时放水最不利，故赞同。八复渠代表赞同是因为，改革用水时间与己无关，而且毛慧生说的也有一定道理。工进渠代表赵清甫本应该反对，因为工进渠在四渠最上游，四渠同时放水对工进渠有利，但赵清甫本人在1928年有用水"改革"的倡议，加之他是个主张息争的人，故同意毛慧生提出的用水"改革"。最后毛慧生等人在水利局就四渠的用水达成了新章：五月每渠以五日平均分配，用全河水五日，试办一月，如有未便，次月仍遵旧规，不得援此为例④。

对这一新章站在不同立场会有不同解释。到了六月，渭北天旱犹烈，

---

① 刘屏山：《三原龙洞、泾原清浊两河水利管理局记》，刘屏山编纂《清峪河各渠记事簿》，1929—1933年稿抄本。

② 刘屏山：《三原龙洞、泾原清浊两河水利管理局记》，刘屏山编纂《清峪河各渠记事簿》，1929—1933年稿抄本。参考白尔恒、［法］蓝克利、［法］魏丕信编著《沟洫佚闻杂录》，中华书局2003年版，第120页。

③ 刘屏山：《三原龙洞、泾原清浊两河水利管理局记》，刘屏山编纂《清峪河各渠记事簿》，1929—1933年稿抄本。

④ 同上。

清峪河河水微细，又被上游夹河川道私渠截霸，源澄、工进、下五、木涨四渠可用灌溉水十分匮乏。四渠中：下游木涨、下五两渠欲援照五月所订之新章，各用全河水五日；而上游源澄、工进两渠不愿意采用新章。木涨渠与下五渠结成利益联盟拥护新章，而工进渠与源澄渠结成利益联盟反对新章，此时工进渠代表赵清甫已经退场，工进渠代表已经换成坚持旧章的伍积宏。提倡新章的毛慧生及其婿用水大户刘逊之，在三原水利机关主张行新章，用全河水；而工进渠代表伍积宏及源澄渠渠绅蒋文焕带领上游灌区村民反对新章，主张四渠同时分水。毛慧生利用水利局力量，将伍积宏、蒋文焕由三原水利局票传至三原县，呈送县政府而管押。三原县政府管押伍积宏、蒋文焕，并"过堂"，伍积宏以往规旧例为其辩诉，三原县长知清峪河水利事"积重难返"，对水利局的呈送管押伍、蒋二人行为不满，但顾及水利局的颜面没有发作①。

六月十四日，三原水利局派人来到鲁桥镇，召集清峪河灌区各渠渠长、渠绅、利夫等开会，水利局仍主张各渠用全河水。但在会议上，发生激烈争论，木涨、下五坚持要用全河水，源澄、工进则坚持四渠公分，两不相下，坚持不决。经龙洞渠代表宁中甫，八复代表张树棠，多方调处，达成议案：

> 十八年夏历六月，天旱尤烈，清峪河水，甚属微鲜。暂议工进、原成、下五、木涨四渠，按日均受全河水程。此月以往，仍照旧章，不得援此为例。倘即日天雨，河水暴发，一渠不能容纳，四渠仍然照旧用水，此议即作罢论。当日会场，各代表一致赞同，公决此议。②

参加六月十四日鲁桥镇会议的几乎囊括了清峪河工进、源澄、下五、木涨四渠所有各村斗利夫及大户，泾阳县温丰区区长刘秉圭也参加会议，

---

①　刘屏山：《三原龙洞、泾原清浊两河水利管理局记》，刘屏山编纂《清峪河各渠记事簿》，1929—1933 年稿抄本。

②　《鲁镇六月十四日议案》，刘屏山编纂《清峪河各渠记事簿》，1929—1933 年稿抄本。参考白尔恒、［法］蓝克利、［法］魏丕信编著《沟洫佚闻杂录》，中华书局 2003 年版，第 124 页。

各渠参加的代表、渠长、渠绅有：龙洞渠代表宁中甫；八复渠代表张树棠；工进渠代表赵清甫，渠长赵金福；木涨代表来心印、温养初；下五代表孙维曾、罗法，渠长孙尉成；源澄渠代表毛吉甫、刘逊之，渠长王步洲，渠绅刘屏山、冯红安、刘德臣、张广德。

六月十四日会议之后，当晚即降大雨，河水暴发，各渠堰均被水冲坏。此时争议又开始出现：刘屏山、毛吉甫等认为，按六月十四日决议，此情况属于"河水暴发，一渠不能容纳，四渠仍然照旧用水"，即用全河水之议失效；但毛慧生、刘逊之并不这样认为，他们在水利局求签，二十一、二十二等日派人持签在上游刘德、窝子等村分水，仍主张用全河水。由于清峪河用水变革，源澄渠的毛慧生、刘逊之与同属源澄渠刘屏山、毛吉甫矛盾激化。

刘逊之向三原龙洞、泾原清浊两河水利管理局局长杨馀三告状，说刘屏山、毛吉甫坏了鲁桥会议新章，杨馀三遂向刘屏山、毛吉甫连去两函，责问此事。第一函说：

> 顷据源澄渠渠绅刘逊之面称，此次水利，全被贵堡及窝子堡截霸殆尽，下游各处，涓滴未见。日前公众在鲁会议，本月仍照新章实行，一致赞同。何以贵堡竟未服从。即谓民众之事，未能一律，贵代表亦应先事预防。兹已至此，本局派人来查。请即移玉上游截水各处，速即放水下流，以免酿成讼端。是为至要。①

第二函称：

> 据贵渠东李家庄水大户刘逊之报告，本月该堡水程，涓滴未到。该堡以旧规而论，当在初十日。以均水而论，当在二十一日晚。该堡查水之人巡视，现在窝子浇用，究竟其中情形，令人不解。祈兄

---

① 《三原龙洞、泾原清浊两河水利管理局来函》，刘屏山编纂《清峪河各渠记事簿》，1929—1933 年稿抄本。参考白尔恒、[法] 蓝克利、[法] 魏丕信编著《沟洫佚闻杂录》，中华书局 2003 年版，第 122 页。

于（与）该大户调处，使之得水，毋滋事端。是为至要。①

六月二十四日，刘屏山、毛吉甫向局长杨馀三回复公函，解释此事：

> 至刘逊之报称贵堡未用水一层。十四日鲁镇会议，木涨、下五
> 坚执用全河水，源澄、工进坚执四渠公分，相持不决。……经温丰
> 区长刘秉圭，八复代表张树棠表决。经工进代表赵清甫、木涨代表
> 来心印，按日计算，每一渠各用全河水三日半。……倘即日天雨，
> 河水猛涨，一渠难容大水，四渠仍然照旧分用，此议即作罢论，次
> 日仍各照向章古例用水，不得援此为例。此不过为暂救燃眉之急起
> 见，非为定章也。不意六月十四日晚，天即大雨，河水暴发，各渠
> 堰均被暴水冲坏，难以容水，即四渠亦不得容纳，况一渠乎。十四
> 日会议用全河水之案，天然当作罢论矣，人力勉强不到。②

　　这三封函其实将 1929 年六月清峪河用水"改革"中的矛盾清楚地揭
示出来：六月十四日晚大雨后毛慧生、刘逊之主张仍按六月十四日鲁桥
镇会议的新章执行，而刘屏山、毛吉甫已经按旧章执行了。虽然毛慧生、
刘逊之等人是主张并贯彻"改革"清峪河四渠用水的人，但这并非他们
的个人行为，真正主张推行"改革"的为三原龙洞、泾原清浊两河水利
管理局，其局长杨馀三向刘屏山、毛吉甫质询函可说明此点。
　　同属源澄渠的刘屏山、毛吉甫、毛慧生、刘逊之本应该具有相同的
利益，按以前的旧章，处在四渠上堰的源澄渠灌区用水具有一定的优势。
但是，采用各渠全河水均分之后，源澄渠用水时刻大减，灌地面积锐减，
"五月更定新章，各渠用全河水五日以灌田，如余源澄以二十一日之水，

　　① 《三原龙洞、泾原清浊两河水利管理局公启》，刘屏山编纂《清峪河各渠记事簿》，
1929—1933 年稿抄本。参考白尔恒、［法］蓝克利、［法］魏丕信编著《沟洫佚闻杂录》，中华
书局 2003 年版，第 123 页。
　　② 《复水利局公函》，刘屏山编纂《清峪河各渠记事簿》，1929—1933 年稿抄本。参考白尔
恒、［法］蓝克利、［法］魏丕信编著《沟洫佚闻杂录》，中华书局 2003 年版，第 123—124 页。

仅用水五天。所灌之田，不及平日十分之二"①。刘屏山家在新章执行后的灌溉情况，"即以予而论，每月水再紧，河水再小，灌田总在十亩以上，五月予仅浇地一亩有零"②。

毛慧生所提倡的用水"改革"，损害了自家所在源澄渠的利益，受到严厉指责：源澄渠民众咒骂毛慧生诸人，甚至毛家村人也咒骂不已，甚至毛慧生的兄弟、叔侄、嫂姒也骂他③。刘屏山更是用尖刻严厉的言语指责毛慧生的行为："毛慧生在局运动效劳，带文牍拟稿，带书记写票，究因每日五角口食大洋所恋也，故不惜丧良昧心为之者也。"④"六月十四日，鲁镇会议之后，当晚即雨，河水暴发，将各渠堰尽被冲坏，渠又被泥壅。全河水之议，即作罢论。而毛慧生不悟……欲架（嫁）祸于刘屏山、毛吉甫，而谢责于水利局。岂知司马昭之心，路人皆知。"⑤

就在坚持"新章"的人与坚持"旧章"的人之间激烈争论及对抗时，事情起了突变：该年六七月间，陕西省政府派员到三原县，当时县建设局与水利局之间因争用清峪河"私渠"罚款发生争执，三原县政府想染指此事，"特面子上不能明言，遂各鼓吹省委，谓各县均未设水利局，何独三原单独设立水利专机关"，应该将三原县水利局推倒，归并于三原县建设局内变为水利股⑥。"三原龙洞、泾原清浊两河水利管理局"成立于1929年阴历三月，当年阴历七月取消，归并于三原县建设局内，为水利股，前后仅存四个月，其实施的清峪河各渠用水变革也停止⑦。

1929年清峪河四渠的用水"改革"，是在渭北特大旱灾、上游私渠横

---

① 刘屏山：《三原龙洞、泾原清浊两河水利管理局记》，刘屏山编纂《清峪河各渠记事簿》，1929—1933年稿抄本。

② 同上。

③ 同上。

④ 刘屏山：《三原龙洞、泾原清浊两河水利管理局记》，刘屏山编纂《清峪河各渠记事簿》，1929—1933年稿抄本。参考白尔恒、［法］蓝克利、［法］魏丕信等编著《沟洫佚闻杂录》，中华书局2003年版，第121页。

⑤ 刘屏山：《三原龙洞、泾原清浊两河水利管理局记》，刘屏山编纂《清峪河各渠记事簿》，1929—1933年稿抄本。参考白尔恒、［法］蓝克利、［法］魏丕信编著《沟洫佚闻杂录》，中华书局2003年版，第122页。

⑥ 刘屏山：《三原龙洞、泾原清浊两河水利管理局记》，刘屏山编纂《清峪河各渠记事簿》，1929—1933年稿抄本。

⑦ 同上。

开下展开的。由于改变原来四渠同时开的用水惯习，而采用全河水平均按日分配，事实上损害了四渠中的上游渠工进渠、源澄渠的利益。改革的倡导是源澄渠的毛慧生，有自损自家灌区利益的问题，而源澄渠渠绅刘屏山、毛吉甫激烈反对这一变革。由于利益的不同，源澄渠与工进渠结成联盟，反对改革，而木涨渠与下五渠结盟，赞成新的改革。就在激烈的交锋时，因争夺清峪河"私渠"罚款归属，三原县政府将水利局撤并于建设局内变为水利股，"改革"戛然而止。

1929 年中秋节后，刘屏山记述了对三原水利局撤销归并后的兴奋："嗟夫！使水利局不推倒，以归并于建设局而为水利股，则我源澄渠不但坐失大利益，且产生多少事端，使后之人呼水利为水害者。"[①] 他记载 1929 年的清峪河水利"改革"事件，并提醒源澄渠民众说："予故特记于此，以使后来者，知水利机关原为下渠下堰谋利益，与我上渠上堰大有不利之处，以失利权于下渠下堰也。万勿效毛慧生，无事寻事，以生事于我源澄渠也。则合渠幸甚，可为前车之鉴也。"[②]

三　水利协会时期的清峪河水利秩序

1929 年清峪河水利改革失败后，清峪河水利恢复旧章，不再追求变革。1932 年 6 月泾惠渠一期工程完成，同年秋，辞去陕西省建设厅厅长而专任陕西水利局局长的李仪祉发表《陕西省水利上应要做的许多事情》一文，指出陕西水利局在"水政"和"水工"应该着手做的各项事情，在"水政"方面第一条为"草拟各项关于水利的法规，供省政府采择公布"，第五条为"管理全省已有的水利事业"[③]。1933 年春，《陕西省水利协会组织大纲》由陕西省水利局拟就经陕西省政府批准颁发，其内容有二十条之多。其中第二条规定："引用同一水源，其利害互有关联者，应组织'水利协会'，不得因区域或水利事业性质之不同，各别组织，有许

---

① 刘屏山：《三原龙洞、泾原清浊两河水利管理局记》，刘屏山编纂《清峪河各渠记事簿》，1929—1933 年稿抄本。参考白尔恒、［法］蓝克利、［法］魏丕信编著《沟洫佚闻杂录》，中华书局 2003 年版，第 125 页。

② 同上。

③ 《李仪祉水利论著选集》，水利电力出版社 1988 年版，第 326—327 页。

多堰渠，或无堰而分出洞口，以通支渠者，得各别组织分会。"① 按此条，清峪河水利不但要有水利协会，还应有分会。第三条规定："旧有之水利事业，其协会有省水利局令饬该管县政府指导人民，依本大纲组织之，如关系区域，涉及两县以上者，由省水利局令饬各该管县政府，会同办理。"② 清峪河水利涉及三原、泾阳两县，两县政府应该会同办理协会。

刘屏山于 1933 年 10 月抄录《陕西省水利协会组织大纲》③ 时，可能已经意识到该大纲会对清峪河水利发生作用。一年多后的 1935 年春，清峪河水利协会在渭北成立，这是陕西省成立的最早的水利协会之一。清峪河水利协会会址在三原县山西街，王虚白为清峪河水利协会会长。清峪河水利协会所辖灌溉面积约共 56000 亩，有五个分会：第一分会会址在三原大程镇，分会长庞芳洲，管辖渠堰为八复渠十二堵；第二分会会址在三原县鲁桥镇，分会长孙玉俊，管辖渠堰为下五渠的张、务、常三堵；第三分会会址在三原县仙茅菴，分会长孙毓芳，管辖渠堰为木涨渠；第四分会会址在三原县龙泉寺，分会长毛吉甫，管辖渠堰为源澄渠；第五分会会址在三原县鲁桥镇，分会长赵金福，管辖渠堰为工进渠④。

王虚白（1867—1953），又名镇，自号铁面，今三原县大程镇荆中村人，大程镇荆中村地处八复渠末端。王氏少年膂力过人、习武艺，赴三原县北邻的淳化县任过"新政"警官，辛亥革命前离职，曾任富平县某小学堂教师，不久回籍，以作风刚直、热心公益渐著名，每能打抱不平，扶危济困⑤。在担任清峪河水利协会会长之前，王虚白就为八复渠代表。1932—1933 年，发生了一件八复渠与上游东里堡之间的用水纠纷，这次纠纷是由王虚白出面的，控告到陕西省水利局，李仪祉批示，事情才得以处理。《陕西水利月刊》第 3 卷第 4 期对此纠纷有详细记载：

---

① 《陕西省水利协会组织大纲》，《陕西水利月刊》第 1 卷第 8 期，1933 年，第 9 页。

② 同上。

③ 《陕西省水利协会组织大纲》，参见白尔恒、［法］蓝克利、［法］魏丕信编著《沟洫佚闻杂录》，中华书局 2003 年版，第 135 页。刘屏山抄录与《陕西水利月刊》第 1 卷第 8 期所载除极个别字抄漏或误外，内容完全一致。

④ 《水利协会》，《陕西水利季报》第 5 卷 3、4 期合刊，1940 年，第 87、90 页。

⑤ 白尔恒、［法］蓝克利、［法］魏丕信编著：《沟洫佚闻杂录》，中华书局 2003 年版，第 142 页。

案由：三原县八复渠代表王虚白等，为截霸卖水、放水城壕下游四里水池，不得水惠，呈控来成林、门生才及余松柏等一案。

发生原因：三原县北旧有清河，原分五渠，曰毛坊、工进、源澄、下五、沐涨，下五之尾为八复，游身七十余里之遥，经鲁桥而过东里，向因路远水微，赋重眷（暑）少，与四渠开闭日期有别，八复开而各渠闭。民国以来，鲁桥东里，时有土劣屡次截放于城壕，致下游所种水田不得水惠。二十一年秋种麦后，天旱不雨，三原东里堡附近周永秀、来成林、门生才等串通无赖余松柏，屡将渠水放入东里城壕，致下游八复渠不能得水灌溉。三原县八复渠代表王虚白等，遂据情呈控于省政府暨水利局，请严究施行。

发生时期：民国二十二年三月

处理经过：水利局据呈并奉省令饬查后，当令饬渭北水利工程处派员会同三原县长，切实妥为查办，具复去后。旋据三原县长会同渭北水利工程处委员姚文田呈称：于二十二年十月十六日，传齐本案原被两造人等，详细审讯，得军字区一分乡长李芝蕙及八复渠西六诸代表刘文彬等，当水案接续发生，身为官人，亟应主持公道，以息争端。乃既不能双方调解，又复从中播弄，殊属非是。判令限半月内，将东里堡一段渠道督修完竣后，以示薄惩。又讯得余松柏、来成林、周福田、郭寿荣、门生才等供认，屡次截霸盗卖水程不讳，均属罪有应得，依照《泾惠渠临时章程》十九条，应罚门生才洋十元，余各罚洋十五元，以补修渠之需，藉儆以后效尤。此判两造悉遵，并取具甘结，将会审情形呈复，并请销案。前来水利局当以讯结各节，尚无不合，已准销案，并转呈省政府备查矣。①

在此次纠纷控诉事件中，王虚白维护了八复渠的利益，为自己赢得声望。白尔恒认为，王虚白当选会长，除了作风才能原因之外，因家居

---

① 《陕西水利纠纷案件处理情形统计表》，《陕西水利月刊》第3卷第4期，1935年，第44页。

灌区下游，县内许多人士觉得他最能够维护下游权益而与上游抗衡①。白尔恒看法有道理。不过，按《陕西省水利协会组织大纲》（以下简称《大纲》）第七条规定，协会设会长是由会员代表大会记名投票选举出来的，并要呈请省水利局加委。《大纲》又规定：协会及分会会员，是以户为单位的②。并且《大纲》第十条对协会会长当选资格有一定限制：年高有德，在该会区域内，有相当土地以农为业者；熟悉当地水利情形者；非现任官吏暨军人；未受褫夺公权之处分者③。王虚白无疑符合《大纲》第十条规定，问题是符合此条的人不少。估计按《大纲》所说选的可能性不大，还是各渠渠绅协商的结果。而在1929年水利改革中，置身事外的八复渠代表应该是最佳人选，此外，八复渠的势力在清峪河诸渠中一直很强大。

《陕西水利季报》第五卷三、四期合刊记载，1935年春成立清峪河水利协会，管辖源澄渠的分会会长为毛吉甫，另一说法为刘屏山④，不管是谁，刘屏山和毛吉甫在1929年清峪河水利设局管理时是志同道合者，他们都是维护清峪河水利旧章的人。1935年10月刘屏山病逝于鲁桥镇，约在其生命最后几年，他还撰写《源澄渠各村斗记事》⑤，告诫人们遵守古例，不要"倒乱向章"，其中有：

　　现在陕西省水利局提倡全陕水利，于未开之新渠，筹备开凿、妥拟定章程，以便隶属，于已开之渠，特加整顿。而于向日用水习惯、古规旧例，不能率意更改，以使紊乱而启上下游各渠之争端也。清峪河之渠远自于汉，近自明代，已数千年之久，其中经营改革，几经蔓讼，迄至于今，妥定规章，利夫称善，各相遵守，不遗余力，始能使各渠利夫相安无事。如稍有更改，即蔓讼不休矣！是下游沐

<hr/>

① 白尔恒、［法］蓝克利、［法］魏丕信编著：《沟洫佚闻杂录》，中华书局2003年版，第142页。
② 《陕西省水利协会组织大纲》，《陕西水利月刊》第1卷第8期，1933年，第9页。
③ 同上。
④ 白尔恒、［法］蓝克利、［法］魏丕信编著：《沟洫佚闻杂录》，中华书局2003年版，第49页。
⑤ 刘屏山《源澄渠各村斗记事》一文没有注明写作时间，应在1933年及之后，因无法确定时间，对刘屏山编纂的《清峪河各渠记事簿》产生时间只能以有明确纪年的1933年截止。

涨之不能侵犯源澄，亦犹源澄之不得侵犯八复也，明矣！近有狡黠者流，妙想天开，假法令大纲组织水利协会或分会，私心自用，欲藉水利局之势威，思以倒乱向章，以为瘠人肥己之举。①

清峪河水利协会在用水方面基本上遵守古规旧章，没有像毛慧生那样实行用水"改革"。1936 年 1 月，陕西清浊峪河水利协会会长王虚白制定了清峪河水利简章，即《呈奉核准规定整顿清、浊峪河水利简章》，《简章》开篇讲：

> 查清峪支分五渠：一毛坊，二工进，三源澄，四下五，五沐涨，下五之尾曰八复。每一渠口之下，各筑有堰，中留龙口，宽四尺。每月八复受水之期，二十九日戌时，独下五堰龙口闸一木板，内实土而外加封，如上之毛坊、工进、源澄同时各闭渠口，使全河之水由下五渠而至武官坊老城西北角，会浊水而达七十里之润陵，退行灌溉，至初八日亥尽。八复受水期满，八复由河口漂筏，而下五堰龙口启闭，毛坊、工进、源澄亦同时各开渠口，放水归渠。八复所漂之筏，过五渠之务高堵，则务高登时开堵。上自毛坊，下至五渠，各堰中留龙口，不得垒石。其水之大小，毛坊、工进、源澄、下五、沐涨同日同时均沾，即水之微，最下沐涨亦无话可说。是各渠纠纷无由而起，久则前之恶感无形消化。②

八复渠受水每月二十九日戌时始，至初八日亥尽，而且受得全河水，八复渠用水时间之外，毛坊、工进、源澄、下五、木涨各渠同时均沾，

———————

① 刘屏山：《源澄渠各村斗记事》，刘屏山编纂《清峪河各渠记事簿》，1929—1933 年稿抄本。参考白尔恒、[法] 蓝克利、[法] 魏丕信编著《沟洫佚闻杂录》，中华书局 2003 年版，第139 页。

② 《呈奉核准规定整顿清、浊峪河水利简章》，陕西清、浊峪河水利协会印，1936 年。参考白尔恒、[法] 蓝克利、[法] 魏丕信编著《沟洫佚闻杂录》，中华书局 2003 年版，第142—143 页。

这是明清以来多次纠纷博弈而形成的用水习惯①。1936 年 3 月，经陕西省水利局局长李仪祉批复的《增修清峪河渠受水规条》第一条规定："本河各渠每月除八复渠由二十九日戌时起至下月初八日亥尽止受全河水量外，其余毛坊、工进、源澄、下五、沐涨等五渠同时各开渠口，受水灌溉。"②这是对 1936 年 1 月的王虚白带头制定的《呈奉核准规定整顿清、浊峪河水利简章》关于用水安排的再次肯定。

总之，《呈奉核准规定整顿清、浊峪河水利简章》《增修清峪河渠受水规条》是王虚白任会长的清、浊峪河水利协会成立后一年内，所制定的两个十分重要的规章制度，对清峪河水利秩序及如何保证均有详细规定。如《增修清峪河渠受水规条》第二条至第六条内容：

> 2. 本河各渠于每月初九日，由协会会长随带政警三名，会同各分会会长各带利夫二名，亲临各堰，监开龙口，以各渠灌溉地亩多少，按照旧规宽度，公议深度，开放龙口，分给水量。各堰龙口不准堆垒石块，如水有倒岸情形时，得由会长及分会长监视龙口填石高度，以上下水量均平为准。

> 3. 每月各渠同时受水期内，由会长派政警四名，日夜在各堰龙口处梭巡看守。如有在龙口偷填石块，或偷挖龙口情事，立即报告会长或各分会长，不得迟延隐匿，违者重罚。

> 4. 各渠利户巡水，由二人至四人为限，以巡视渠岸为止。若窃至龙口，即以偷水论。

> 5. 会长及各分会长，于每月初九日务须齐集鲁桥镇，共同上堰，亲验龙口是否合宜，各渠水量是否平允，详细检查，以息争端。

> 6. 会长及分会长，于每月初九日不亲往监开龙口者，罚洋五元。政警看堰远离者，由协会送县寄押。利夫私自上堰者，罚洋五十元。

---

① 对这一用水习惯形成，前面几章已做过大量的叙述，它是各渠利益维护者实力角逐的一种安排，当然历史上也曾实行过不同于这一安排的方案（见刘屏山等人的记述），但这一用水习惯历时最久，获得认可程度最高。

② 白尔恒、〔法〕蓝克利、〔法〕魏丕信编著：《沟洫佚闻杂录》，中华书局 2003 年版，第146—147 页。

在龙口填石或挖槽者，罚洋壹百元。①

王虚白担任清浊峪河水利协会会长直到 1949 年，长达十四年之久。他巡察渠道、监督用水，都十分认真用力，消除过许多水利纠纷；抗日战争期间，世道不宁，他以古稀之龄坚守职责；20 世纪 40 年代末，已八十高龄的他仍扶杖到水利协会办公，鲁桥镇人多为之感动。王虚白因作风强悍，得罪某种地方势力，曾两次差点被暗算：1940 年在楼底村附近遭枪击，幸未致命；另一次是 1943 年在鲁桥镇被数十名持枪歹徒绑架，幸有人急向三原县城警方报告，经解救脱险②。王虚白在清峪河灌区成为"神话"，2000 年前后当法国学者魏丕信、蓝克利及泾阳水利局白尔恒先生等人在清峪河灌区进行田野考察时"还能听到关于王（虚白）的若干传说，而七十岁以上老年人几乎无人不知王虚白。据一些老人认为，十四年水利协会，似乎当时还没有人更能胜任此职务"③。

本章小结

恢复郑白渠水利辉煌一直是从晚清袁保恒至民国初期郭希仁、李仪祉等人的渴望，袁保恒因方法不当而失败，李仪祉在德国听从郭希仁劝导改学水利，渭北水利近代化一直有其内部动力。20 世纪 20 年代，在华洋义赈会支持下，任陕西省水利局局长的李仪祉，组织人员对渭北引泾水利进行了测量和规划。但是，由于军阀政治格局的作用，李仪祉的引泾水利计划无法实施。

本章第二节利用当时报纸资料及华洋义赈会资料，试图重构泾惠渠修建这一历史过程，因为这一历史过程本身就说明泾渠水利的近代转型是如何产生的。虽然华洋义赈会在泾惠渠修建中发挥了重要作用，然而要理解泾惠渠因何成功，却要回到时代的大政治史及特定地方社会史下

① 《增修清峪河渠受水规条》，陕西清、浊峪河水利协会印 1936 年。参考白尔恒、［法］蓝克利、［法］魏丕信编著《沟洫佚闻杂录》，中华书局 2003 年版，第 142—143 页。

② 白尔恒、［法］蓝克利、［法］魏丕信编著：《沟洫佚闻杂录》，中华书局 2003 年版，第 142 页。

③ 同上。

去理解。伴随着中原大战结束，出任陕西省政府主席的渭北人杨虎城到来，对之前已经开始的引泾水利工程更为热心，他委任李仪祉为陕西省建设厅厅长，主持引泾水利陕西部分工作。李仪祉是渭北人，对桑梓有深厚感情，更为重要的是，他在水利界拥有很高的声望及号召一批中国年轻水利工程师的资本。泾惠渠的成功是中国近代水利非常规转型的一个例子：在特殊的大旱灾环境下，华洋义赈会、陕西省政府、华北慈善联合会等，以及热心此事的中外人士、渭北当地民众，都联合起来，形成合力，共促泾惠渠成功修建。

随着泾惠渠工程完成，泾惠渠管理成为问题，在李仪祉指导下，对泾惠渠实施新的水利理念及管理方法，这与之前人们关于渭北水利的知识与传统有很大不同。也就是说，对泾惠渠管理开启了渭北水利管理的近代转型。这种转型表现在新型的专业化机构与传统民间灌水组织相结合的管理模式，以及追求科学管理、法规化管理及征收水捐等方面。

1929 年 3 月设立的"泾原清浊两河水利管理局"，企图改革清峪河四渠的用水习惯，但在源澄渠与木涨渠利益联盟反对下，进展得并不顺利。"改革"正处于焦灼状态，另外一个意想不到的事情发生了，三原县因两机构争夺"私渠"罚款而导致水利局被撤，推进改革的机构不存在了，改革因此而失败。1935 年成立的清峪河水利协会，目的在加强宏观管理及协调，进行制度上的某种转型，而且清峪河水利协会在强人王虚白管理下，制定了严格章程，水利运行较为有秩序。但是就其本质而言，清峪河水利协会时期的清峪河水利因循旧章，在分水上遵照了晚清光绪五年（1879）重建的规矩。

结　语

　　20 世纪 30 年代初，引泾水利工程——泾惠渠成功修建，由此而开始的泾惠渠管理显示出与以往泾渠水利管理之不同，虽然成立了泾惠渠管理局，但其受陕西省水利局管辖，泾惠渠灌区管理显示出宏观性及超县域性，对泾惠渠管理实则开启了渭北水利管理的近代转型。这种转型表现在新型的专业化机构与传统民间灌水组织相结合的管理模式，以及追求科学管理、法规化管理及征收水捐等方面。为什么会有泾渠管理的近代转型？是因为有了近代化水利工程——泾惠渠的成功修建，泾惠渠是一个由现代水利科学造就的新型泾渠灌溉系统。在笔者看来，泾惠渠酝酿与修建的历史过程本身就演绎着渭北水利的近代转型。

　　要理解泾惠渠为何成功？必须回到时代的大政治史及特定区域社会史下去理解。笔者以为，泾惠渠的成功是中国近代水利非常规转型的一个典型例子：在特殊的大旱灾环境下，华洋义赈会、陕西省政府、华北慈善联合会等，以及热心此事的中外人士、渭北当地民众，联合起来形成合力，使泾惠渠得以成功修建。在泾惠渠修建过程中，华洋义赈会的作用十分关键，该渠工程关键部分由华洋义赈会承担实施，而且引泾工程的设计由华洋义赈会工程师挪威人安立森完成，没有遵照李仪祉最初的设计方案。作为慈善组织、非政府组织的华洋义赈会，利用其西方背景，在当时中国特殊的政治格局中大展身手，与地方实力派合作，以工赈形式推动现代化工程，泾惠渠是最为成功的例子。可以这样说，渭北泾渠近代转型的外来推力，即华洋义赈会的作用十分重要。但是，一件事情之所以做成，光有外力是不行的，必须回到渭北区域及陕西区域社会的长时段历史来理解泾惠渠成功修建及转型的意义。

在渭北水利的历史上，引泾水利如秦之郑国渠、汉之白渠，宋之丰利渠、元之王御史渠都留下赫赫名声。明成化元年（1465），陕西巡抚项忠倡修引泾水利——广惠渠，其间经余子俊，最后在阮勤手中完成，前后历时十七年之久，工程动用人力物力非常浩大。正德十一年（1516）萧翀倡修的通济渠，其完成时间根据马理《重修泾川五渠记》推算，兴修前后约用了十三载，比广惠渠用时只少四年。明前期这些大规模引泾水利开发之所以进行，与朝廷的重视、主事官员的雄心以及明朝赋役制度密切相关。明代前中期大规模动员进行引泾水利，尤其项忠的广惠渠之修，在明万历年间泾阳县知县袁化中看来，是一件得不偿失的事情，他提出了"拒泾"主张，在他之前，由于秦汉郑白渠的辉煌，"引泾"是不言自明的选择。袁化中提出"拒泾"观点，主要针对当时三原县人王思印上京上书希望朝廷开吊儿嘴引泾水。"引泾"还是"拒泾"，经历了从明后期到清前期的一百多年的争议，最后在乾隆二年作出"断泾疏泉"的裁定。笔者以为，这一裁定与王朝国家制度变迁及区域社会密切相关：随着商品经济的发展、赋役制度的变化及清代大一统使陕西内地化等，渭北的引泾水利再也无法像明代广惠渠那样动用众多人力，持续很长时间。在明后期至清前期，渭北水利就是否"引泾"存在着县际利益博弈，这种博弈主要是在泾渠灌区上游县与下游县的三原县、高陵县之间展开。处于灌区上游、水利较有保证的泾阳县几任知县，坚决反对频繁扰民而去兴修屡屡淤塞的泾渠，泾阳县知县"拒泾"观点在后来的决策讨论中有一定渗透。泾阳、三原是明代中后期以来陕西商品经济最繁荣、陕西商人最集中的地方，清初的地方文献表明渭北商人对占有土地（包括水地）不感兴趣，认为占有土地是一种拖累，水地可能由于经常的兴修杂役、费用及纠纷产生的拖累更大，地方精英的"用脚投票"行为在某种程度上也支持了"断泾疏泉"。当然，"断泾疏泉"还牵扯不断恶化的修渠地理环境及当时并不先进的技术。

可是，在号称清代最鼎盛的乾隆朝的初期，辉煌的泾渠水利不再引泾，这一裁定本身反映了王朝士大夫阶层的保守心态。在"断泾疏泉"之后，所谓的泾渠不再引泾成为定议。由于水资源有限，上游泾阳县灌区与下游三原、高陵两县灌区的纠纷更为频繁，清乾、嘉年间龙洞渠成村铁眼斗的水利纠纷就是一个典型。在处理这一县际纠纷中，地方本位主义得到充分体现，当然泾阳成村铁眼斗在纠纷中占有优势亦与该斗背后的宗族势力有关。在陕西回民起义后泾渠（龙洞渠）水利的重建中，回民起义冲击了泾阳、三原地方精英，从而引起社会结构的变化，实力尚存的三原富绅提出通过捐资兴修泾渠来增加三原分水时间这一建议，时任陕西巡抚刘蓉支持三原县富绅这一变革倡议，然而在泾阳官绅的反对下，这一变革流于空想。这是"断泾疏泉"之后水源有限而造成的县际困局。

近代以降，西学东渐，有人开始意识到重新引泾的可能。同治八年，袁保恒曾经尝试引泾，因方法不当而失败。光绪后期，英国传教士郭崇礼准备分筹集到的一半赈银用来引泾，没有成功。民国初建不久，陕西的泾阳乡绅杨蕙就认识到重新引泾的可能，"开吊儿嘴创始于明三原人王思印，部议又不决，知县袁化中始建专用泉水议。彼时但忧石渠难开，不能容，今有炸药，不愁开渠。故敝友魏筱峰日诚在张翔初都督时，曾上一书，即请开吊儿嘴"①。炸药由西方传入中国，水利成为科学，恢复郑白渠之辉煌成为可能。李仪祉在德国听从郭希仁劝导改学水利。20 世纪 20 年代，在华洋义赈会的支持下，任陕西省水利局局长的李仪祉，组织人员对渭北引泾水利进行了测量和规划，由于军阀时期的不同军事政治势力博弈等因素，引泾水利工程无法进行。而在 20 世纪 30 年代初期，在陕西空前旱灾的情形下，引泾水利——泾惠渠却成功了。

因此，只有在梳理分析 1465 年的"引泾"到 1737 年的"断泾疏泉"，再到 20 世纪 30 年代初的"引泾"这段泾渠的兴衰演变的历史过程，才能明白泾渠非常规近代转型的意义。也就是说，从"引泾"到"断泾"再到"引泾"，渭北及陕西虽然不乏区域社会内部的作用，然而，泾渠近代转型却始终无法在渭北区域社会内部实现，这是因为其内部已经形成相对固化的利益，表现为处理泾渠水利纠纷中的地方保护主义。而要打破区域社会内部这一均衡状态，需要特殊的环境，在 20 世纪 30 年代初陕西空前的大旱灾背景下，渭北区域社会内部均衡才被打破，在华洋义赈会与超越渭北的陕西省政府合作下，一个新型的近代化的灌溉系统泾惠渠诞生了，并由此开始了泾渠管理的近代转型。

---

① 杨蕙：《覆郭希仁书》，柏堃《泾献文存》卷2，民国十四年（1925）铅印本，第25页。

与泾渠水利较为成功的近代转型相比，民国时期渭北清峪河水利转型显示出复杂性。1929 年 3 月设立的"泾原清浊两河水利管理局"，企图"改革"清峪河四渠用水习惯，在源澄渠与木涨渠利益联盟的反对下，进展并不顺利。"改革"正处于焦灼状态，另外一个意想不到的事情发生了，三原县因两机构争夺"私渠"罚款而导致水利局被撤，推进"改革"的机构不存在了，"改革"就戛然而止。1935 年成立的清峪河水利协会，目的在加强宏观管理及协调，进行制度上的某种转型，而且清峪河水利协会在强人王虚白管理下，制定了严格章程，水利运行较有秩序。但就其本质而言，清峪河水利协会时期的清峪河水利因循旧章，在分水上遵照了晚清光绪五年（1879）重建的规矩。

清峪河水利近代转型之所以难以发生，笔者以为，它不像泾惠渠是一个近代化新式的水利工程，它在整个内部系统上没有突变，固有利益群体阻碍着清峪河水利的近代转型。要理解清峪河水利转型之难，仍需追溯明代以来清峪河水利及灌区社会的历史。自明代以来，该灌溉系统水利纠纷不断。从记述成化、嘉靖时期情况的材料来看，王恕、王承裕等渭北乡宦通过买上游渠地、输银等方式倡修木涨渠，成为明代清峪河木涨渠水利的享有者、保护者。万历、崇祯时期清峪河水利纠纷十分激烈，万历的"古受清浊河水利碑"碑文是从三原县八复渠立场看问题，王徵《河渠叹》是从泾阳县灌区立场出发看问题，通过不同利益方的立场，可以看出一些明后期渭北气候干旱时激烈的县际及上下游之间水利纠纷的原因及解决机制，在三原县八复渠民众看来英明的知县及上宪才使问题得以公平处理，而在泾阳灌区民众看来，是三原八复渠背后的权势造成了这样的分水格局。在清乾隆、嘉庆年间泾阳源澄渠渠绅岳瀚屏对清峪河水利记述中，还约略可以看到三原八复渠之所以在灌溉中有优势地位，源于其背后的权势支持。晚清渭北清峪河水利渠系之间的纠纷，源于同治八年（1866）和光绪五年（1879）官方裁定"三十日水"所属及木涨渠是否用八复渠八日漏水的结果前后不同。刘屏山认为，八复渠得到有利于本渠系的用水安排，源于该渠利用其在官府中势力的支持。光绪五年（1879）的裁定，使利益受损的源澄渠与木涨渠结成渠系联盟，与八复渠进行对抗。总之，从明代中期以来的清峪河水利资料中，看到的是一段流动的诸渠之间以及官渠与私渠之间不断纠纷的历史，而在其中各渠背后的"共同体"力量及权势似乎又发挥着重要作用。虽然对裁定的争执及异议此起彼伏，且不断有新一轮的水利纠纷上演，但是在现实层面，清峪河水利内部运行还是形成一定秩序，并获得了相对均衡。

参考文献

一　正史、政书、档案类

《史记》，中华书局 1959 年标点本。

《汉书》，中华书局 1962 年标点本。

《宋史》，中华书局 1977 年标点本。

《元史》，中华书局 1976 年标点本。

《明太祖实录》，"中研院"历史语言研究所 1966 年校印。

《明英宗实录》，"中研院"历史语言研究所 1966 年校印。

《明宣宗实录》，"中研院"历史语言研究所 1966 年校印。

《明宪宗实录》，"中研院"历史语言研究所 1966 年校印。

（明）陈子龙：《明经世文编》，中华书局 1962 年版。

（明）魏焕：《皇明九边考》，明嘉靖刻本。

《清实录·世宗实录》（二），中华书局 1985 年影印本。

《清实录·高宗实录》（一），中华书局 1985 年影印本。

《清实录·高宗实录》（二），中华书局 1985 年影印本。

《宫中档雍正朝奏折》第 7 辑，故宫博物院 1978 年版。

《宫中档光绪朝奏折》第 13 辑，故宫博物院 1974 年版。

《明史》，中华书局 1974 年标点本。

（清）谷应泰：《明史纪事本末》，中华书局 1977 年版。

（清）胤禄编：《雍正上谕内阁》，文渊阁《四库全书》，第 414 册，上海
　　古籍出版社 1987 年版。

（清）王世球等：《两淮盐法志》，清乾隆间刻本影印，于浩辑《稀见明
　　清经济史料丛刊》（8），国家图书馆出版社 2008 年版。

（清）奕䜣：《（钦定）平定七省方略》，中国书店出版社 1985 年版。

（清）贺长龄：《清经世文编》，光绪十二年（1886）思补楼重校本。

葛士濬：《清经世文续编》卷九九，清光绪石印本。

（清）盛康：《皇朝经世文续编》，武进盛氏思补楼光绪二十三年（1897）刊本。

（清）樊增祥：《樊山政书》，那思陆、孙家红点校，中华书局 2007 年版。

（清）刘锦藻：《清朝续文献通考》（二），民国影印十通本。

《清史稿》，中华书局 1976 年标点本。

张伟仁主编：《明清档案》第 78 册，联经出版事业公司 1987 年版。

《中华民国法令大全》，上海商务印书馆印行，民国四年（1915）十二月增补再版。

彭泽益：《中国近代手工业史资料》第 1 卷，生活·读书·新知三联书店 1957 年版。

二 地方志、文史资料类

（元）李好文：《长安志图》，文渊阁《四库全书》，第 587 册，上海古籍出版社 1987 年版。

（明）赵廷瑞等：《（嘉靖）陕西通志》，《华东师范大学图书馆藏稀见方志丛刊》，北京图书馆出版社 2005 年版。

（明）赵廷瑞、马理、吕柟等：《陕西通志》，三秦出版社 2006 年版。

（明）吕柟：《（嘉靖）高陵县志》，《中国地方志集成·陕西府县志辑（6）》，凤凰出版社、上海书店、巴蜀书社 2007 年版。

（明）朱昱：《（嘉靖）重修三原志》，《四库全书存目丛书》，史部第 180 册，齐鲁书社 1997 年版。

（明）张信：《嘉靖重修三原志》，据钞本影印，《中国地方志集成·陕西府县志辑（8）》，凤凰出版社、上海书店、巴蜀书社 2007 年版。

（明）何景明：《雍大記》，明嘉靖刻本。

（清）顾炎武：《肇域志》，清抄本。

（清）王际有：《泾阳县志》，康熙九年（1670）刻本。

（清）李瀛：《三原县志》，康熙四十三年（1704）修、五十三年（1714）增补刻本。

（清）屠楷：《泾阳县志》，雍正十年（1732）刻本影印，《陕西省图书馆藏稀见方志丛刊》第 5 册，北京图书馆出版社 2006 年版。

（清）刘於义等纂：《（雍正）陕西通志》，文渊阁《四库全书》，第 553、556 册，上海古籍出版社 1987 年版。

（清）唐秉刚：《泾阳县后志》，乾隆十二年（1747）刻本。

（清）张象魏：《三原县志》，乾隆三十年（1765）修、光绪三年（1877）刻本。

（清）葛晨：《乾隆泾阳县志》，据乾隆四十三年（1778）刻本影印，《中国地方志集成·陕西府县志辑（7）》，凤凰出版社、上海书店、巴蜀书社 2007 年版。

（清）舒其绅：《乾隆西安府志》，据乾隆四十四年（1779）刻本影印，《中国地方志集成·陕西府县志辑（1）》，凤凰出版社、上海书店、巴蜀书社 2007 年版。

（清）刘绍攽：《乾隆三原县志》，据乾隆四十八年（1783）刻本影印，《中国地方志集成·陕西府县志辑（8）》，凤凰出版社、上海书店、巴蜀书社 2007 年版。

（清）毕沅：《关中胜迹图志》，文渊阁《四库全书》，第 588 册，上海古籍出版社 1987 年版。

（清）王介：《鲁桥镇志》，据道光元年（1821）刻本影印，《中国地方志集成·乡镇志专辑（28）》，江苏古籍出版社 1992 年版。

（清）卢坤：《秦疆治略》，道光年间刊本影印，成文出版社 1970 年版。

（清）胡元煐、蒋湘南：《道光重修泾阳县志》，据清道光二十二年（1842）刻本影印，《中国地方志集成·陕西府县志辑（8）》，凤凰出版社、上海书店、巴蜀书社 2007 年版。

（清）贺瑞麟：《光绪三原县志》，据光绪六年（1880）刻本影印，《中国地方志集成·陕西府县志辑（8）》，凤凰出版社、上海书店、巴蜀书社 2007 年版。

（清）吴炳南、刘域：《光绪三续华州志》，据光绪八年（1882）刻本影印，《中国地方志集成·陕西府县志辑（23）》，凤凰出版社、上海书店、巴蜀书社 2007 年版。

（清）白遇道：《光绪高陵县续志》，据光绪十年（1884）刻本影印，《中国地方志集成·陕西府县志辑（6）》，凤凰出版社、上海书店、巴蜀书社 2007 年版。

（清）樊增祥等：《光绪富平县志稿》，据光绪十七年（1891）刻本影印，《中国地方志集成·陕西府县志辑（14）》，凤凰出版社、上海书店、巴蜀书社 2007 年版。

（清）魏光焘：《陕西全省舆地图》（一），光绪二十五年石印本影印，成文出版社 1976 年版。

（清）刘懋官：《宣统重修泾阳县志》，据宣统三年（1910）天津华新印刷局铅印本影印，《中国地方志集成·陕西府县志辑（7）》，凤凰出版社、上海书店、巴蜀书社 2007 年版。

（清）刘懋官：《泾阳县志》，据宣统三年（1910）铅印本影印，成文出版社 1969 年版。

（清）《泾阳乡土志》，清末抄本影印，《陕西省图书馆藏稀见方志丛刊》第 5 册，北京图书馆出版社 2006 年版。

冯庚修、郭思锐：《续修泾阳鲁桥镇城乡志》，据民国十二年（1923）铅印本影印，《中国地方志集成·乡镇志专辑（28）》，江苏古籍出版社 1992 年版。

宋伯鲁等：《续修陕西通志稿》，民国二十三年（1934）铅印本。

中国人民政治协商会议文史资料研究委员会：《辛亥革命回忆录》第 1 集，中华书局 1961 年版。

三原县《于右任纪念集》编辑组：《三原文史资料·于右任纪念集》，1984 年。

泾阳县地名志编辑办公室编：《陕西省泾阳县地名志》，1985 年。

泾阳县文史资料研究委员会：《泾阳文史资料》第 2 辑，1985 年。

政协陕西泾阳县委员会编：《泾阳文史资料》第 2 辑，1985 年。

曹占全编著：《陕西省志·人口志》，三秦出版社 1986 年版。

政协陕西泾阳县委员会编：《泾阳文史资料》第 3 辑，1987 年。

陕西文史资料委员会编：《冯玉祥在陕西》，陕西人民出版社 1988 年版。

政协陕西省委员会文史资料委员会编：《陕西文史资料》第 22 辑，陕西人民出版社 1989 年版。

三原县地名工作办公室编：《陕西省三原县地名志》，1989 年。

《文史资料精选》编辑部：《文史资料精选》第4册，中国文史出版社
　　1990年版。

王兴林主编：《泾阳史话》，1994年。

王兴林主编：《泾阳史话续集》，1996年。

秦晖、韩敏、邵宏谟：《陕西通史·明清卷》，陕西师范大学出版社1997
　　年版。

李振民：《陕西通史·民国卷》，陕西师范大学出版社1997年版。

田培栋：《陕西通史·经济卷》，陕西师范大学出版社1997年版。

高陵县地方志编纂委员会：《高陵县志》，西安出版社2000年版。

上海市政协文史资料委员会编：《上海文史资料存稿汇编》（政治军事），
　　上海古籍出版社2001年版。

泾阳县县志编纂委员会：《泾阳县志》，陕西人民出版社2001年版。

三原县志编纂委员会：《三原县志》，陕西人民出版社2001年版。

全国政协文史资料委员会编：《文史资料存稿选编》第17辑，中国文史
　　出版社2002年版。

三　文集、诗集、笔记、年谱、传记、日记类

（唐）刘禹锡：《刘禹锡集》，卞孝萱校订，中华书局1990年版。

（明）王恕：《王端毅公文集》，沈云龙主编《明人文集丛刊》（5），文海
　　出版社1970年版。

（明）杨一清：《杨一清集》，中华书局2001年版。

（明）吕柟：《泾野先生文集》，嘉靖三十四年（1556）刻本影印，《四库
　　全书存目丛书》，集部第60册，齐鲁书社1997年版。

（明）马理：《谿田文集》，《四库全书存目丛书》，集部第69册，齐鲁书
　　社1997年版。

（明）张瀚：《松窗梦语》，中华书局1985年版。

（明）李维桢：《大泌山房集》，万历三十九年（1611）刻本（部分配钞
　　本）影印，《四库全书存目丛书》，集部第150—153册，齐鲁书社1997
　　年版。

（明）过庭训：《本朝分省人物考》，明天启刻本。

（明）温纯：《温恭毅集》，文渊阁《四库全书》，第1288册，上海古籍

出版社 1987 年版。

（明）冯从吾：《关学编》，陈俊民、徐兴海点校，中华书局 1987 年版。

（明）来俨然：《自愉堂集》，《四库全书存目丛书》，集部第 177 册，齐鲁书社 1997 年版。

（明）王徵：《王徵遗著》，李之勤辑，陕西人民出版社 1987 年版。

（清）黄宗羲：《明儒学案》，沈芝盈点校，中华书局 2008 年版。

（清）屈大均：《翁山文外》，清康熙刻本影印，《续修四库全书》，第 1412 册，上海古籍出版社 2002 年版。

（清）屈复：《弱水集》，乾隆七年（1742）贺克章刻本影印，《续修四库全书》第 1423—1424 册，上海古籍出版社 2002 年版。

（清）陈宏谋：《陈榕门先生遗书》，广西乡贤遗著编印委员会 1943 年编印。

（清）方苞：《方望溪全集》，中国书店 1991 年版。

（清）路德：《柽华馆全集》，《续修四库全书》，第 1509 册，上海古籍出版社 2002 年版。

（清）唐仲冕：《陶山文录》，道光二年（1822）刻本影印，《续修四库全书》第 1478 册，上海古籍出版社 2002 年版。

（清）刘蓉：《养晦堂文·诗集》，光绪丁丑（1877）仲春思贤讲舍校集，参见沈云龙主编《近代中国史料丛刊一辑》（382），文海出版社 1966 年版。

（清）刘蓉：《刘蓉集》，杨坚校点，岳麓书社 2008 年版。

（清）贺瑞麟辑：《原故诗录》，光绪己卯（1879）刻本。

（清）贺瑞麟辑：《原献文录》，光绪己卯（1879）刻本。

（清）贺瑞麟：《清麓文集》，光绪己亥（1899）刘传经堂刻本。

（清）贺瑞麟：《清麓文集约钞》，民国刻本。

（清）余庚阳：《池阳吟草》，同治十年（1884）刘传经堂刊本。

柏堃：《泾献文存》，民国十四年（1925）铅印本。

杜元载主编：《革命人物志》第 10 集，中国国民党中央委员会党史委员会 1972 年版。

于右任先生百年诞辰纪念筹备委员会：《于右任先生文集》，台北"国史馆"1978 年版。

陆宝千：《刘蓉年谱》，"中研院"近代史研究所1979年版。

胡步川：《李仪祉先生年谱》，《陕西文史资料》第11辑，陕西人民出版社1982年版。

张鹏一：《刘古愚年谱》，陕西旅游出版社1989年版。

章谷宜整理：《胡景翼日记》，江苏古籍出版社1993年版。

王成斌等主编：《民国高级将领列传》第2集，解放军出版社1999年第2版。

中国水利学会、黄河研究会编：《李仪祉纪念文集》，黄河水利出版社2002年版。

蒋铁生编著：《冯玉祥年谱》，齐鲁书社2003年版。

文思主编：《我所知道的杨虎城》，中国文史出版社2003年版。

宋伯胤：《明泾阳王徵先生年谱》，陕西师范大学出版社2004年版。

贾自新编著：《杨虎城年谱》，中国文史出版社2007年版。

四 水利文献、碑刻、族谱类

（清）王太岳：《泾渠志》，首刻在乾隆三十二年（1767），据嘉庆九年（1804）重刻本。

刘屏山编纂：《清浊河水利会抄录》，1928年稿抄本。

刘屏山编纂：《清峪河各渠记事簿》，1929—1933年稿抄本。

《泾惠渠》，民国二十一年（1932）铅印本。

高锡三：《泾渠志稿》，民国二十四年（1935）铅印本。

陕西清、浊峪河水利协会印：《呈奉核定整顿清、浊峪河水利简章》，1936年。

陕西清、浊峪河水利协会印：《呈奉核定增修清峪河渠受水规条》，1936年。

温良儒编纂：《关中温氏族谱》，1938年。

行政院新闻局：《泾惠渠》，1947年。

行政院新闻局：《泾惠渠农村概况》，1948年。

戴应新：《关中水利史话》，陕西人民出版社1977年版。

《高陵碑石》，三秦出版社1983年版。

三原县丁良李村《李氏家谱》，1983年，陕西省咸阳市图书馆复印件。

白尔恒等编纂：《泾阳水利志（送审稿）》上下册，未刊油印本，
　　1989 年。

叶遇春主编：《泾惠渠志》，三秦出版社 1991 年版。

王智民编注：《历代引泾碑文集》，陕西旅游出版社 1992 年版。

三原《任氏陕西家谱》，1992 年，陕西省三原县图书馆复印件。

黄河水利委员会黄河志总编辑室编：《黄河·河政志》，河南人民出版社
　　1994 年版。

陕西省地方志编纂委员会编：《陕西省志·水利志》，陕西人民出版社
　　1999 年版。

左慧元编：《黄河金石录》，黄河水利出版社 1999 年版。

中国文物研究所、陕西省古籍整理办公室：《新中国出土墓志·陕西壹》，
　　文物出版社 2000 年版。

白尔恒、［法］蓝克利、［法］魏丕信：《沟洫佚闻杂录》，中华书局 2003
　　年版。

李慧、曹发展编注：《咸阳碑刻》，三秦出版社 2003 年版。

秦建明、［法］吕敏：《尧山圣母庙与神社》，中华书局 2003 年版。

董晓萍、［法］蓝克利：《不灌而治：山西四社五村水利文献与民俗》，中
　　华书局 2003 年版。

黄竹三、冯俊杰等编著：《洪洞介休水利碑刻辑录》，中华书局 2003
　　年版。

五　报纸、期刊、报告类

《陕西官报》，参见《清末官报汇编》，全国图书馆文献缩微复制中心
　　2006 年版。

《大公报》

《西北文化日报》

《西安日报》

《陕西水利月刊》

《陕西水利季报》

陕西省水利局编印：《李仪祉先生逝世十周年纪念刊》，1948 年。

华洋义赈救灾总会：《民国十三年度赈务报告书》，《民国赈灾史料续编》

第 5 册，国家图书馆出版社 2009 年版。

华洋义赈救灾总会：《民国二十一年度赈务报告书》，《民国赈灾史料续编》第 5 册，国家图书馆出版社 2009 年版。

华洋义赈救灾总会：《民国二十二年度赈务报告书》，《民国赈灾史料续编》第 6 册，国家图书馆出版社 2009 年版。

陕西泾惠渠管理局编印：《泾惠渠报告书》，民国二十三年（1934）十二月。

六　论著

安少梅、王建军：《陕西"民国十八年年馑"巨灾的人祸因素分析》，《西安文理学院学报》2008 年第 4 期。

安少梅：《陕西民国十八年年馑研究》，硕士学位论文，西北大学，2010 年。

白寿彝主编：《中国通史》第 9 卷，上海人民出版社 1999 年版。

蔡屏藩：《陕西革命纪要》，章谷宜整理《胡景翼日记·附录一》，江苏古籍出版社 1993 年版。

蔡勤禹：《民间组织与灾荒救治——民国华洋义赈会研究》，商务印书馆 2005 年版。

蔡勤禹、侯德彤：《二三十年代华洋义赈会的信用合作试验》，《中国农史》2005 年第 1 期。

蔡勤禹：《传教士在近代中国的救灾思想与实践——以华洋义赈会为例》，《学术研究》2009 年第 4 期。

陈春声：《中国社会史研究必须重视田野调查》，《历史研究》1993 年第 2 期。

陈春声：《社神崇拜与社区地域关系——樟林三山国王的研究》，《中山大学史学集刊》第 2 辑，广东人民出版社 1994 年版。

陈春声：《信仰空间与社区历史的演变——以樟林的神庙系统为例》，《清史研究》1999 年第 2 期。

陈春声：《正统性、地方化与文化的创制——潮州民间神信仰的象征与历史意义》，《史学月刊》2001 年第 1 期。

陈春声、陈树良：《乡村故事与社区历史的建构——以东凤村陈氏为例兼论传统乡村社会的"历史记忆"》,《历史研究》2003 年第 5 期。

陈春声:《历史的内在脉络与区域社会经济史研究》,《史学月刊》2004
年第 8 期。

陈春声:《走向历史现场》,《读书》2006 年第 9 期。

陈意新:《农村合作运动与中国现代农业金融的困窘——以华洋义赈会为
中心的研究》,《南京大学学报》2005 年第 3 期。

钞晓鸿:《明清时期的陕西商人资本》,《中国经济史研究》1996 年第
1 期。

钞晓鸿:《陕商主体关中说》,《中国社会经济史研究》1996 年第 2 期。

钞晓鸿:《传统商人与区域社会的整合——以明清"陕西商人"与关中社
会为例》,《厦门大学学报》2001 年第 1 期。

钞晓鸿:《灌溉、环境与水利共同体——基于清代关中中部的分析》,《中
国社会科学》2006 年第 4 期。

钞晓鸿:《争夺水权、寻求证据:清至民国时期关中水利文献的传承与编
造》,《历史人类学学刊》第 5 卷第 1 期,2007 年 4 月。

钞晓鸿、李辉:《〈清峪河各渠始末记〉的发现与刊布》,《清史研究》
2008 年第 2 期。

钞晓鸿:《人物传记中水利史料的考辨与利用——以明清时期的项忠传记
为例》,《厦门大学学报》2011 年第 1 期。

董晓萍:《陕西泾阳社火与民间水管理关系的调查报告》,《北京师范大学
学报》2001 年第 6 期。

傅衣凌:《明清时代商人及商业资本》,人民出版社 1956 年版。

傅衣凌:《中国传统社会:多元的结构》,《中国社会经济史研究》1988
年第 3 期。

[德] 斐迪南·滕尼斯:《共同体与社会:纯粹社会学的基本概念》,林荣
远译,商务印书馆 1999 年版。

葛绥成编:《初中本国地理》第 2 册,上海中华书局 1937 年版。

韩茂莉:《近代山陕地区地理环境与水权保障系统》,《近代史研究》2006
年第 1 期。

韩茂莉:《近代山陕地区基层水利管理体系探析》,《中国经济史研究》
2006 年第 1 期。

韩敏：《清代同治年间陕西回民起义史》，陕西人民出版社 2006 年版。

黄一农：《两头蛇：明末清初的第一代天主教徒》，上海古籍出版社 2006 年版。

冀朝鼎：《中国历史上的基本经济区与水利事业的发展》，朱诗鳌译，中国社会科学出版社 1981 年版。

[英] 科大卫、刘志伟：《宗族与地方社会的国家认同——明清华南地区宗族发展的意识形态基础》，《历史研究》2000 年第 3 期。

李仪祉：《李仪祉全集》，中华丛书委员会 1967 年印行。

李仪祉：《李仪祉水利论著选集》，水利电力出版社 1988 年版。

李德民、周世春：《论陕西近代荒旱的影响及成因》，《西北大学学报》1994 年第 3 期。

李刚：《陕西商帮史》，西北大学出版社 1997 年版。

李令福：《关中水利开发与环境》，人民出版社 2004 年版。

梁方仲：《明代黄册考》，《岭南学报》第 10 卷第 2 期，1950 年。

梁方仲：《明代赋役制度》，《梁方仲文集》，中华书局 2008 年版。

梁方仲：《明清赋税与社会经济》，《梁方仲文集》，中华书局 2008 年版。

梁方仲：《中国历代户口、田地、田赋统计》，《梁方仲文集》，中华书局 2008 年版。

[法] 勒高夫等编：《新史学》，姚蒙编译，上海译文出版社 1989 年版。

刘志伟：《宗族与沙田开发——番禺沙湾何族的个案研究》，《中国农史》1992 年第 4 期。

刘志伟：《神明的正统性与地方化：关于珠江三角洲北帝崇拜的一个解释》，《中山大学史学集刊》第 2 集，广东人民出版社 1994 年版。

刘志伟：《传说、附会与历史真实：珠江三角洲族谱中宗族历史的叙事结构及其意义》，《中国谱牒研究》，上海古籍出版社 1999 年版。

刘志伟：《地域社会与文化的结构过程——珠江三角洲研究的历史学与人类学对话》，《历史研究》2003 年第 1 期。

刘志伟：《从乡豪历史到士人记忆——由黄佐〈自叙先世行状〉看明代地方势力的转变》，《历史研究》2006 年第 6 期。

刘志伟、陈春声：《梁方仲先生的中国社会经济史研究》，《中山大学学报》2008 年第 6 期。

刘招成：《华洋义赈会的农村赈灾思想及其实践》，《中国农史》2003 年第 3 期。

吕卓民：《明代关中地区的水利建设》，《农业考古》1999 年第 1 期。

卢勇、聂敏、崔宇：《清末民初关中水利用水过程中的作弊行为研究——以清峪河水利研究》，《古今农业》2005 年第 2 期。

卢勇：《〈清峪河各渠记事簿〉稿本的整理与研究》，硕士学位论文，西北农林科技大学，2005 年。

马长寿：《同治年间陕西回民起义历史调查记录》，陕西人民出版社 1993 年版。

钱杭：《"均包湖米"：湘湖水利共同体的制度基础》，《浙江社会科学》2004 年第 6 期。

钱杭：《共同体理论视野下的湘湖水利集团——兼论"库域型"水利社会》，《中国社会科学》2008 年第 2 期。

秦晖：《封建社会的"关中模式"——土改前关中农村经济研析之一》，《中国经济史研究》1993 年第 1 期。

秦晖：《"关中模式"的社会历史渊源：清初至民国——关中农村经济与社会史研析之二》，《中国经济史研究》1995 年第 1 期。

秦晖：《大共同体本位与传统中国社会》（中），《社会学研究》1999 年第 3 期。

[日] 桑亚戈：《从〈宫中档乾隆朝奏折〉看清代中叶陕西省河渠水利的时空特征》，《中国历史地理论丛》2001 年第 2 期。

陕西省委党校党史教研室：《新民主主义革命时期陕西大事记述》，陕西人民出版社 1980 年版。

陕西革命先烈褒恤委员会：《西北革命史征稿》，周谷城主编《民国丛书》第 2 编第 77 册，上海书店出版社 1990 年版。

邵宏谟、韩敏：《同治初年陕西的回民起义》，《陕西师范大学学报》1980 年第 3 期。

[英] 沈艾娣：《道德、权力与晋水水利系统》，《历史人类学学刊》第 1 卷第 1 期，2003 年 4 月。

宋永志：《明代以来沁河下游的水利开发与社会变迁》，博士论文，中山大学，2009 年。

孙志亮、马林安、陈国庆：《陕西近代史稿》，西北大学出版社 1992 年版。

石峰：《非宗族乡村：关中"水利社会"的人类学考察》，中国社会科学出版社 2009 年版。

唐文基：《明代赋役制度史》，中国社会科学出版社 1991 年版。

田培栋：《陕西商帮》，《中国十大商帮》，黄山书社 1993 年版。

田培栋：《明清时代陕西社会经济史》，首都师范大学出版社 2000 年版。

田培栋：《陕西社会经济史》，三秦出版社 2007 年版。

田东奎：《中国近代水权纠纷解决机制研究》，中国政法大学出版社 2006 年版。

王元林：《泾洛流域自然环境变迁研究》，中华书局 2005 年版。

［法］魏丕信：《清流对浊流：帝制后期陕西省的郑白渠灌溉系统》，刘翠溶、伊懋可主编《积渐所至：中国环境史论文集》，"中研院"经济研究所 1995 年版。

［法］魏丕信：《军阀和国民党时期陕西省的灌溉工程与政治》，《法国汉学》第 9 辑，中华书局 2004 年版。

萧正洪：《环境与技术——清代中国西部地区的农业技术地理研究》，中国社会科学出版社 1998 年版。

萧正洪：《历史时期关中地区农田灌溉中的水权问题》，《中国经济史》1999 年第 1 期。

谢湜：《"利及邻封"——明清豫北的灌溉水利开发和县际关系》，《清史研究》2007 年第 2 期。

行龙：《明清以来山西水资源匮乏与水案初步研究》，《科学技术与辩证法》2000 年第 6 期。

行龙：《晋水流域 36 村水利祭祀系统个案研究》，《史林》2005 年第 4 期。

行龙：《从"治水社会"到"水利社会"》，《读书》2005 年第 8 期。

行龙：《以水为中心的晋水流域》，山西人民出版社 2007 年版。

行龙：《"水利社会史"探源——兼论以水为中心的山西社会》，《山西大学学报》2008 年第 1 期。

薛毅、章鼎：《章元善与华洋义赈会》，中国文史出版社 2002 年版。

薛毅：《华洋义赈会与民国合作事业略论》，《武汉大学学报》2003 年第 6 期。

薛毅：《华洋义赈会述论》，《中国经济史研究》2005 年第 3 期。

薛毅：《中国华洋义赈救灾总会研究》，武汉大学出版社 2008 年版。

姚汉源：《中国水利史纲要》，水利电力出版社 1987 年版。

姚汉源：《中国水利发展史》，上海人民出版社 2005 年版。

杨琪、徐林：《试论华洋义赈会的工赈赈灾》，《北方论丛》2005 年第 2 期。

赵世瑜：《分水之争：公共资源与乡土社会的权力与象征——明清山西汾水流域若干案例为中心》，《中国社会科学》2005 年第 2 期。

张津生：《我国近代水利建设的嚆矢——泾惠渠创业简析》，《陕西水利》1989 年第 3 期。

张中政：《明初关中水利的兴修与农业经济》，《唐都学刊》1991 年第 3 期。

张俊峰：《明清以来晋水流域水案与乡村社会》，《中国社会经济史研究》2003 年第 2 期

张俊峰：《介休水案与地方社会——对水利社会的一项类型学分析》，《史林》2005 年第 3 期。

张俊峰：《明清时期介休水案与"泉域社会"分析》，《中国社会经济史研究》2006 年第 1 期。

张俊峰：《明清以来洪洞水利与社会变迁——基于田野调查的分析与研究》，博士学位论文，山西大学，2006 年。

张俊峰：《前近代华北乡村社会水权的表达与实践——山西"滦池"的历史水权个案研究》，《清华大学学报》2008 年第 4 期。

张萍：《明清陕西商业地理研究》，博士学位论文，陕西师范大学，2004 年。

张萍：《地域环境与市场空间》，商务印书馆 2006 年版。

张萍：《城市经济发展与景观变迁——以明清陕西三原为例》，《中国社会历史评论》第 7 卷，2006 年。

郑肇经：《中国水利史》，商务印书馆 1939 年版。

郑振满：《明清福建沿海地区农田水利制度与乡族组织》，《中国社会经济

史研究》1987 年第 4 期。

郑振满:《乡族与国家:多元视野中的闽台传统社会》,生活·读书·新知三联书店 2009 年版。

朱保炯、谢沛霖:《明清进士题名碑录索引》,上海古籍出版社 1979年版。

周魁一:《农田水利史略》,水利电力出版社 1986 年版。

周魁一:《中国科学技术史·水利卷》,科学出版社 2002 年版。

周亚:《1912—1932 年关中农田水利管理的改革与实践》,《山西大学学报》2009 年第 2 期。

《中国水利史稿》编写组:《中国水利史稿》(上中下),水利电力出版社1979 年、1987 年、1989 年版。

后　记

本书由我在中山大学所写的博士论文修改而成。

2008 年 9 月，我进入中山大学历史系学习，师从陈春声教授攻读专门史博士学位。在古木参天、四季翠绿的康乐园，我开始接受自己学术之路上的最大启蒙。近三十年来，中山大学历史系明清史方向在陈春声教授、刘志伟教授带领下，倡导在区域史研究中应注重历史文献与田野调查相结合，走历史人类学的研究趋向，开创该领域国内学界之新风气。在我看来，陈、刘二师以至大的学术抱负和极强的学术感召力，聚拢了一批旨趣相近的优秀学人，对于学生进行学术熏陶与精心培养。我能受教于他们的门下，是多么幸运的事！

入学后不久，我打算以陕西渭北为自己的研究区域，以水利为切入点。当我向陈老师汇报自己的选题想法，陈老师说要尽可能地"穷尽"资料，而后"讲好故事"；而欲"穷尽"资料，走向事件发生的"历史现场"，进行材料的收集及田野调查必不可少。

2009 年元月的一天，当我敲开泾阳县东关的白尔恒先生家的大门时，自己的学术田野之旅正式开始了。2009—2010 年我在渭北泾阳、三原、高陵等县及西安、咸阳等地数次奔波，寻找地方文献、进行田野调查，其间得到多人帮助，让我难以忘怀，在此表示感谢，他们是：三原县东里堡的刘述恒，泾惠渠管理局的孙红民、王君，三原县水利局的王六建，三原县清惠渠管理局的惠海燕，三原县图书馆的徐蓉、李迎军、张春艳，三原县县志办的徐继东、申继光，三原县西阳镇东寨村的周保发，三原县博物馆的吕迎、张应征，三原县鲁桥镇的赵百让，泾阳县燕王乡石村怡家吴致中、刑德信，泾阳县文物局的郭旺，泾阳县安吴青训班纪念馆的姚云彪，泾阳县县志办的李新荣、张勃，泾阳县文物管理所吴雪，陕西省图书馆古籍部的张志鹏，陕西师范大学图书馆古籍部的陈典平，咸阳市图书馆特藏部的侯绒侠，陕西师范大学的尹波涛，西北大学的李剑利、李志松，等等。其中最让我感动的是泾阳县水利局退休工程师白尔恒先生的帮助，白先生曾参与《沟洫佚闻杂录》的整理与校注，对渭北水利很熟悉。2009 年 10 月的一天，七十多岁的白先生为我借来一辆自行车，他骑上自己的自行车，带我去看泾阳县附近的水利渠道，为我现场讲解农田水利情形。

2010 年 7 月，我开始论文写作，至 11 月有个粗略的初稿，我就自己初稿向导师组做了汇报，受到导师组老师们尖锐的批评及质疑，一直到 2011 年 3 月的论文报告依然如此。我遇到的最大问题是：通过这些材料的梳理，想表达什么？论文在该问题研究的学术史上的意义是什么？这四个月对我而言极其艰难，幸运的是在 3 月听到谢湜博士对我论文精妙的建议，为论文的大修改指出了方向。

论文的大修改经历了绞尽脑汁、精疲力竭，之后我对老师所倡导的学术旨趣才有了一点点体会。陈老师在《走向历史现场》一文中指出，"要尽量通过区域的、个案的、具体事件的研究表达出对历史整体的理解"。那么，研究渭北水利不是仅仅研究水利，还要通过水利研究背后的"人""人群""权势格局"、制度、组织等问题，在此基础上或可达致对整体历史的理解。而陈老师所说的"讲好故事"，以我的理解，就是他经常讲的在"把握区域社会发展内在脉络"基础之上，以一个很好的分析叙述将其表达出来。

事实上，尽管做了很大努力，本书与老师要求的学术境界，尚有很大差距。聊以自慰的是，本书似达到了我个人在此方面能力之上限。本书只是一段岁月的见证与小结。路还很长，脚步不能停。

在本书出版之际，我要感谢很多人。首先感谢陈春声、刘志伟二位恩师，他们学养渊深，对资质平平的我，耐心包容，春风化雨。对此，我没齿难忘。感谢西北大学的李刚教授，他是我的硕士生导师，给了我最初的学术启蒙。感谢香港中文大学的科大卫教授，在我求学广州期间，每逢周末他就往返于穗港间，在历史人类学中心地下一楼会议室讲学传道。我曾在他的课堂做过一个研究报告，尽管被批评至哽咽，但他深刻犀利的学术见解使我大开眼界、受益匪浅。感谢程美宝教授，在中大历史系一楼会客室的一次午餐中，她提醒我用关中民间水利文献要小心辨析，在后来论文写作中我一直铭记在心。

感谢黄国信、吴滔、温春来三位教授在论文写作过程中所提出的严厉批评及宝贵指导，他们对论文的精到见解使我收获巨大。感谢谢湜博士，他在我博士论文书写最艰难的时刻，提出精妙独到的建设性意见，使我有"绝处逢生"之感。

感谢厦门大学钞晓鸿教授，他对论文提出了坦率的看法，并提供了自己的研究成果，使我获益良多。感谢暨南大学郭声波教授、南开大学常建华教授以及中山大学历史系赵立彬教授，他们是我博士论文答辩组成员，对论文提出了宝贵的批评和建议。

感谢师门的兄弟姐妹——宋永志、唐晓涛、杨培娜、段雪玉、陈玥、陈志刚、叶锦花、侯娟、毛帅、郭阳、覃延佳、陈贵明、申斌等，以及中大历史系2008级博士生同学蓝清水、杜树海、黄素娟、王传武、徐靖捷、陈明、赵虎、彭心莲、朱怀远、闫强、曾志辉、付艳丽、黄剑等，他们对本书的构思与写作或提出过建议，或提供了一些其他帮助。

感谢我供职的西藏民族大学人文学院、民族研究院的领导与同事，尤其是陈立明教授、索南才让教授、周毓华教授、朱普选教授、徐万发教授、彭陟焱教授、袁书会教授、高明教授、王君军教授、朱玉福教授，他们的关心和支持，使我在读博期间可以不为工作分心而全神贯注地读书及研究。

本书之所以能出版，还要感谢西藏民族大学科研处处长陈敦山教授以及民族研究院现任党委书记周爱玲女士的关心与帮助。本书在出版过程中，得到中国社会科学出版社宋燕鹏先生的支持与帮助，在此谨致谢忱。

最后，我要特别感谢家人，外出求学期间，我的父母、岳父母、兄长给予很大的支持和帮助；妻子王秀玲一边工作一边持家，并对本书中的图片作了精心处理；还有两个幼女，她们是我懈怠、困顿时鼓起勇气前行的最好动力。

2017 年 9 月 29 日于咸阳渭城西藏民族大学南区